荒漠灌丛空间构型与“肥岛”发育

党晓宏　刘　阳　高　永　蒙仲举　主编

科学出版社

北　京

内 容 简 介

本书基于荒漠灌丛空间构型与“肥岛”发育的理论研究，结合土壤学、植物生理学等理论知识，围绕我国西北干旱区的典型荒漠灌丛，系统研究了灌丛空间构型对灌丛“肥岛”发育的影响机理，揭示了灌丛空间构型对“肥岛”发育影响的关键因子，明晰了灌丛空间构型对“肥岛”养分异质性的作用机制，以便摸清灌丛空间构型与灌丛“肥岛”形成、发育的关系。本书是课题组成员多年来相关研究成果的积累，旨在厘清干旱环境下植物-土壤的相互作用机制，以期遏制干旱半干旱地区生态功能退化及保护生物多样性。

本书可供林学、生态学、水土保持学与植物学等相关学科的科研人员、高校相关专业的教师和本科生与研究生阅读，也可作为从事干旱区生态修复和珍稀植物保护等工作的工程技术人员的参考书。

图书在版编目（CIP）数据

荒漠灌丛空间构型与“肥岛”发育 / 党晓宏等主编. -- 北京 : 科学出版社, 2024. 11. -- ISBN 978-7-03-079022-4

Ⅰ. S718.54; S158.3

中国国家版本馆 CIP 数据核字第 2024YF9680 号

责任编辑：张会格　薛　丽/责任校对：郭瑞芝

责任印制：肖　兴/封面设计：无极书装

科学出版社 出版

北京东黄城根北街 16 号

邮政编码：100717

http://www.sciencep.com

涿州市般润文化传播有限公司印刷

科学出版社发行　各地新华书店经销

*

2024 年 11 月第　一　版　开本：720×1000　1/16

2024 年 11 月第一次印刷　印张：11 1/4

字数：226 000

定价：150.00 元

（如有印装质量问题，我社负责调换）

《荒漠灌丛空间构型与“肥岛”发育》编撰委员会

主　编： 党晓宏　刘　阳　高　永　蒙仲举

副主编： 任晓萌　王祯仪　翟　波　魏亚娟　迟　旭　李小乐

编　委（以姓氏笔画为序）：

王言意　王祯仪　吕新丰　朱泊年　任晓萌

刘　阳　孙艳丽　李小乐　吴惠敏　辛　静

迟　旭　范淑花　呼燕茹　赵　晨　娄佳乐

秦　磊　袁立敏　党晓宏　高　永　解云虎

蒙仲举　翟　波　潘　霞　魏亚娟

审　校： 汪　季

前　　言

作为在特殊生态环境条件下生长的植物类型，荒漠植物在长期对环境的适应过程中产生了特殊的适应策略。具体表现出抗风蚀沙割、耐沙埋、耐干旱贫瘠等适应特性，同时也形成了特定的构型特征。植物空间构型，即植物体不同构件（如枝、茎、根、叶、芽等）在空间上的排列分布方式。植物体构型特征及其构件单元配置的动态变化反映了植物对空间、养分、光照等资源的适应及利用策略。荒漠植物的构型特征是植物与极端生态环境长期协调适应的最终产物，其功能特性及植物与环境因素的互馈关系决定了荒漠植被的发展与演替过程和趋势。因此，研究荒漠灌丛空间构型特征及其对环境的适应机制对于了解荒漠地区植被的防风固沙机理及效益具有重要意义。

在干旱半干旱区，荒漠灌丛斑块是导致土壤资源高度异质化的根本原因，生物作用大于非生物作用是土壤养分在灌丛下富集的重要原因。灌丛斑块通过改变土壤温湿度、微生物生物量及微环境，将优质土壤资源聚集在灌层之下，从而形成“肥岛”。灌丛“肥岛”被认为是荒漠植被与生态环境信息交流的“枢纽”，是荒漠植被在有限的养分资源及水分供应的生境中稳定存在的基础。西鄂尔多斯国家级自然保护区属于荒漠化草原和草原化荒漠的过渡带，是保存较好的原生草原与荒漠过渡带。保护区内分布着四合木、沙冬青、半日花、霸王等珍稀濒危保护植物，其中多数国家重点保护野生植物都为我国的特有种，属第三纪古老植物区系的孑遗种，具有重要的科学研究价值，对研究亚洲中部荒漠，特别是研究我国荒漠植物区系的起源及与地中海植物区系的联系具有重要的价值；该地区的珍稀濒危植物也是我国宝贵的种质资源，由于长期在严酷、恶劣的自然生境中繁衍进化，都保存了耐（适）干旱、耐（适）贫瘠等特殊的抗逆基因，这些基因亟待保护和利用，是人类开展遗传工程研究的宝贵基因库。然而，近年来受气候因素等影响，该区域物种种内或种间竞争激烈，种群的自然繁育更新能力降低，使得一些珍稀濒危植物分布范围缩小且物种更新数量降低，有些古地中海植物区系的残遗种目前仅存于某些狭小的地区，处于濒危或灭绝的境地，而灌丛“肥岛”效应对遏制干旱半干旱地区生态功能退化及保护生物多样性具有重要意义。

针对这些难题，党晓宏教授及其科研团队选择内蒙古西鄂尔多斯国家级自然保护区的珍稀荒漠灌丛为研究对象，充分利用野外调查、室内模拟试验与数理统计分析相结合的方法，分析了荒漠灌丛构型对土壤环境、“肥岛”形成、风速流场等方面的影响，从灌丛空间构型调控等方面入手，为遏制干旱半干旱地区生态功能退化及保护生物多样性提供理论依据和科学手段。

依托国家自然科学基金项目“荒漠灌丛空间构型对其肥岛发育的作用机制（41967009）”、国家重点研发计划青年科学家项目“鄂尔多斯盆地植被恢复及水文效应研究（2022YFC3205200-03）”、内蒙古自治区直属高校基本科研业务费项目“风沙采煤沉陷区小叶杨根系萌蘖促发机制（BR220401）”研究成果，基于大量的数据分析和资料整理工作，大家共同努力并完成了《荒漠灌丛空间构型与“肥岛”发育》。参加本书撰稿的有20余人，分别来自内蒙古农业大学、内蒙古财经大学、内蒙古科技大学包头师范学院、集宁师范学院、中国科学院西北生态环境资源研究院、内蒙古自治区气象科学研究所、内蒙古自治区林业科学研究院、内蒙古自治区水利事业发展中心、巴林左旗林业和草原局、鄂尔多斯市林业和草原事业发展中心、锡林郭勒盟乌拉盖管理区巴彦胡硕镇人民政府、内蒙古自治区水利科学研究院、包钢绿金生态建设有限责任公司等单位。

本书共6章。第1章“绪论”由党晓宏、高永、王祯仪、潘霞、翟波、迟旭、秦磊完成，第2章“荒漠灌丛空间构型”由党晓宏、高永、任晓萌、翟波、迟旭、李小乐、辛静、娄佳乐完成，第3章“灌丛枝系构型对沙堆气流的扰动规律”由蒙仲举、刘阳、任晓萌、翟波、魏亚娟、孙艳丽、朱泊年完成，第4章“灌丛枝系构型对风沙流及灌丛沙堆形成过程的影响”由蒙仲举、党晓宏、刘阳、王祯仪、赵晨、解云虎、呼燕茹完成，第5章“灌丛空间构型对沙堆形态的影响”由高永、蒙仲举、袁立敏、刘阳、任晓萌、魏亚娟、吴惠敏、王言意完成，第6章“灌丛空间构型对沙堆土壤养分异质性的作用机制”由党晓宏、高永、翟波、魏亚娟、吕新丰、李小乐、范舒花完成。全书由党晓宏统稿，内蒙古农业大学汪季教授审校。

本书在撰写过程中参考和引用了大量国内外有关文献，特此对所参考和引用文献的作者表示感谢。本书的出版承蒙科学出版社的大力支持，编辑人员为此付出了辛勤的劳动，在此表示诚挚的感谢。

由于作者水平有限，书中难免存在不足之处，敬请读者批评指正。

作　者

2024年8月13日

目　录

1 绪　　论

灌丛沙堆（nebkha）是一种常见的风蚀地貌景观，指在地表风沙流作用下，沙粒被灌丛植被阻拦，沙源物质逐渐在其周围堆积而形成的一种常见的风积地貌，其发育主要分为4个阶段：雏形阶段、发育阶段、稳定阶段和活化阶段。灌丛沙堆形成的基础条件是灌丛，植被盖度及其周围环境是影响灌丛沙堆发育的重要因素。沙源物质是灌丛沙堆形成的主要物质来源，故沙堆与荒漠灌丛具有一体化特性。灌丛沙堆发育受区域环境影响较大，形成灌丛沙堆的植被类型具有多样性，在我国，形成灌丛沙堆的植被类型主要包括柽柳（*Tamarix chinensis*）、胡杨（*Populus euphratica*）、白刺（*Nitraria tangutorum*）、小叶锦鸡儿（*Caragana microphylla*）和蒿类（*Artemisia* spp.）。灌丛沙堆一般发生在干旱、半干旱及干燥的亚湿润地区，是土地退化的重要标志。灌丛沙堆的形成长期受植株和风沙活动的共同影响，灌丛沙堆的演化过程是风成沙与灌丛相互作用的结果。灌丛沙堆因此成为沙地和沙漠的重要组成部分。

1.1　灌丛沙堆对荒漠化的指示意义

在干旱与半干旱地区，灌丛的空间格局通常呈斑块状，灌丛的广泛分布直接导致土壤资源的高度异质化，单一灌丛下的土壤环境也存在空间异质性，这一现象被称为“肥岛”效应。陈广生等（2003）对“肥岛”效应进行了进一步定义，即“肥岛”效应是干旱、半干旱区灌木冠幅下限制性土壤资源的显著聚集现象，其中包括土壤水分、养分、微生物、动物，以及由灌木等植物形成的非生物环境。灌丛沙堆沉积物的养分富集现象在不同土壤环境和不同种类灌丛中均有发生，具有普遍性。同时，多数研究发现灌丛沙堆相比周围空地具有较好的资源富集性。生物作用影响非生物作用是灌丛下土壤养分富集的重要原因。灌丛沙堆中土壤养分富集格局的变化进一步影响了干旱区生态系统的结构和功能。灌丛沙堆沉积物的特征被认为是干旱与半干旱地区植物生产力和空间多样性的关键影响因素，也是荒漠植被与生态环境信息交流的“枢纽”。灌丛沙堆已经成为荒漠植被在养分资源和水分条件有限的生境中稳定生存的基础。荒漠灌丛对其沙堆沉积物中资源的利用是其生长过程的重要环节。近些年来，受气候因素等影响，干旱荒漠区部分植物的种内种间竞争加剧，种群自然繁育更新能力降低，导致其分布范围和种群数量进一步缩小，而灌丛沙堆的发育与稳定对遏制干旱半干旱地区生态功能退化和保护生物多样性具有重要作用。

随着灌丛的生长，更多的沙源物质被拦蓄在灌丛下，沉积物的堆积和凋落物所形成的沙堆土壤不断被微生物分解。土壤微生物过程和微型动物活动的不断增强使植物养分处于一个紧密的内部循环。由于植物冠层下土壤水分的异质性，土壤养分也可能随土层深度而变化。前人研究表明，荒漠灌丛沙堆的土壤有机质含量在发育后期会显著高于幼灌木，并随深度的增加呈现先增后减的趋势。需要指出的是，如果忽略了土壤养分的水平和垂直异质性，对生态系统中养分含量或养分周转的估计可能会出现重大错误。此外，不同垂直深度土壤养分的变化也在一定程度上反映了不同灌丛形成阶段土壤养分富集程度的区别。风蚀过程改变了灌丛沙丘的形态和发育过程，但发育过程对沉积物特性的影响尚未得到充分论证。有关灌丛沙堆沉积过程对土壤养分富集效应的影响尚缺乏系统研究。灌丛沙堆作为中国北方和西北地区最重要的地貌之一，沉积物特性与灌丛沙堆之间的关系需要进一步研究。

荒漠灌丛沉积物的养分富集过程仍存在一定的争议。大多数研究人员认为，干旱环境下的灌丛沙堆沉积过程产生的养分富集效应是风力侵蚀的结果。在干旱半干旱地区，灌木通常被用作有效的天然屏障，以减少当地风速和土壤侵蚀，它们可以将风吹来的沉积物困在冠层下，从而形成灌丛沙堆，这是灌木应对基本风化过程的共同特征。灌丛下的沉积物由自然聚集在灌木周围的风成颗粒物质组成，这是植物自身活动影响灌丛沉积物养分的典型例子。

荒漠灌丛是沙堆形成的必要前提，其作为一种在特殊环境下生长的植物类型，长期的生存结果使其产生了特殊的适应性生长策略，逐渐产生抗风蚀沙割、耐沙埋、耐干旱贫瘠等适应特性，从而形成了特定的构型特征。荒漠植物构型本身又是植物个体与环境相互作用相互适应的最终外在表达，它们之间的相互作用和互馈关系决定了荒漠植被的发展与演替。荒漠灌丛构型的变化对其下部土壤环境的作用是二者能量流动与物质循环的重要过程，也是荒漠地区植被退化的风向标。荒漠地区的气候干旱和水分亏缺逐渐严重会直接影响植物的水分吸收，这一限制因子改变了植物的生长策略，当生态系统退化为荒漠时，植被退化会伴随土壤养分富集效应的削弱，最终导致灌丛沙堆解体。

1.2　灌丛沙堆的“肥岛”效应

了解植物-土壤生态系统中植被引起的土壤环境变化，对于了解植被演替、竞争及植被与土壤环境的生态效应有着重要作用。荒漠灌丛通过拦截风沙流中细颗粒、自身凋落物及根系分泌物等多种途径使周围土壤资源不断向沙堆汇聚，最终形成沙堆土壤环境优于丘间空地的“肥岛”效应。近年来围绕着“肥岛”效应国内外展开了大量研究，研究发现，沙堆沙物质改良主要来自以下几个方面：一是灌丛拦截风沙流中富含养分的细颗粒及凋落物并使其沉积于灌丛下方，在地表颗粒物再分配的同时也改良了土壤理化性质；二是灌丛覆盖地表增加了沙堆土壤凋落物的输入，凋落物被分解后为土壤带来了养分；三是灌丛覆盖改善了沙堆内部微尺度下的土壤环境，增加了沙堆内部生物多样性，动物残体及排泄物被分解后为土壤带来了养分。灌丛的特性会影响沙物质拦截、凋落物堆积及沙堆内生物分布情况，对沙堆养分有着重要影响，但灌丛生长特性差异也为土壤养分积累带来了诸多不确定因素。不同发育阶段的灌丛其养分积累能力存在差异；灌丛的类型也对土壤养分积累能力有很大影响，譬如古尔班通古特沙漠的柽柳（*Tamarix chinensis*）灌丛沙堆土壤养分含量显著高于丘间空地，形成了“肥岛”效应，而同区域的梭梭（*Haloxylon ammodendron*）灌丛沙堆土壤养分含量并未显著高于丘间空地，未形成“肥岛”效应，这种差异的产生主要是柽柳更大的冠幅所带来的拦风阻沙能力导致的。气候条件的差异，导致土壤养分循环过程出现差异，即使同种植物在不同生境下的养分积累能力也会表现出不同效果。

灌丛沙堆的养分效应是一种在灌丛内及周边天然聚集的风积细颗粒物质形成沙堆后的资源富集现象，是植物活动对土壤环境影响的后续附加效果的重要例证，灌丛沙堆的养分富集效应也是荒漠及过渡带区域的生物作用和非生物作用共同驱动所产生的结果，反映了灌丛入侵草原引起的土壤资源空间异质性变化特征，造成土壤资源局部分配的差异，灌丛沙堆的产生和养分富集改变了植物种间的竞争关系，进而对干旱区植物种的分布格局和演替过程产生了影响，最终改变了干旱区景观格局。草地灌丛化促进了沙堆的形成，而灌丛沙堆的养分富集效应又会加速灌丛的更新和扩张，即沙堆与灌丛演化间的互馈机制。灌丛沙堆的养分富集又被称作“肥岛”效应，特别是天然灌丛形成的“肥岛”在过牧的群落中具有保护植物多样性的潜力。这是由于灌丛沙堆可有效从周边区域固持水、土及种子（繁殖体）等资源，影响植被演变动态和生态系统发育过程。荒漠生态系统中，土壤养分在灌丛底部发生富集的重要因素是生物作用高于非生物作用。生物作用主要指的是土壤养分被根系吸收至植株体内，进而运输至植物地上部分，最后以凋落物的方式降落至土壤表层的过程。例如，柽柳灌丛下方土壤养分的富集主要是由柽柳根系带来的生物小循环而产生的。然而，土壤养分富集效应消失的主要原因则来源于非生物作用。以灌丛沙堆为例，风沙危害是土壤养分富集效应消失的主要因素。“肥岛”效应对草地灌丛化过程能够起到指示作用。何玉慧（2015）对黄土高原西部的荒漠草原区红砂灌丛沙堆的土壤盐分和养分含量进行了定量分析，红砂灌丛沙堆的土壤盐分富集是由于根系选择吸收下层土壤盐分，并运移到枝叶，最后通过凋落物将盐分返还土壤的结果。

从“肥岛”效应来看，胡杨作为乔木具有促进冠层下养分富集的能力，不同发育阶段冠幅下的“肥岛”效应显著不同，植株冠幅内外的各深度土层土壤富集作用具有一定的差异，具体表现为随土层深度的增加，“肥岛”效应逐渐降低。胡杨周边的土壤养分向冠幅内侧方向逐渐聚集。梭梭、沙拐枣、柽柳、白刺等植被均具有一定的“肥岛”效应。灌丛通常因水分和养分的截留作用及遮阴等作用改变了植株周围土壤等环境，导致土壤水分和养分向植株中心方向聚集，因此，植株底部的土壤养分高于周围裸地。群落也是影响柽柳灌丛“肥岛”效应的主要因素。灌丛对枯落物的截留作用、对动物残体分解和根系的吸收效应引发的一系列小循环，树冠径流作用、动物干扰、风蚀作用和水蚀作用均会对“肥岛”效应产生影响。灌丛沙堆的形成和消逝都需要长期过程，灌丛沙堆的形成对维持灌丛下土壤微环境的稳定与健康具有重要作用。固沙灌丛对植物生长的促进作用明显快于土壤养分富集效应，土壤养分的富集程度较高也是荒漠植被适应逆境的一种机制，该富集程度有利于荒漠灌丛的生长繁殖和荒漠绿洲生态屏障的形成。一些草本植物同样具有“肥岛”效应，短花针茅丛的“肥岛”效应有利于荒漠草原土壤肥力的保护，也有助于荒漠草原退化草地的恢复。芨芨草沙堆的土壤养分整体呈现出冠层下高于冠层外部，草丛下土壤养分的富集作用会随着土层深度的增加而逐渐下降，并且随着与草丛中心距离的增加而逐渐减弱，草丛体量越大，“肥岛”效应越强。

从沙堆与养分富集的相互关系来看，梭梭灌丛具有截获风蚀过程携带的微细尘埃、黏粒及粉沙的作用，进而改善冠丛下土壤结构和肥力性状，形成灌丛“肥岛”。各发育阶段的塔河梭梭根部和冠幅边缘的砂粒量均高于冠幅外侧。干旱荒漠地区人工梭梭和土壤养分间存在的时空耦合关系十分明显。不同发育阶段的梭梭根部养分富集量差异较大，然而不同生长阶段的梭梭冠幅边缘的土壤养分富集率差异较小。不同群落土壤养分富集率也不尽相同，即“肥岛”的发育程度不同。柽柳灌丛间的土壤有机质、速效磷、速效氮、速效钾含量低于冠下与冠缘表层，因此，灌丛间常产生“肥岛”效应。土壤养分在水分运移和养分富集的作用下，往柽柳主干方向聚集，土壤养分的这种小尺度空间差异不仅加速了柽柳自身和周边其他植被的发育进程，还会改变土壤理化功能。从灌丛沙堆的空间尺度分析，黑沙蒿养分富集的水平范围较广，甚至超出其自身冠幅覆盖区，柠条灌丛沙堆的养分富集范围较小，在自身冠幅覆盖区内，它的富集深度同样较黑沙蒿浅，说明灌丛对土壤养分的富集作用存在物种效应。盐穗木灌丛沙堆的养分富集效应主要体现在沉积物的表层，该效应随着土层深度增加逐渐减弱。灌木的长时间存在可以改变土壤空间异质性，提高灌丛下的土壤养分、结构及肥力。土壤碳、氮、磷储量和土壤化学计量关系显著，灌丛生态系统中的碳、氮、磷生物地球化学循环过程受植物与土壤交互作用的影响。盐生植物灌丛下的土壤有机质、氮、磷、钾含量明显高于周围空地，其中，土壤表层更为明显，灌丛沙堆的土壤呼吸速率也存在明显的时空分异性。黄土高原半干旱地区灌丛的养分富集效应及灌丛和其他植被间的正面作用，均随坡度的增加呈增多的趋势。

分析“肥岛”效应与微生物和动物的关系发现，土壤动物几乎是荒漠生态系统中必不可少的成分，在灌丛沙堆演变过程中承担着重要的促进作用，对灌丛生态功能发挥和退化生态系统恢复十分有利。灌丛不仅会促进土壤肥力的产生，还对土壤线虫群落起着正面作用。随灌丛林龄的增加，灌丛“虫岛”对灌丛间节肢动物的多样性分布产生了越来越明显的辐射效应，且灌丛“虫岛”对沙化草地生态系统结构和功能的恢复起着十分有效的作用，通过观察并分析灌丛“虫岛”形成、指示类群辨识和生态系统演替的长期过程，能够确定草地生态系统中可能存在的最适人工灌丛林的管理方式。

1.3 灌丛对沙堆形成的作用

1.3.1 灌丛沙堆的形成机理

我国西北干旱半干旱区面积广大，风沙活动频繁发生，单个灌丛与风沙物质在与气流的共同作用下形成了一种风沙地貌，即灌丛沙堆。20 世纪 80 年代以来，国内外学者对风沙地貌及沙漠化进行了一系列研究，其中包括灌丛沙堆分布特点和空间结构、灌丛沙堆的形态特征、发育过程、积沙特性，以及其与环境气候变化互馈机制方面的研究。目前，国内对荒漠地区灌丛和沙堆已有较多研究。灌丛沙堆的特殊形成方式使其自身具有不稳定性，不同的灌丛植株所形成的灌丛沙堆在外形上具有很大的差异，灌丛的空间构型也直接影响了灌丛沙堆的形成和形态。因此，风蚀物质供应量、植被生长策略对风力强度的影响成为控制灌丛沙堆形成和演化过程的两个主要因素。

一般认为，植被、风力、沙源三者协调作用控制着沙堆的形成。植被作为控制沙堆形态塑造的重要因素，发挥着不可替代的作用。荒漠灌丛覆盖地表后提高了地表粗糙程度，进而分解过境风力，以拦截输沙的形式改变地表流场结构，沙物质最终沉积于灌丛下方形成沙堆，同时也保护了灌丛下土壤不再被侵蚀。植被类型不同会导致其拦风阻沙能力出现差异，对沙堆形态塑造有着重要影响，如白刺等分支结构复杂且匍匐生长的灌丛，易形成盾形或椭圆形沙堆；而黑沙蒿（*Artemisia ordosica*）等分支结构简单且垂向生长的灌丛，更易形成圆锥形沙堆。对灌丛沙堆形态进行研究发现，灌丛沙堆的长度、宽度、高度之间存在着一定的相关性，沙堆的长度和宽度随着灌丛生长而协调增长和变化，但是高度相较于长度和宽度则表现得不是非常明显。Tengberg 和 Chen（1998）对此分析作出了如下解释，在灌丛的生长初期，由于有充足的沙源供应，灌丛沙堆的长、宽、高呈正比例增长，水平尺度和垂直尺度相关性显著；当灌丛沙堆发育到一定程度后，丘间空地和灌丛沙堆系统扰乱了气流场，紊流加强，风力对沙堆的侵蚀作用进一步增强，灌丛沙堆垂直尺度处于侵蚀量和沉积量平衡的稳定状态，因此沙堆的垂直尺度增长停止，而水平尺度增长继续，进而表现出高度稳定但长、宽继续增长的状态；而随着沙源减少甚至消失、地下水位降低或植被死亡，灌丛沙堆遭受强烈侵蚀后无法对风沙流形成有效拦截，沙堆垂直尺度由于缺少沉积量而逐渐降低，最终整个灌丛沙堆走向消亡，因此，灌丛生长末期灌丛沙堆的水平尺度和垂直尺度不相关。目前，已有研究分析了灌丛沙堆形成与植被的关系，但是缺少对沙堆沉积与植被生长之间进行建模量化分析，以更精确直观地展现二者之间的联系。

1.3.2　沙源对灌丛沙堆形成的影响

沙源是灌丛沙堆形成的沉积物质基础，许多学者通过研究柽柳（*Tamarix chinensis*）灌丛沙堆的沉积物特征明确了沙物质来源对灌丛沙堆形成的重要性。柽柳沙堆的典型形态呈凸起半椭球状，沙源丰富程度与植被状况均对沙堆体量大小产生影响。风力强劲地区的沙堆表面颗粒组成粗化，固体碎屑物质成为灌丛沙堆形成发展的物质来源，其丰富程度对沙堆形态特征有着显著影响。远源物质和近源物质均为灌丛沙堆形成的物质基础，其中近源的风沙物质是灌丛沙堆沉积物的主要成分来源。刘冰和赵文智（2007）通过对荒漠绿洲过渡带泡泡刺（*Nitraria sphaerocarpa*）和柽柳灌丛沙堆形态参数的对比，得出荒漠生境下的灌丛沙堆高度、体积等形态参数均大于戈壁生境，且沙堆空间变异程度与沙源变化程度关系较为密切。随着沙源供给丰富度的增加，沙堆在水平方向和垂直方向上的尺度显著增大，在此过程中沙堆的形态沿主风向拉长，逐渐形成不对称状态，主风向风影沙尾的轮廓也逐渐清晰。尚河英等（2016）对新疆卡拉贝利水利枢纽工程区土质地表和砾石地表的盐爪爪（*Kalidium foliatum*）灌丛沙堆形态特征进行了研究，结果表明，土质下垫面的灌丛高度小于砾石表面的灌丛高度，但土质下垫面沙堆高度显著高于砾石表面，沙源对沙堆个体形态影响较大。这也再次证明了沙源丰富度对灌丛沙堆形成的影响。

1.3.3　灌丛生长策略对沙堆形成的影响

干旱半干旱区的灌丛沙堆在防风固沙、保护物种多样性、保持区域生态平衡方面发挥着重要的作用。灌木的类型和灌丛的生长特性是影响其积沙效能的重要因素，而灌木的构型对灌丛整体形态的外部表现发挥了关键作用。沙堆形态参数与灌丛植被形态参数间存在正相关关系，荒漠区沙堆规模明显大于草原区，灌丛高度与沙堆高度具有显著的关联性，灌丛的高度与沙堆宽度也具有显著的相关性，荒漠区的灌丛沙堆体积普遍大于草原区。研究人员通过对灌丛沙堆调查发现，柴达木盆地的典型灌丛和其沙堆的长、宽、高之间均呈现较好的正相关关系。蔡东旭等（2017）对新疆台特玛湖干湖盆内盐穗木（*Halostachys caspica*）、柽柳及碱蓬（*Suaeda glauca*）3 种植物灌丛沙堆形态特征进行了研究，比较其阻沙能力，得出沙堆形态参数间关系显著，且沙堆形态参数与植被参数间亦有相关性，不同植物的灌丛与沙堆形态参数间的相关关系有所不同。其中，柽柳的阻沙能力最强，灌丛沙堆的体量主要受灌丛迎风面侧影面积的影响。唐艳等（2008）分析了毛乌素沙地针茅（*Stipa capillata*）、沙蒿、乌柳（*Salix cheilophila*）3 种植物沙堆形态及其阻沙能力，结果表明，植物体的冠幅与灌草丛沙堆的长度、宽度显著相关，灌草高度也间接影响着沙堆高度。吴汪洋等（2018）研究认为，沙棘（*Hippophae rhamnoides*）、乌柳（*Salix cheilophila*）、沙蒿固沙能力较强，这与灌丛的高度和冠幅等生长因子的协同生长效应有关。除植物种不同对沙堆形成作用不同外，植物个体形态结构亦会对沙堆的形成发育产生影响。沙蒿凭借其紧密多孔的冠层结构，拦截了最多的沙物质。白沙蒿灌丛半径是影响其灌丛沙堆高度的因素之一，二者呈正相关关系。灌丛在发育初期其垂直方向生长速率较快，在生长后期逐渐趋于稳定，其水平扩张速度大于垂直方向，沙堆水平方向发育受到灌丛冠幅的影响，灌丛的高度决定了灌丛沙堆高度的延伸程度。张媛媛等（2012）对内蒙古西部阿拉善高原 4 种锦鸡儿属植物沙堆的形态参数测量后，对比了其固沙能力，认为随着地上生物量的增加，4 种锦鸡儿属植物灌丛沙堆体积增大，固沙效率也显著增加，灌丛形态和发育特征决定了沙堆的形态与发育过程。韩磊等（2012）在对狭叶锦鸡儿（*Caragana stenophylla*）和小叶锦鸡儿（*Caragana microphylla*）灌丛的形态参数和沙堆的形态指标进行测定和分析后同样得出相似结果，即两种灌丛生长策略决定了沙堆形态和体量的发育。阿丝叶·阿不都力米提和玉苏甫·买买提（2016）对 3 种生境条件下白刺灌丛沙堆形态特征的研究得出，白刺沙堆各形态参数间具有极强的相关性，不同生境样地中的白刺沙堆长度与宽度间、沙堆面积与高度间、沙堆体积与面积间都表现为极显著相关。朱媛君等（2018）对鄂尔多斯高原北缘的沙漠-河岸过渡带白刺植株指标与沙堆形态进行了相关性分析，发现单株干质量与沙堆各形态特征之间呈正相关，且与沙堆体积的相关性最高。杜建会等（2007）指出，灌丛沙堆的形态参数随着灌丛沙堆的演化呈现不同的变化趋势，处于不同发育阶段的灌丛沙堆高度均随水平尺度的增加而增大。路荣（2018）对黄土高原典型水蚀风蚀交错带的 4 种大小不同的常见灌丛沙堆的基本形态、差异性及相关性进行研究发现，灌丛演替变化同样影响着沙堆形态的发育，沙堆体积随灌丛生物量的增加而增大。刘金伟等（2019）对新疆艾比湖周边不同发育阶段白刺灌丛沙堆形态特征进行了对比，认为不同发育阶段的白刺植株对沙堆个体形态有所影响。王翠等（2013）比较了不同生长阶段的花花柴（*Karelinia caspica*）沙堆，认为沙堆的形态发育与植株生长状况有着显著相关性，早期发育的沙堆长度为植物体株高的 2 倍，而在沙堆发育成熟阶段，其长度变为植株的 1/2。

张萍等（2013）通过对我国西北干旱区沙漠、戈壁及荒漠草地 3 种不同生境下的白刺灌丛沙堆的调查发现，侧影面积和沙堆体积间为良好的幂函数关系。沙堆形成初期体积增加缓慢而侧影面积增加迅速，即沙堆长、宽、高增长慢，白刺植株在快速增长。随着灌丛的增高，其对风沙流的阻滞能力增强，沙物质增多又促进了植株的生长，灌丛增长到一定高度，拦截到沙堆的沙物质急剧增多，沙堆体积迅速扩大。左合君等（2018）对阿拉善左旗戈壁地区白刺灌丛沙堆的灌丛指标及沙堆指标进行了测定和分解，结果发现，白刺灌丛沙堆的发育规模和形态受到风沙流和灌丛的综合影响，灌丛的长度、宽度和高度与沙堆长轴、短轴、高度均存在明显的正向拟合关系。樊瑞霞（2016）指出，在荒漠草原中随着灌丛沙堆演化进行，灌丛沙堆的长轴、短轴和高度三者协同增长，灌丛沙堆外部储水量较灌丛沙堆边缘、内部高，在不同的演替阶段白刺灌丛沙堆的盖度与体积呈现不同的增长模式。贾晓红等（2007）研究发现，腾格里沙漠东南缘白刺耐沙埋能力受地下水埋深与植株生长情况的直接影响，白刺沙堆的固沙能力也受到其间接影响。

灌丛迎风面的侧影面积同样对灌丛沙堆的形成具有重要作用。能够形成沙堆的植物侧影形状一般为三角形或柱形，其侧影宽度由地面向上逐渐变小，而侧影面积大小是反映植物防风固沙功能的一个十分重要的指标，植株对风沙形成阻挡作用是植被迎风侧积沙成丘的主要原因，沙丘高度越大说明植被的阻风固沙能力越强。杨光等（2016）研究发现，亚玛雷克沙漠的猫头刺（*Oxytropis aciphylla*）与小叶锦鸡儿株高、冠幅和其迎风面的侧影面积均为控制灌丛积沙效能的重要指标，灌丛的阻沙能力随着株高和灌丛迎风面侧影面积的增加呈现不同程度的增加趋势。

灌丛整体形态对沙堆形成的影响取决于灌丛分枝构型特征。灌丛沙堆的形成与灌丛植物大小、密度和生长习性等密切相关。Hesp 和 McLachlan（2000）测定了海岸沙地不同生态型植物的阻沙能力，通过对比不同沙堆形态特征发现，分枝多、枝叶垂直的植物所形成的灌丛沙堆高度较高、沙堆坡脚角度相对较大。沙源供应程度影响着沙堆的尺度和存活时间，而灌丛自身的枝条密集程度则对沙堆的形态起到更重要的调控作用。李志忠等（2007）在对和田河流域野外考察和风洞模拟的基础上，研究了柽柳沙堆的发育机理，由于柽柳具有存活时间长、枝条强度大、枝条萌蘖能力强等特点，其对近地层风沙活动会产生强烈扰动，促进沙物质大量沉降在其周围，使得其沙堆个体较大，寿命也较长。

灌丛沙堆作为典型的风积地貌，长期处于多风的环境中，其沉积物的理化性质是风沙活动过程的产物。灌丛对表面风沙活动形成扰动对灌丛下的沉积物特征产生了不同程度的影响。已有研究集中于灌丛沙堆沉积物的厚度、颗粒及矿物质元素组成等方向并产生了大量成果，其在揭示区域环境演化方面具有重要意义。

夏训诚等（2004）对罗布泊地区红柳沙堆的沉积结构进行了解剖分析，认为沙堆沉积层所包含的环境信息可用来反演当地气候变化特征。柽柳沙堆的沉积层粒度特征同样发生了改变，除沉积层的厚度外，沉积物颗粒组成、粒度参数和粒径的频率分布曲线均能明确反映区域环境的变化。杜建会等（2007）对民勤地区不同演化阶段白刺沙堆表层沉积物的理化性质进行了研究，结果表明，灌丛沙堆的发育伴随着沉积物内部中砂粒含量的降低和粉粒、黏粒等细颗粒含量的增加，土壤养分含量也逐渐增加。当灌丛沙堆发生活化时，植被盖度减小，因此沙堆上细粒物质含量随之减少，养分含量也随之减少。研究发现，腾格里沙漠东南缘白刺灌丛沙堆的沉积物粒径组成以细沙为主，固定沙地中的灌丛沙堆产生了“肥岛”效应。在植物研究方面，目前的研究大部分集中于柽柳灌丛沉积物的粒度特征。张锦春等（2014）对库姆塔格沙漠柽柳沙堆的沉积物粒度特征进行了分析，结果指出库姆塔格地区灌丛沙堆沉积物的颗粒具有明显的干湿交替变化特征。肖晨曦（2007）对和田河流域灌丛沙堆沉积物粒度特征的研究发现，柽柳沙堆迎风坡颗粒粗于背风坡，且沙堆顶部颗粒最细。武胜利等（2006）研究发现，灌丛沙堆不同部位的沉积物粒度特征呈现出规律性的变化特征，其中灌丛沙堆顶部的沉积物颗粒最细；迎风坡的沉积物颗粒最粗，且颗粒分选性较差。而风速动力是影响柽柳沙堆颗粒组成的主要环境因素，风蚀结合植物的影响使灌丛沙堆土壤颗粒组成产生了明显的空间分异性。对塔克拉玛干沙漠策勒绿洲荒漠过渡带柽柳灌丛沙堆的沉积物颗粒组成分异性研究发现，随着地表植被覆盖度的降低，灌丛沙堆表层沉积物平均粒径逐渐粗化。而相同植被背景下，灌丛下方沉积物粒径明显小于沙堆边缘，沙堆间空地颗粒较粗，灌丛沙堆表现出细颗粒沉积物影响下的土壤养分富集效应。刘博（2018）对塔里木河下游柽柳沙堆沉积层物理特征进行的研究发现，随着灌丛沙堆沉积物层厚度的增加，其土层中稳定同位素含量逐渐降低。灌丛沙堆凋落物中阳离子含量可作为环境气温变化的指示标志。与此同时，地形会影响灌丛沙堆沉积物颗粒属性，沙堆土壤中极粗沙、细沙、极细沙和粉沙含量随着高度的增加均呈现增加的趋势，中沙和粗沙含量则逐渐减少。灌丛沙堆迎风坡的土壤中极粗沙、极细沙和粉沙含量低于沙堆背风坡，细沙、中沙和粗沙的含量则高于背风坡。该规律较为复杂，柽柳灌丛退化后，灌丛下沉积物的粉粒和黏粒含量则逐渐减少，细沙含量呈现先增后减的趋势，粗沙含量则持续增加。不同种植物的灌丛沙堆沉积物质的分布规律仍存在不同的结论，植物自身生长特征对沉积物粒径的扰动规律还有待进一步研究。

1.3.4 植物对风沙运移的影响

风是灌丛沙堆形成的动力基础，在风力的推动下，沙物质被吹起，遇到植物体后沉降堆积在灌丛的四周。荒漠灌丛将沉积物拦截在冠层下，所形成的灌丛沙堆成为灌丛响应风沙流过程的基本特征。在沙漠过渡带和绿洲边缘地区沙物质的聚集现象更容易出现。灌丛周边风力的变化一方面决定于灌丛自身整体形态特征和构件的发育特性，而风力大小影响着沙源的丰富程度，间接决定着沙堆体积的大小。张大彪等（2016）对河西走廊防风固沙林演变形式与积沙带稳定性进行了研究，防风固沙林的设置形成了稳定的积沙带，而积沙带同样具有阻挡流沙的作用，在阻沙功能上具备防风固沙林阻沙效益的延续性，是沙区绿洲防风固沙的有效举措之一。从环境因子来看，积沙带的形成和发展速率与当地的年降水量和年平均风速呈现较为明显的正相关关系，空气温差、有效降水、风况、土壤粒度、植被及地形等诸多因素均会导致不同空间位置积沙量的改变。对人工固沙林和天然固沙林的积沙带进行对比可以发现，人工固沙林形成的积沙带风蚀程度和前移速度均为最大。侵蚀面与主风向的夹角是控制积沙带高度的重要环境因子，即下垫面与主风向的夹角越小，则积沙带的高度越低。上风向对准风沙口时，下垫面与主风向的夹角越小，积沙带的宽度也呈现减小的趋势。

当背景植被盖度＞16%时，柽柳灌丛沙堆及丘间地整体蚀积强度和风蚀率变化趋于平稳，因此，维持不低于 16%的背景植被盖度，是沙漠-绿洲过渡带柽柳灌丛沙堆科学保育的关键。武胜利等（2006）对单株柽柳灌丛流场进行了测试，实验显示柽柳灌丛会导致风沙流结构发生变化，对风沙流的运行起到了干扰作用，对维持柽柳灌丛沙堆的形态、促进柽柳灌丛沙堆的增长具有重要的作用。柽柳沙堆所处环境的沙源供给强度是控制沙堆单体规模的主要因素之一，沙堆在灌丛内部具有覆盖的保护区域及背风侧大面积稳定积沙，迎风侧主要表现为强烈风蚀，两侧则为堆积。从灌丛沙堆土壤粒度来看，植被带对远程输送的土壤悬移质具有截留作用，致使土壤表层粒径细化；沙堆灌丛和丘间低地的土壤粒径呈现异质化现象，即沙堆灌丛细化而丘间低地粗化，过渡带灌丛科学保育的前提是植被盖度要提高。

风沙流通过具有疏透度的灌丛时在灌丛下部产生了风沙堆积，灌丛形成了下密上疏结构，导致灌丛背风方向风沙流减速区变小，这是风影沙堆转变成近圆形或椭圆形的关键因素。从空气动力学角度来看，当风沙流经过具有植被覆盖的下垫面时，植被迎风方向的覆盖区内的侧影面积呈现挡风效应，故而灌丛的枝系空间构型对风速降低效果明显。李建刚等（2008）对民勤主要治沙造林植物空间枝系构型的防风作用进行了研究，结果表明，植株迎风面枝条的阻挡面积和迎风面宽度是植株干扰风速的主要指标，即阻挡宽度和迎风面宽度越大，风速降低程度越大。而迎风面宽度与枝条阻挡面积呈现明显的正相关关系。植被粗糙元密集度是研究灌丛对地表风蚀防护效应的关键指标之一。因此，准确区分灌丛株高、冠幅及枝条的疏密程度等形态结构特征的差异性，可以更有效地明确不同植被防风效应的差异。紧密型结构的黑沙蒿（*Artemisia ordosica*）灌丛具有分枝多、角度小和生物量大的特点，其分枝大部分分布于近地面层，防风固沙效果显著。灌丛迎风面可形成一个减速区，而灌丛顶部与两侧会形成加速区，其中灌丛侧面的输沙量较大，背风面分别有一个静风区与一个尾流区，输沙量最小。相同样地面积内，外源型供给的洪积扇和农耕地下风向灌丛沙堆数量少，但单体沙堆的平均尺度大。小叶锦鸡儿灌丛沙堆的覆盖程度、风沙沉积量和近地表气流粗糙度沿顺风方向呈现降低的趋势，在单个灌丛沙堆中，从迎风坡途经沙堆顶部至背风坡处，风速廓线渐趋于复杂化。而沙柳灌丛能够在迎风处和背风处减弱近地面风速，致使沙粒沉积于植株底部。

1.4　荒漠灌丛沙堆形成过程中的生态化学计量比

生态化学计量学是反映碳（C）、氮（N）、磷（P）、钾（K）等多种化学元素和能量的平衡与耦合关系的一门学科。C 属于基础性元素，反映植物在光合作用过程中固定 CO_2 的能力。N、P 属于功能性限制元素，反映土壤中 N 元素和 P 元素的可利用性，P 是植物体内能量储存和转化的基础。K 可通过控制叶表面气孔收缩和张开从而控制植物叶片蒸腾作用。生态化学计量比变化特征能反映植物对环境的适应能力。近年来，对生态化学计量学的研究在国内外逐渐兴起，内容涉及草原、森林等生态系统的植物类型、器官（根、茎、叶）、凋落物、土壤等生态化学计量特征，同时还涉及其与气候因子之间的关系。近年来，学者从不同尺度对荒漠生态系统植被叶片 C、N、P 生态化学计量比做了大量研究。研究表明，荒漠植物叶片生态化学计量比不仅受到遗传特性、生长阶段、土壤环境的影响，而且还受演化阶段的影响。随着植物演化的进行，植物体结构组成、体内养分组成均会发生重组，进而影响植物对养分的重新分配。

2 荒漠灌丛空间构型

荒漠植物作为一种生长在极端环境下的植物类型，经过长期的适应演化，发展出了独特的适应策略，包括抗风蚀、耐沙埋、耐干旱、耐贫瘠等一系列特殊特性，形成了独特的外形特征。植物的空间构型指的是植物体不同构件（如枝、茎、根、叶、芽等）在空间上的排列方式。植物体不同枝系的特征及各构件单元的布局和动态变化特征，展现了植物物种对空间、光线等资源的利用和适应策略。荒漠植物构型是植物与环境相互作用、相互适应的最终产物，其功能特性及植物与环境因素的互馈关系决定了荒漠植被的发展与演替。

植物生长脉冲与碳同化之间的关系使得灌丛的体积增长和表面积生长表现出一种适宜的表型特征。冠层枝系构型对环境的变化十分敏感，已有研究认为，冠层枝系构型与光照关系密切，植物分枝数量和分枝角度的再分配策略体现了植株利用生态空间进行光合生长的适应过程，分枝长、分枝率及分枝角度作为植被生长过程中的 3 个生态学特征，被认为是植被枝系空间构型的决定性因素。枝系构型决定了植株冠幅的复杂程度，枝系构型差异反映了植物对环境的可塑性变化与适应（Sprugel et al.，1991）。地上分枝结构差异最终会形成不同的冠层骨架，影响植物体的能量捕获、水分消耗、机械支撑、竞争存活等过程（何明珠等，2006）。

有研究表明，生境是植被枝系空间构型的影响因素之一，在不同生境中枝系构型体现出不同的适应对策（安慧君等，2019）。当生境和树龄基本一致时，福建柏（*Fokienia hodginsii*）与其天然新变种窄冠福建柏冠型结构、枝系特征和叶片形态特征也不尽相同（黄云鹏等，2015）。研究者以两年生黄金串钱柳（*Melaleuca bracteata*）为研究对象，分析其枝系空间结构发现，黄金串钱柳以高生长为主，枝条由一级转化为二级的能力高于二级转化为三级和三级转化为四级，且冠幅面积、体积和枝径长度均呈现增加趋势，逐步分枝率和枝条倾角呈现减小的趋势（蔡锰柯等，2014），随着黄金串钱柳高度的增加，株高、冠幅、冠层体积、地径、逐步分枝率和枝径长度对黄金串钱柳生长的影响整体呈现上升趋势（魏建康等，2014）。林勇明等（2007）对桂花（*Osmanthus fragrans*）植冠的枝系空间构型进行了研究，结果显示，桂花在幼苗阶段主要以高生长为主，在幼树阶段由高生长向横向生长发展，成树阶段则表现为向上层空间拓展。不同发育阶段的胡杨（*Populus euphratica*）枝系构型的研究结果显示，随着灌丛发育，分枝级别不断增加，枝系构型为上密下疏，该构型提高了植物对空间的利用率，分枝长度随分枝级别增加而变短，不同生长阶段的分枝角度差异较大，灰叶胡杨的胸径越大其分枝的级别越大，而分枝角度越小，构型越发紧凑（张丹等，2014）。于秀立等（2016）对不同发育阶段的胡杨枝系构型研究表明，胡杨在不同生长发育阶段上枝系构型也呈现一定的表型可塑性，且与灰叶胡杨在枝系空间构型上存在一定的相似性。对天然和人工种植胡杨植冠的构型分析显示二者有所差异，其中，人工种植胡杨的整体构型呈现为“半椭球”型，而天然胡杨的整体构型呈现为“金字塔”型（于秀立等，2015）。

荒漠植物作为一种生长在特殊环境条件下的植物，生长所需水分、养分资源受限，在生长和发育过程中，植物各构件的排列组合与其他植物形态是有区别的，枝系构型的可塑性体现了其对干旱、贫瘠环境的适应性（郭彧，2020；张浩，2012；刘虎俊，2012；孙栋元等，2011）。各级枝系的分枝角度、分枝长度、枝径比、逐步分枝率和总体分枝率、分枝维数和几何维数等都是荒漠植被的空间构型指标，枝系空间构型上的差异直接体现出植被对环境因素的适应特征（何明珠等，2005）。植株的发育阶段可对植株的空间构型产生直接影响，植株的大小级别也会影响植被获取生存资源的能力（党晶晶，2015）。荒漠植物多枝，叶片退化使同化枝（一级枝）承担了光合固碳的角色，冠层枝系整体透光性相对较好，而相比光照限制，其分枝构型差异与其适应强风胁迫的关系更为密切。Greer 等（2010）对植物枝系的承载能力和抵抗外力的能力进行了量化分析，结果证实，较粗的枝系直径分枝依附能力逐渐增强；枝径比越大，下一级枝条对着生其上的一级分枝承载力越大。植物分枝格局差异也是植物内部基因和外部环境相互作用的产物。基于异速生长理论，灌丛的发展趋势可以是扁平型、近半球型和竖直型。维管系统向上导水的提升力限制了灌丛垂直方向的生长（Gilman，2003）。翟德苹等（2015）对荒漠草原不同生长年限中间锦鸡儿（*Caragana liouana*）灌丛枝系构型特征的研究表明，随着灌丛林龄的增加，中间锦鸡儿的枝系空间构型越简单，对其环境中的资源利用能力和生态适应程度越低。郭春秀等（2015）对石羊河下游 6 种沙生灌木的构型比较发现，生长在相似环境的灌木形成了不同构型，白刺（*Nitraria tangutorum*）和红砂（*Reaumuria songarica*）的树冠近似坛状，细枝羊柴（*Corethrodendron scoparium*）、梭梭（*Haloxylon ammodendron*）和沙蒿（*Artemisia desertorum*）略呈梭形，沙拐枣（*Calligonum mongolicum*）呈扫帚形态。梭梭在不同生长发育阶段、不同生境中，枝系构型表现出一定的可塑性（许强等，2013；史红娟等，2016），红砂在不同立地条件下分枝率也不尽相同（海小伟等，2017）。石学刚等（2016）对 3 个品种的枸杞（*Lycium chinense*）枝系空间构型进行了探讨，研究结果显示，3 个品种枸杞的枝系空间构型受到了遗传特性和生存环境的共同影响，并因此表现出差异性，也就是说，植被空间构型会因为生境的不同产生变化，是植被本身与其所处环境互馈的产物。周资行等（2014）对腾格里沙漠南缘白刺克隆分株生长格局及枝系构型进行了测定，分析发现，当水分条件较差时，白刺克隆种群通过增加株行距来获取生长资源，其空间构型表现为分枝角度增加、强度减小，生长格局表现为游击型，从而获取更多的土壤水分。宋晓敏等（2017）用多效唑对柠条（*Caragana korshinskii*）幼苗构型特征开展了研究，结果显示施用适宜浓度多效唑能够矮化柠条幼苗，对增粗基径效果明显，并导致其分枝数量增加、分枝角度增大，从而增大了柠条幼苗单位面积地表覆盖率，增加了各级根系数量。张俊菲等（2018）研究提出，氮添加使白刺幼苗芽和营养枝数量显著增加，同时降低了休眠芽和休眠枝数量，进而影响幼苗芽库容量。

根系的构型特征影响着根系对土壤水分、养分的获取能力，以及碳的消耗与分配模式（Angela et al.，2009；吴静等，2022）。植物为了达到对土壤环境资源最大程度的吸收与利用，会随土壤环境条件变化而适应性地调整根系构型特征，这表现了根系构型极强的可塑性（马献发等，2011）。前人研究发现，灌丛的根径与其寿命呈正相关，但较粗的根径会消耗更多的碳，而处于干旱胁迫环境下，灌丛根系的高死亡率会导致大量碳损失，因此粗根径不利于灌丛在胁迫环境中生存。灌丛的根系分支率与环境干旱胁迫程度呈负相关（单立山等，2012）。马雄忠等（2020）对阿拉善高原的两种荒漠灌丛根系构型进行了研究，发现生长在相同地区的两种不同植物的根系构型均趋于分支结构相对简单的“人”字形，这种根系结构空间拓展能力强，在养分贫瘠的荒漠沙地更易适应生存。在等量碳投入条件下，虽然“人”字形分支分布范围更小，不利于养分占有，但简单的分支结构避免了根系空间分布上出现重叠的问题，提高了对资源的吸收利用效率，因此更适应胁迫环境（杨小林等，2008；Fitter et al.，1987）。也有研究表明，即使在相同区域，不同植物种的根系构型特征仍会出现不同表现形式（单立山等，2013）。黄同丽等（2019）对喀斯特地区 3 种灌木根系构型进行研究发现，根系均表现为典型的“人”字形，而苏樑等（2018）对喀斯特峰丛洼地不同植被恢复阶段的 4 个优势种根系构型进行研究发现，根系均属于叉状分支型，两次研究均选于喀斯特地区，但灌丛的根系构型却表现出了不同的根系分支模式，这很可能是受遗传及生境影响（吴静等，2020）。同时，研究还发现同种植物的不同生长阶段在相似环境均会表现出不同的根系适应策略。李尝君等（2015）发现，不同生长阶段的柽柳灌丛虽然在拓扑结构参数上并未表现出明显差异，均表现为“人”字形，但是根系的连接长度和直径表现出了明显差异。以上研究均表明根系生长发育会随土壤环境差异而进行相应变化，但根系构型也受遗传及生境等多重因素的综合影响，因此对于根系构型特征的可塑性有待进一步探索，而关于沙埋后枝系上生长出的不定根构型特征，以及不定根如何适应沙堆土壤微环境更是鲜有研究。

2.1 荒漠灌丛枝系空间构型

2.1.1 灌丛分枝率

1）总体分枝率

不同体量的四合木灌丛总体分枝率（OBR）如图 2-1 所示，从图中可以看出，3 种体量的灌丛总体分枝率整体表现为大灌丛＞小灌丛＞中灌丛，但三者之间的总体分枝率大小无显著差异（$P>0.05$）。灌丛体量的改变不能对总体分枝率的变化产生显著的影响。

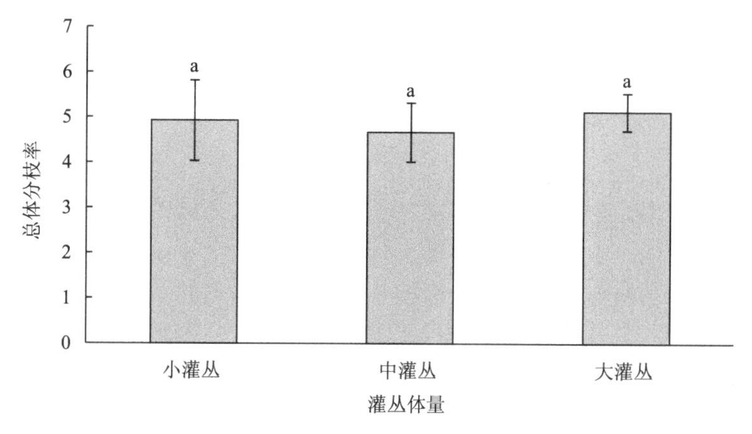

图 2-1 不同体量四合木灌丛的总体分枝率

图中柱上有相同小写字母的表示两者之间差异不显著（$P>0.05$），下同

2）逐步分枝率

不同体量的四合木灌丛逐步分枝率（SBR）如图 2-2 所示，灌丛最大级分枝率 $SBR_{1:2}$ 整体表现为中灌丛＞小灌丛＞大灌丛，其中最大值为 5.01，最小值为 4.41。但三者之间无显著性差异（$P>0.05$）。中灌丛的最大级分枝率较高，这个时期的向外扩张潜力较强。大灌丛的最大级分枝率较小，整体趋于稳定状态。$SBR_{2:3}$ 整体表现为小灌丛＞大灌丛＞中灌丛，其中最大值为 6.01，最小值为 5.54。但整体无显著性差异（$P>0.05$）。四合木灌丛 $SBR_{3:4}$ 整体表现为大灌丛＞中灌丛＞小灌丛。其中最大值为 5.45，最小值为 3.70。大灌丛 $SBR_{3:4}$ 与其他两种体量灌丛具有显著性差异（$P<0.05$）。小灌丛与中灌丛之间无显著性差异（$P>0.05$）。结果表明，随着灌丛的不断生长，贴近沙堆表面的分枝率逐渐增加。这也充分显示，灌丛发育伴随着近地表分枝的扩张过程，对周围资源的利用能力也逐渐增强。

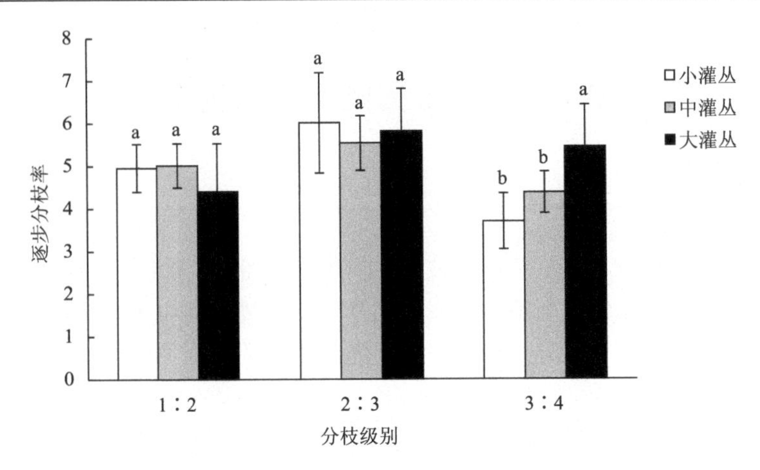

图 2-2　不同体量四合木灌丛的逐步分枝率

分枝级别 1∶2 表示第 1 级枝条总数与第 2 级枝条总数的比值，以此类推，下同

3）枝径比

枝径比（RBD）表征了四合木灌丛不同级别枝条之间的承载能力。一般情况下，植株的枝径比越小，植株个体的上一级枝条对下一级枝条的承载力越强。相反，枝径比越大，植株个体的上一级枝条对下一级枝条的承载力越弱。图 2-3 为不同体量的四合木灌丛各级枝的枝径比，不同体量四合木灌丛的 $RBD_{2:1}$ 整体表现为小灌丛＞中灌丛＞大灌丛，其中最大值为 1.61，最小值为 1.43，三者之间无显著性差异（$P>0.05$）。大灌丛最外层枝条的承载能力相对较强。不同体量四合木灌丛的 $RBD_{3:2}$ 整体表现为大灌丛＞中灌丛＞小灌丛。其中最大值为 2.42，最小值为 1.45。大灌丛的 $RBD_{3:2}$ 与其他两个体量的 $RBD_{3:2}$ 具有显著性差异（$P<0.05$），小灌丛和大灌丛之间无显著性差异（$P>0.05$）。由向心法的测定顺序可知小灌丛

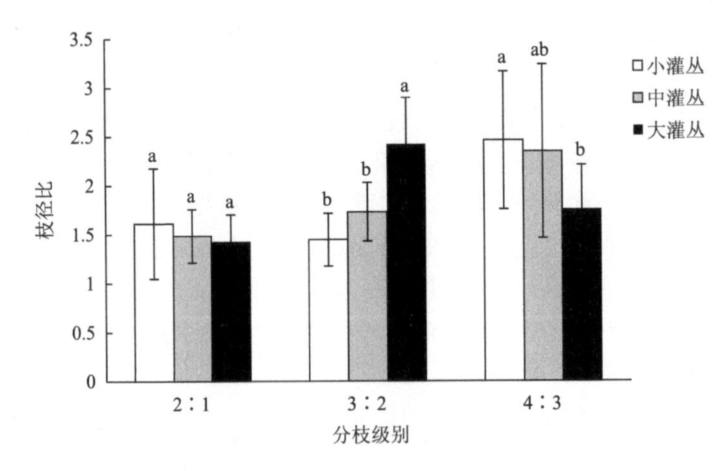

图 2-3　不同体量四合木灌丛各级枝的枝径比

的 $RBD_{3:2}$ 相比大灌丛更小，因此它的承载能力更强，具有更好的生长潜能，这也进一步说明，随着灌丛体量的增加该枝级的承载能力在减弱，生长潜能也在降低。不同体量四合木灌丛的 $RBD_{4:3}$ 整体表现为小灌丛＞中灌丛＞大灌丛。其中最大值为 2.46，最小值为 1.76。小灌丛与大灌丛的 $RBD_{4:3}$ 之间具有显著性差异（$P<0.05$），中灌丛的 $RBD_{4:3}$ 与其他两种体量灌丛的 $RBD_{4:3}$ 无显著性差异（$P>0.05$）。该枝级的枝径比结果也表明，大灌丛贴近地表的枝条承载力相比其他体量枝条的更强。

4）分枝角度

分枝角度作为衡量灌丛枝条空间分布能力的指标，其扩展能力直接影响着植物叶片的光合作用和 CO_2 的利用效率。植株自身的体量大小也同样受到分枝角度的影响，分枝角度的增加会增强植株对空间资源的利用。图 2-4 为不同体量四合木灌丛的各级枝分枝角度。结果发现，不同体量的四合木灌丛由外向内分枝角度均呈现逐渐减小的变化规律，即外部枝条的扩张能力逐渐加强。最靠外的 1 级枝分枝角度整体表现为大灌丛＞中灌丛＞小灌丛，其中最大值为 71°，最小值为 65°。大灌丛 1 级枝分枝角度与小灌丛 1 级枝分枝角度之间存在显著性差异（$P<0.05$）。中灌丛的 1 级枝分枝角度与其他体量灌丛的 1 级枝分枝角度之间无显著性差异（$P>0.05$）。大灌丛最外层分枝角度整体较强，这也使大灌丛最外层拥有更强的扩张能力。不同体量的四合木灌丛 2 级枝分枝角度同样表现为大灌丛＞中灌丛＞小灌丛。其中最大值为 66°，最小值为 58°。大灌丛 2 级枝分枝角度与中灌丛和小灌丛的 2 级枝分枝角度之间均存在显著性差异（$P<0.05$）。中灌丛和小灌丛之间的 2 级枝分枝角度不存在显著性差异（$P>0.05$）。大灌丛在该枝级的扩张能力依然明显。不同体量的四合木灌丛的 3 级枝分枝角度同样表现为大灌丛＞中灌丛＞小灌丛。其中最大值为 62°，最小值为 48°。大灌丛 3 级枝分枝角度与中灌丛和小灌丛的 3 级枝分枝角度之间均存在显著性差异（$P<0.05$）。中灌丛和小灌丛之间的 3 级枝分枝角度同样存在显著性差异（$P<0.05$）。3 级枝的分枝角度随着灌丛体量的增大呈现了显著的变化规律。不同体量四合木灌丛的 4 级枝分枝角度同样表现为大灌丛＞中灌丛＞小灌丛。其中最大值为 47°，最小值为 41°。大灌丛 4 级枝分枝角度与中灌丛和小灌丛的 4 级枝分枝角度之间均无显著性差异（$P>0.05$）。4 级枝的分枝角度变化随着灌丛体量的增大呈现了相对应的变化规律，但这一变化并不显著。

5）分枝长度

分枝长度同样也是衡量各级枝条空间延展性能的重要指标之一。植物各级枝条的空间延展能力增强，植株自身对于空间资源的利用范围也随之增大，资源使用和分配能力也会相应得到提升。相反，各级分枝长度越短，其扩展能力也就相对越弱，资源使用的空间范围也会相应缩小。图 2-5 为不同体量四合木灌丛的各

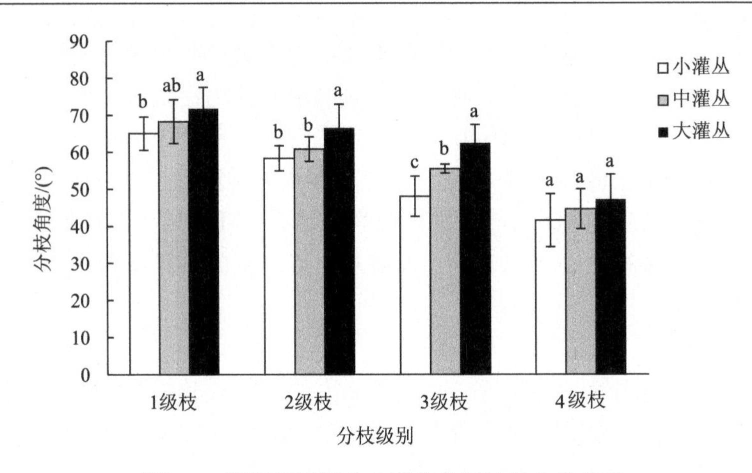

图 2-4　不同体量四合木灌丛各级枝的分枝角度

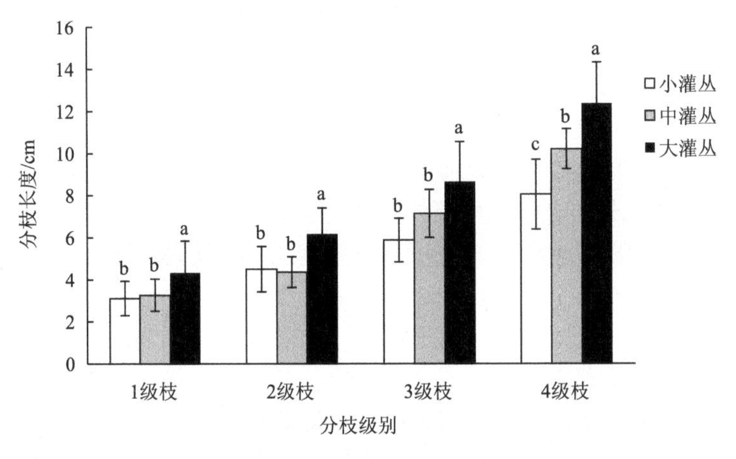

图 2-5　不同体量四合木灌丛的各级分枝长度

级分枝长度变化规律。结果发现，随着灌丛体量的增加，各级分枝的分枝长度基本呈现增加的变化趋势。不同体量四合木灌丛 1 级枝长度整体表现为大灌丛＞中灌丛＞小灌丛。其中最大值为 4.34cm，最小值为 3.12cm。大灌丛 1 级枝长度与中灌丛和小灌丛的 1 级枝长度之间均存在显著性差异（P＜0.05）。中灌丛和小灌丛的 1 级枝长度之间无显著性差异（P＞0.05）。大灌丛最外层的枝条延伸性能较强。不同体量四合木灌丛 2 级枝长度整体表现为大灌丛＞小灌丛＞中灌丛。其中最大值为 6.17cm，最小值为 4.36cm。大灌丛 2 级枝长度与中灌丛和小灌丛的 2 级枝长度之间均存在显著性差异（P＜0.05）。中灌丛和小灌丛的 2 级枝长度之间无显著性差异（P＞0.05）。不同体量四合木灌丛 3 级枝长度整体表现为大灌丛＞中灌丛＞小灌丛。其中最大值为 8.65cm，最小值为 5.88cm。大灌丛 3 级枝长度与中灌丛和小灌丛的 3 级枝长度之间均存在显著性差异（P＜0.05）。中灌丛和小灌丛的 3

级枝长度之间无显著性差异（$P>0.05$）。不同体量四合木灌丛 4 级枝长度整体表现为大灌丛＞中灌丛＞小灌丛。其中最大值为 12.37cm，最小值为 8.05cm。大灌丛 4 级枝长度与中灌丛和小灌丛的 4 级枝长度之间均存在显著性差异（$P<0.05$）。中灌丛和小灌丛的 4 级枝长度之间也存在显著性差异（$P<0.05$）。四合木灌丛在体量增大的过程中各级分枝长度发挥了重要作用，由此可见，灌丛的空间扩展能力和对资源的利用是枝系长度对灌丛扩张的重要贡献方式。

2.1.2　枝系构型对灌丛沙堆的影响

图 2-6 展示了被筛选出的四合木关键枝系构型与灌丛沙堆的相关关系，结果表明，枝系构型与灌丛沙堆底面积的相关性大小为 $SBR_{3:4}$＞4 级枝长度＞3 级枝分枝角度＞$RBD_{4:3}$。其中，$SBR_{3:4}$、4 级枝长度和 3 级枝分枝角度与灌丛沙堆底面积均呈现显著正相关（$P<0.01$），其相关系数分别为 0.86、0.83 和 0.75。枝系构型与灌丛沙堆体积的相关性大小同样为 $SBR_{3:4}$＞4 级枝长度＞3 级枝分枝角度＞$RBD_{4:3}$。其中，$SBR_{3:4}$、4 级枝长度和 3 级枝分枝角度与灌丛沙堆体积均呈现显著正相关（$P<0.01$），其相关系数分别为 0.79、0.74 和 0.62。该分析也进一步证实，这 4 个枝系构型是影响灌丛发育扩张和沙堆形成的重要生长指标，其中近地表的灌丛分枝率是影响灌丛生长和沙堆发育的关键枝系构型。

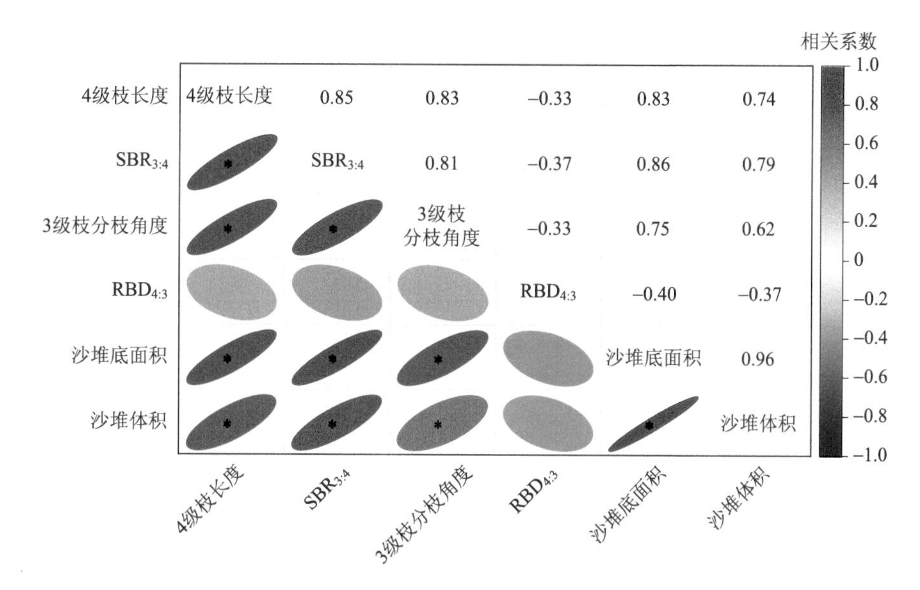

图 2-6　枝系构型与灌丛沙堆形态的相关关系

*表示枝系构型参数与沙堆形态参数间显著相关（$P<0.01$）

2.1.3　不同等级柽柳灌丛空间构型特征

2.1.3.1　柽柳灌丛等级划分情况

吉兰泰盐湖不同等级柽柳灌丛基本情况如表 2-1～表 2-3 所示，灌丛冠幅方面，大、中、小灌丛具有明显的差异性，柽柳灌丛长度和灌丛宽度均为大灌丛＞中灌丛＞小灌丛。3 种等级灌丛的高度分别为：大灌丛 2.49～3.03m、中灌丛 1.50～2.32m、小灌丛 0.77～1.60m，大、中、小灌丛间灌丛高度差异明显。大灌丛 SSI 为 41.85～63.32、中灌丛 SSI 为 11.62～25.00、小灌丛 SSI 为 0.88～8.91。

表 2-1　小灌丛个体指数概况

灌丛高度/m	灌丛冠幅/m	SSI	灌丛高度/m	灌丛冠幅/m	SSI	灌丛高度/m	灌丛冠幅/m	SSI
1.34	3.03×2.80	8.91	1.45	2.29×1.83	4.77	0.83	1.76×1.71	1.96
1.60	2.63×2.46	8.14	1.05	2.48×2.10	4.28	0.91	1.61×1.50	1.28
1.02	2.85×2.65	6.03	1.19	1.94×1.77	3.21	0.90	1.36×1.28	1.23
1.22	2.44×2.21	5.15	1.07	1.93×1.92	3.12	0.77	1.38×1.06	0.88
1.47	2.13×2.04	5.02	0.79	2.02×1.89	2.37			

注：SSI 表示灌丛个体指数（shrub size index），下同

表 2-2　中灌丛个体指数概况

灌丛高度/m		灌丛冠幅/m		SSI	
样本 1	样本 2	样本 1	样本 2	样本 1	样本 2
2.32	1.94	3.72×3.69	3.80×3.01	25.00	17.45
2.22	1.50	4.18×2.83	3.46×3.38	20.58	13.77
1.68	1.55	4.30×3.48	3.28×2.96	19.73	11.79
2.13	1.81	3.56×3.05	2.91×2.81	18.13	11.62

表 2-3　大灌丛个体指数概况

	灌丛高度/m				
	2.77	3.03	2.64	2.68	2.49
灌丛冠幅/m	5.60×5.20	4.97×4.86	5.84×4.57	5.00×4.87	4.80×4.46
SSI	63.32	57.45	55.31	51.23	41.85

2.1.3.2　不同等级柽柳灌丛整体构型特征

对吉兰泰盐湖柽柳灌丛形态特征的分析结果如图 2-7 所示，大、中、小灌丛间灌丛长度、灌丛宽度和灌丛高度的差异均达显著水平（$P<0.05$），且平均值均

表现为大灌丛＞中灌丛＞小灌丛。大灌丛的灌丛长度为 4.80～5.84m，灌丛长度平均值较中灌丛高 45.56%，是小灌丛长度的 2.54 倍，小灌丛宽度平均值较大灌丛低 57.93%，较中灌丛低 37.03%。大灌丛的灌丛高度为 2.49～3.03m，中灌丛的灌丛高度为 1.50～2.32m，小灌丛的灌丛高度为 0.76～1.60m。

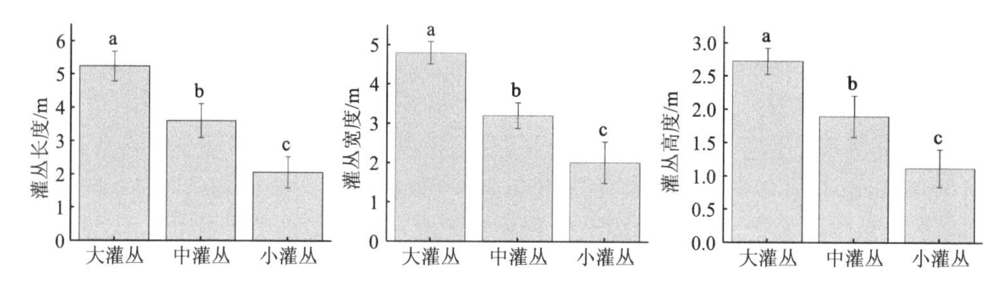

图 2-7 不同等级柽柳灌丛形态特征

不同字母表示不同大小灌丛形态间显著差异，下同

由图 2-8 可见，大、中、小灌丛间，冠幅面积、灌丛体积的差异均达显著水平（$P<0.05$），且平均值均表现为大灌丛＞中灌丛＞小灌丛。大灌丛的冠幅面积为 16.81～22.86m^2，中灌丛冠幅面积为 6.42～11.75m^2，小灌丛冠幅面积为 1.15～6.66m^2，大灌丛平均冠幅面积较中灌丛高 1.18 倍，较小灌丛高 4.75 倍，中灌丛平均冠幅面积较小灌丛高 1.64 倍。大灌丛的灌丛体积为 27.90～42.21m^3，中灌丛的灌丛体积为 7.75～16.67m^3，小灌丛的灌丛体积为 0.59～5.94m^3，大灌丛的平均灌丛体积显著高于中灌丛 2.12 倍，显著高于小灌丛平均灌丛体积 12.14 倍（$P<0.05$），中灌丛的平均灌丛体积显著高于小灌丛 3.21 倍。

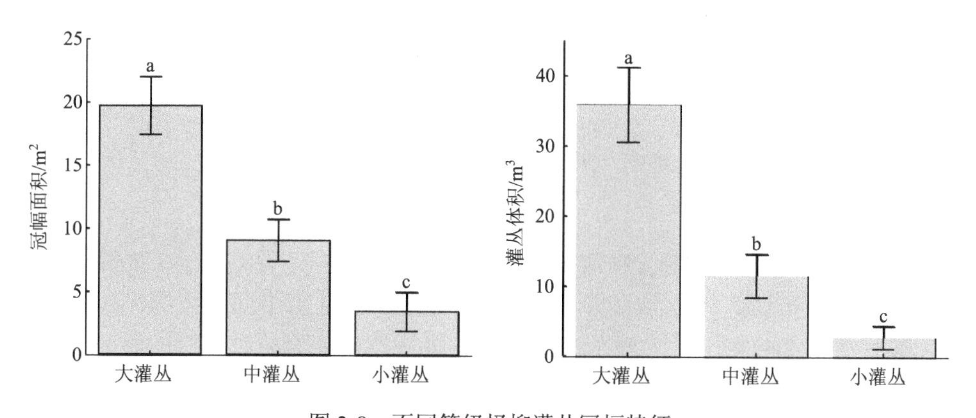

图 2-8 不同等级柽柳灌丛冠幅特征

由图 2-9 可见，主风方向 0～10cm、10～30cm、30～50cm、50～100cm、100～150cm 各高度平均侧影面积的排序均为：大灌丛＞中灌丛＞小灌丛。大、中、小

柽柳平均侧影面积从地面向上呈先增加后减小的趋势，3 种等级灌丛平均侧影面积均在 50～100cm 高度最大，大灌丛平均侧影面积最大值为 12 718cm^2，在 0～10cm 高度最小，最小值为 1286.44cm^2，中灌丛平均侧影面积最大值为 9978.69cm^2，在 200～250cm 高度平均侧影面积最小，最小值为 873.01cm^2，小灌丛平均侧影面积最大值为 6090.73cm^2，在 0～10cm 高度最小，最小值为 646.42cm^2。柽柳灌丛各层平均疏透度情况如图 2-9 所示，大、中、小灌丛平均疏透度从地面向上呈先减小后增加的趋势，大灌丛平均疏透度最小值和平均分层侧影面积最大值均在 50～10cm 高度，平均疏透度最小值为 9.28%，中灌丛平均疏透度最小值为 8.34%，在 30～50cm 高度，小灌丛平均疏透度在 30～50cm 高度最小，为 7.72%。说明柽柳灌丛枝系中间稠密，上下稀疏，有利于柽柳灌丛拦截更多的沙物质，从而形成沙堆。

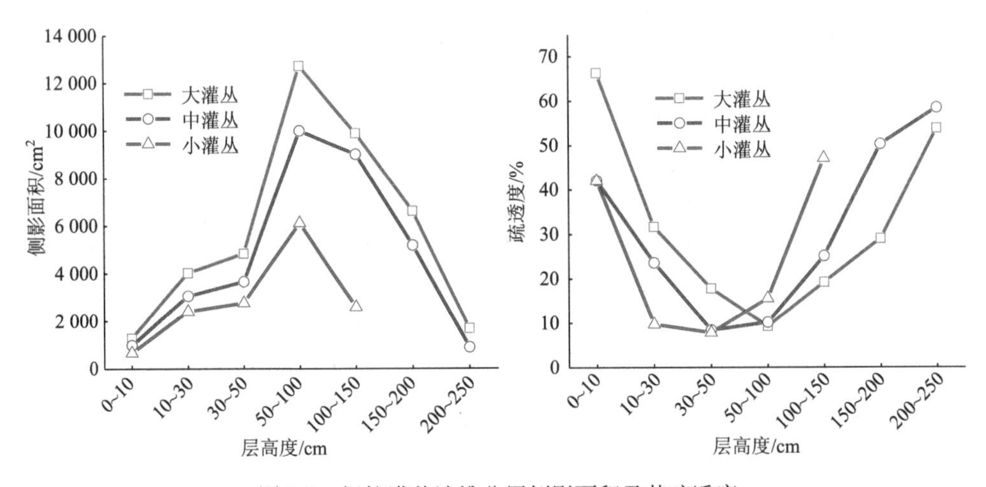

图 2-9 柽柳灌丛沙堆分层侧影面积及其疏透度

2.1.3.3 不同等级柽柳灌丛枝系构件指标特征

1）分枝数量特征

由图 2-10 可见，随着分枝级数的增加，分枝数量呈下降趋势。3 种等级灌丛各级分枝数量平均值均呈大灌丛＞中灌丛＞小灌丛。灌丛不同分枝等级间分枝数量差异性如图 2-11 所示，大灌丛和小灌丛 1 级分枝数量除与 2 级分枝数量无显著差异外，显著高于其余 7 级分枝数量（P＜0.05），2 级分枝数量与其余各等级分枝数量间无显著差异，中灌丛 1 级分枝数量显著高于其余分枝等级。3 种等级灌丛分枝数量呈从 1 级到 9 级递减的趋势。3 种等级灌丛分枝数量从 1 级到 9 级分别总体减少 1 608 146.67（大灌丛）、1 530 830（中灌丛）、469 730.01（小灌丛），说明大灌丛较中灌丛和小灌丛具有更多的分枝数量，其空间资源竞争能力也更强。

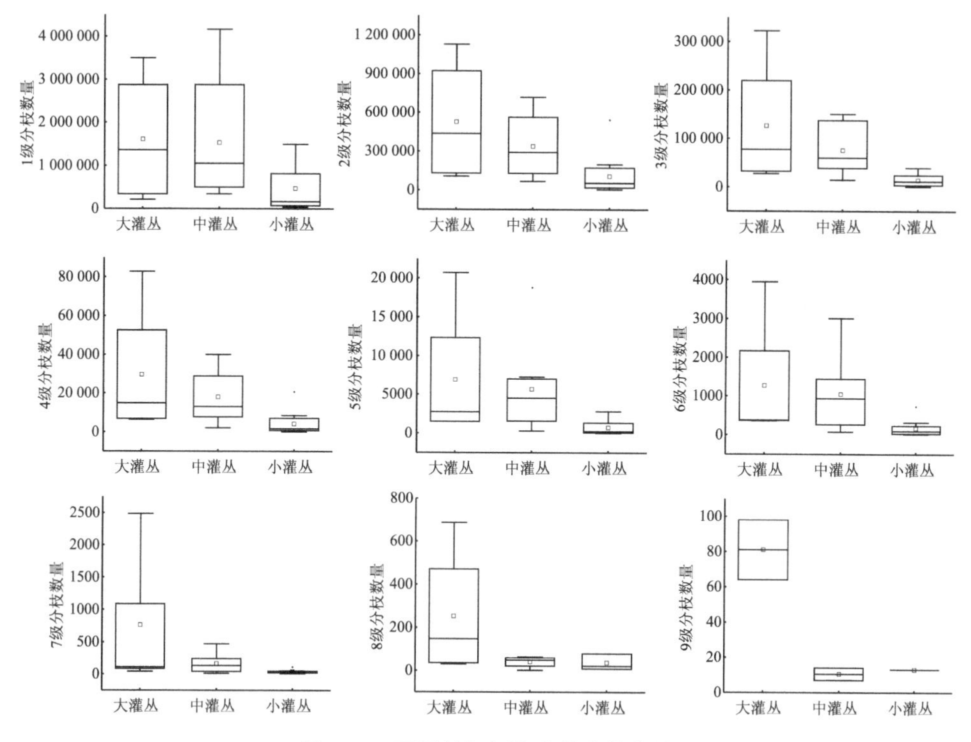

图 2-10　不同等级柽柳灌丛分枝数量

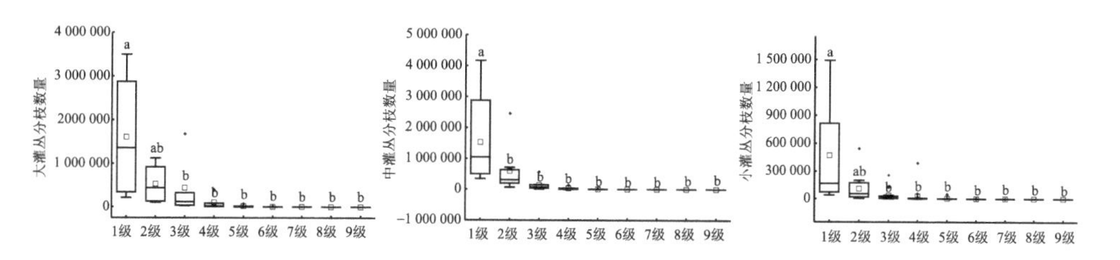

图 2-11　不同分枝级别柽柳灌丛分枝数量

2）分枝长度特征

大、中、小灌丛间各级分枝长度如图 2-12 所示，大灌丛分枝长度明显高于中灌丛和小灌丛，小灌丛 3、5 级分枝平均长度大于中灌丛。由图 2-13 可见，随着分枝级数的增加，分枝长度呈增加的趋势，大、中、小灌丛均 7 级分枝长度增长迅速，9 级分枝长度最大。大灌丛 7、9 级分枝长度显著高于 1～6 级，8 级分枝长度显著高于 1～5 级分枝。中灌丛 9 级分枝长度显著高于 1～8 级分枝，7 级分枝长度显著高于 1～5 级分枝，8 级分枝长度显著高于 1～4 级分枝。小灌丛 7、9 级分枝长度显著高于 1～6 级分枝（P<0.05）。3 种等级灌丛 9 级分枝长度较 1 级分枝长度分别总体增加 20.15cm（大灌丛）、30.39cm（中灌丛）、25.69cm（小灌丛），

说明大灌丛 1～9 级分枝长度变化最小，各级分枝的长度接近。

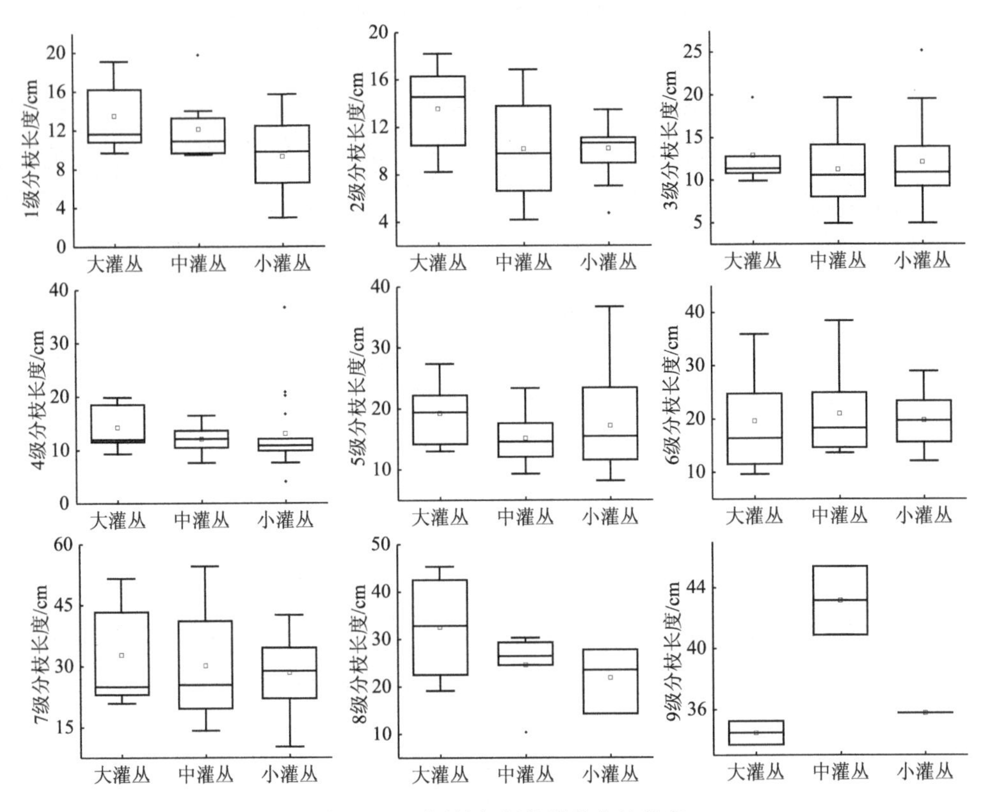

图 2-12　不同等级柽柳灌丛分枝长度

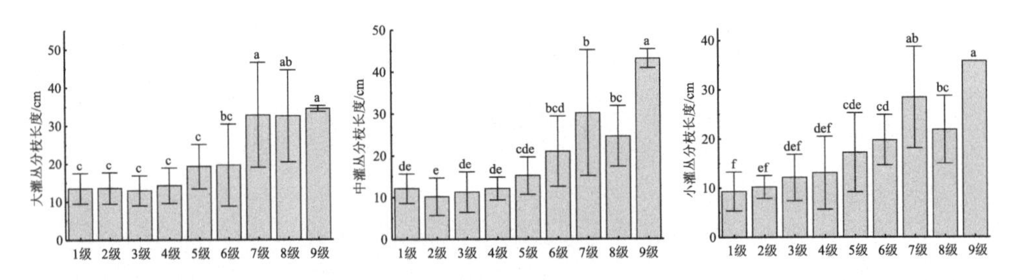

图 2-13　不同分枝级别柽柳灌丛分枝长度

3）分枝角度特征

由图 2-14 可见，随着分枝级数的增加，分枝角度总体呈下降趋势。大灌丛 2 级枝和 6、7、8、9 级枝分枝角度大于中灌丛和小灌丛，中灌丛 3、5 级枝分枝角度大于大灌丛和小灌丛。3 种等级灌丛不同分枝等级间角度差异性如图 2-15 所示，大灌丛 1～9 级枝分枝角度呈先增加后减小的趋势，2、6 级枝分枝角度显著大于 1

级枝、8 级枝和 9 级枝（$P<0.05$），1～9 级枝分枝角度总体增加 0.76°。中灌丛 1～9 级枝分枝角度呈递减趋势，1～5 级枝分枝角度显著高于 8、9 级枝，1～9 级枝分枝角度总体减小 18.74°。小灌丛各级分枝角度仅 1 级枝与 9 级枝间差异显著，1～9 级枝分枝角度总体减小 15.48°。大灌丛经过多年的生长，通过调整各级之间的分枝角度，使灌丛空间形态达到稳定。

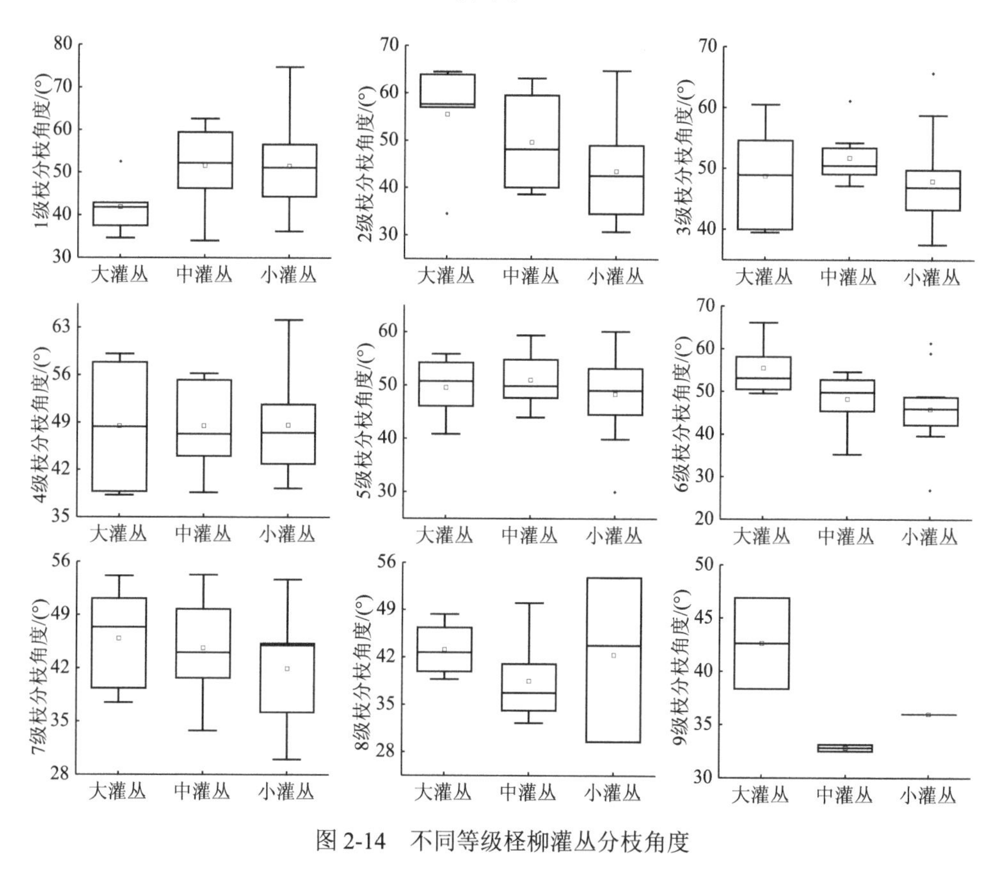

图 2-14 不同等级柽柳灌丛分枝角度

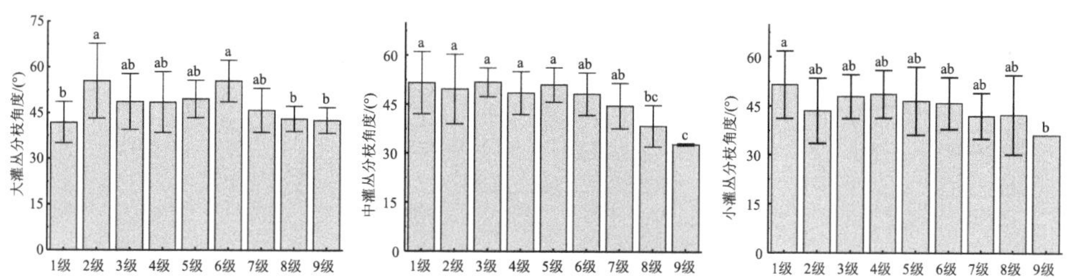

图 2-15 不同分枝级别柽柳灌丛分枝角度

4）灌丛分枝基径特征

灌丛分枝基径特征如图 2-16 所示，1、2、3、7、8 级分枝中灌丛分枝基径平均值高于大灌丛和小灌丛，仅 9 级分枝基径大灌丛＞中灌丛＞小灌丛，小灌丛 4、5、6 级分枝基径高于大灌丛和中灌丛。由图 2-17 可见，3 种等级灌丛各级分枝基径均呈随分枝级数增加分枝基径逐渐增加的趋势，仅小灌丛 9 级分枝基径小于 8 级。大灌丛 8、9 级分枝基径显著高于 1～6 级分枝（$P<0.05$），1～9 级分枝基径总体增加 19.09mm。中灌丛 7～9 级分枝基径显著高于 1～5 级分枝，1～9 级分枝基径总体增加 18.08mm。小灌丛 6、7、8、9 级分枝基径显著高于 1～4 级分枝，1～9 级分枝基径总体增加 9.05mm。3 种等级灌丛分枝基径总体增长程度呈大灌丛＞中灌丛＞小灌丛，说明大灌丛通过增加分枝基径增强自身空间资源利用的能力高于中灌丛和小灌丛。

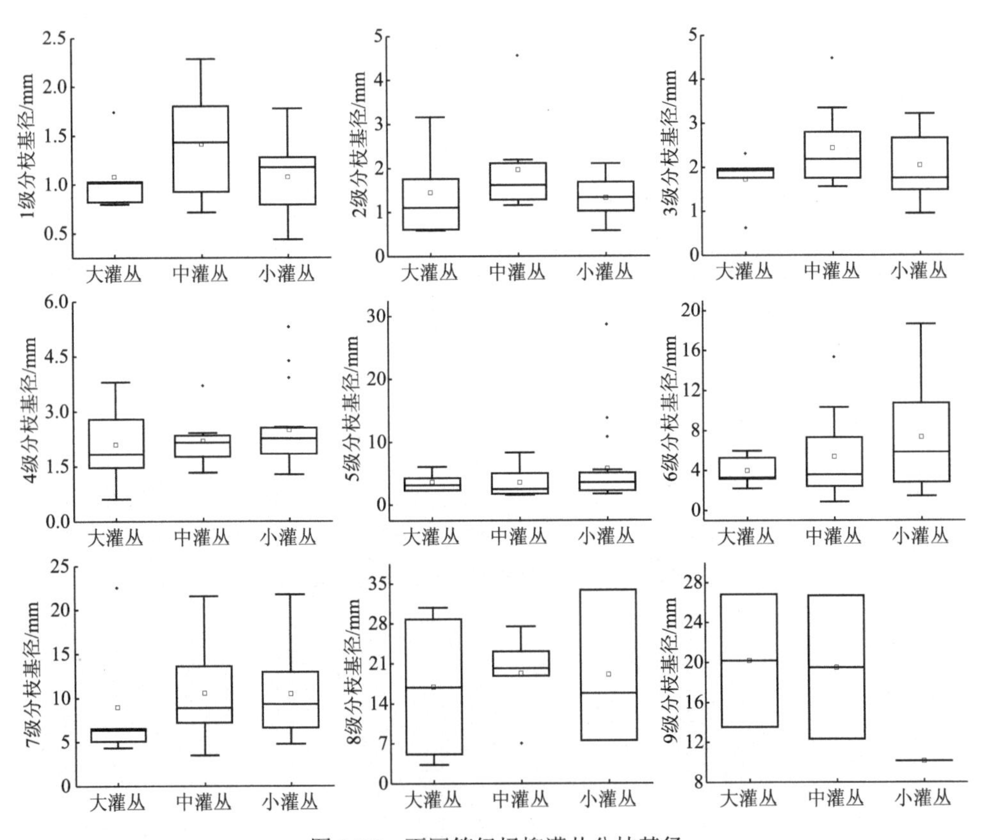

图 2-16　不同等级柽柳灌丛分枝基径

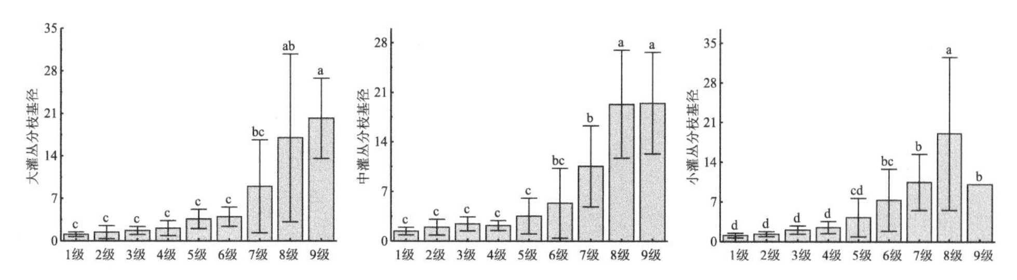

图 2-17　不同分枝级别柽柳灌丛分枝基径

5）分枝特征

总体分枝率（OBR）能够从总体层面反映植株分枝能力，可综合反映各级分枝数量之间的平均值，逐级分枝率能够从各级枝条数量之间的比值反映植株分枝能力。由图 2-18 可见，3 种等级柽柳灌丛枝条总数平均值（N_r）、最高级枝条数平均值（N_s）、第一级枝条数（N_1）平均值均呈大灌丛＞中灌丛＞小灌丛，大、中灌丛枝条总数、第一级枝条数显著高于小灌丛（$P<0.05$），大灌丛最高级枝条数显著高于中灌丛和小灌丛。3 种等级灌丛总体分枝率平均值为小灌丛（5.27）＞中灌丛（4.30）＞大灌丛（3.71），大、中、小灌丛间总体分枝率无显著差异。柽柳灌丛总体分枝率随灌丛个体指数增大逐渐减小。3 种等级柽柳灌丛逐级分枝率如表 2-4

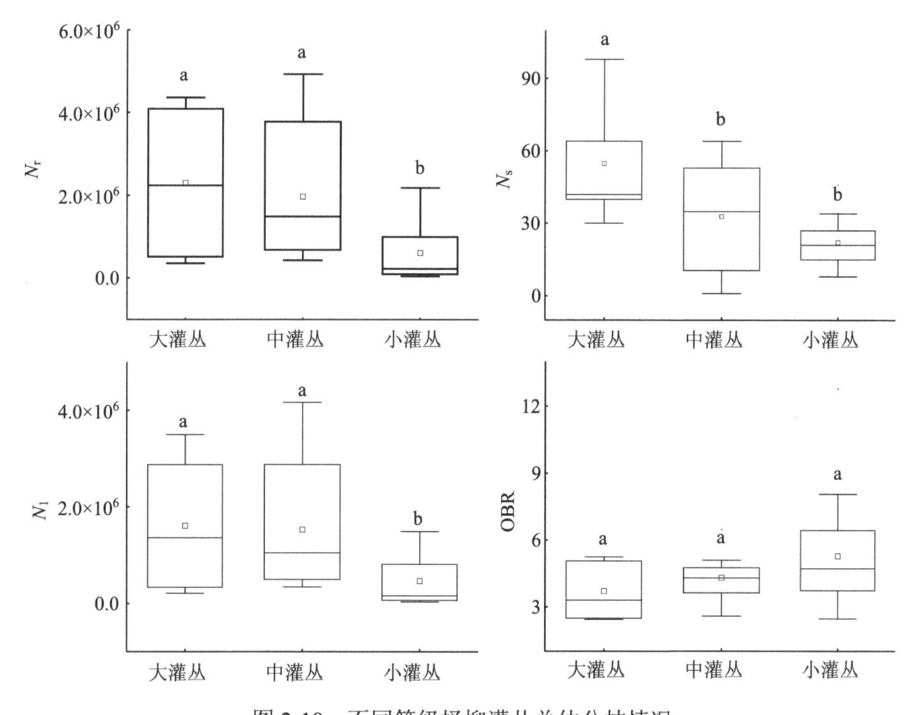

图 2-18　不同等级柽柳灌丛总体分枝情况

表 2-4　不同等级柽柳灌丛逐级分枝率

	灌丛等级		
	大灌丛	中灌丛	小灌丛
$SBR_{1:2}$	3.44±1.58	4.28±1.56	5.33±3.14
$SBR_{2:3}$	4.52±1.05	4.44±0.71	5.19±1.13
$SBR_{3:4}$	4.57±0.59	4.75±1.31	5.54±1.65
$SBR_{4:5}$	4.82±0.71	5.54±1.57	6.34±1.69
$SBR_{5:6}$	5.84±2.74	5.18±0.99	7.04±2.17
$SBR_{6:7}$	5.18±2.27	6.80±1.82	7.14±2.07
$SBR_{7:8}$	3.38±0.69	6.03±2.96	6.29±1.13
$SBR_{8:9}$	5.50±2.12	3.63±0.88	6.13±0.00

所示，3 种等级柽柳灌丛逐级分枝率从 $SBR_{1:2}$ 到 $SBR_{8:9}$ 均呈先增加再减小的趋势，说明柽柳灌丛枝条转化能力随分枝级数的增加逐渐增强，当灌丛生长到一定大小后，枝条转化能力逐渐减弱。

由表 2-5 可见，大灌丛枝径比随分枝等级的增加逐渐增大，表明随着柽柳灌丛的生长，灌丛逐渐具有自选能力，剔除掉小枝，枝条利用空间资源的能力逐渐增强。中灌丛和小灌丛枝径比随分枝级数的增加呈先增大再减小的趋势，说明中灌丛和小灌丛分枝级别越高枝条间的承载能力越强，新枝的承载能力相对高于老枝。中灌丛和小灌丛生长初期在有限的资源里通过增加基径扩大其对空间资源的利用能力，但由于资源条件有限，中灌丛和小灌丛新生枝的枝条承载力下降。

表 2-5　不同等级柽柳灌丛枝径比

灌丛等级	$RBD_{2:1}$	$RBD_{3:2}$	$RBD_{4:3}$	$RBD_{5:4}$
大灌丛	1.39±1.06	1.66±1.27	1.16±0.35	2.14±1.10
中灌丛	1.47±0.56	1.49±0.86	1.01±0.44	1.56±0.74
小灌丛	1.34±0.49	1.74±0.81	1.35±0.59	2.43±3.31
灌丛等级	$RBD_{6:5}$	$RBD_{7:6}$	$RBD_{8:7}$	$RBD_{9:8}$
大灌丛	1.28±0.76	2.11±0.97	2.77±2.00	3.98±0.20
中灌丛	1.53±0.70	2.65±1.13	3.58±2.04	1.45±0.42
小灌丛	2.10±1.47	3.02±1.56	2.79±1.41	1.35±0.00

2.2 荒漠灌丛根系空间构型

2.2.1 不同生长阶段白刺灌丛不定根系构型特征

2.2.1.1 不定根根径及根径比

如图 2-19 所示，白刺灌丛各级不定根根径大小具体如下。白刺灌丛各生长阶段的各级不定根根径为 0.48～2.50cm。同一生长阶段的各级根径之间，雏形阶段的各级根径由大到小分别为 3 级根根径（1.69cm）>2 级根根径（0.82cm）>1 级根根径（0.48cm），其中，3 级根根径显著大于 2 级根根径和 1 级根根径（$P<0.05$）；发育阶段的各级根径由大到小分别为 3 级根根径（1.82cm）>2 级根根径（0.86cm）>1 级根根径（0.59cm），其中，3 级根根径显著大于 2 级根根径和 1 级根根径（$P<0.05$）；稳定阶段的各级根径由大到小分别为 3 级根根径（2.50cm）>2 级根根径（1.60cm）>1 级根根径（1.06cm），其中，3 级根根径显著大于 2 级根根径和 1 级极根径，2 级根根径也显著大于 1 级根根径（$P<0.05$）。在同级根径不同生长阶段方面，3 级根根径由大到小分别为稳定阶段（2.50cm）>发育阶段（1.82cm）>雏形阶段（1.69cm），稳定阶段的根径显著大于发育阶段和雏形阶段（$P<0.05$）；2 级根根径由大到小分别为稳定阶段（1.60cm）>发育阶段

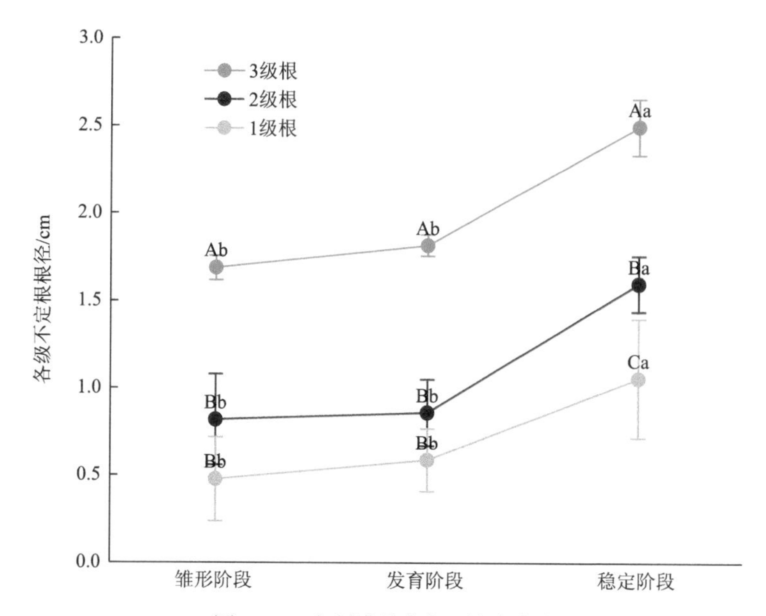

图 2-19 白刺灌丛各级不定根根径

不含相同大写字母表示同指标、不同生长阶段间差异显著（$P<0.05$）；不含相同小写字母表示不同指标、同生长阶段间差异显著（$P<0.05$）；下同

（0.86cm）＞雏形阶段（0.82cm），稳定阶段的根径显著大于发育阶段和雏形阶段（P＜0.05）；1 级根根径由大到小分别为稳定阶段（1.06cm）＞发育阶段（0.59cm）＞雏形阶段（0.48cm），稳定阶段的根径显著大于发育阶段和雏形阶段（P＜0.05）。

白刺灌丛不定根的根径比如图 2-20 所示，不同生长阶段的各级不定根根径比为 0.45～0.67。不同生长阶段的 2～3 级根根径比由大到小分别为稳定阶段（0.64）＞雏形阶段（0.49）＞发育阶段（0.47），各生长阶段间并未表现出显著差异性（P＞0.05）；不同生长阶段的 1～2 级根根径比由大到小分别为稳定阶段（0.67）＞雏形阶段（0.61）＞发育阶段（0.45），各生长阶段间并未表现出显著差异性（P＞0.05）。同一生长阶段不同级别根的根径比之间并未表现出明显规律，且无显著差异性（P＞0.05）。

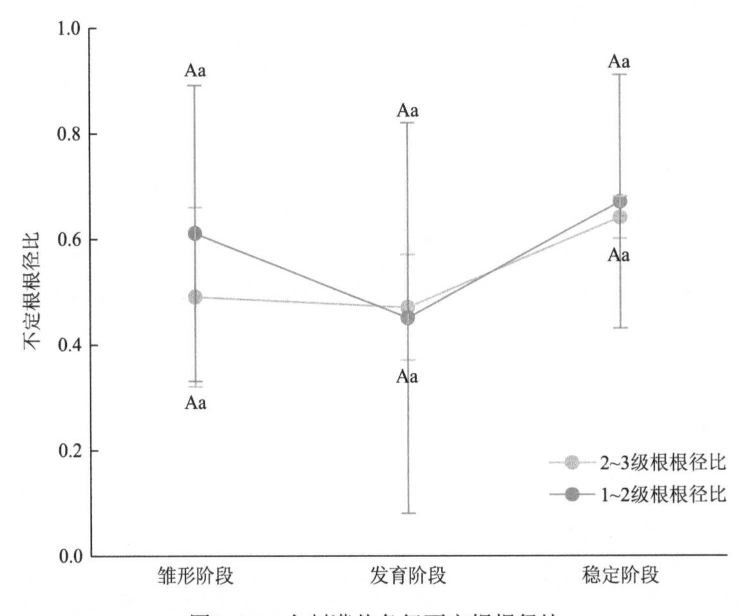

图 2-20　白刺灌丛各级不定根根径比

2.2.1.2　不定根分支率

如图 2-21 所示，不同生长阶段白刺灌丛的各级不定根分支率为 0.32～1.67。不同生长阶段白刺的 2～3 级不定根分支率由大到小分别为稳定阶段（1.67）=发育阶段（1.67）＞雏形阶段（0.96），其中，雏形阶段 2～3 级不定根分支率显著低于发育阶段和稳定阶段（P＜0.05）；不同生长阶段白刺的 1～2 级不定根分支率由大到小分别为稳定阶段（0.73）＞发育阶段（0.35）＞雏形阶段（0.32），不同生长阶段 1～2 级不定根分支率并未表现出显著差异（P＞0.05）；不同生长阶段白刺的总分支率由大到小分别为稳定阶段(1.04)>发育阶段(0.80)>雏形阶段(0.73),其中稳定阶段总分支率显著高于发育阶段和雏形阶段($P<0.05$)。在同一生长阶段的不同级别分支率方面,雏形阶段表现为2~3级不定根分支率(0.96)>总分支率(0.73)>1~2级不定根分支率(0.32),其中,2~3级不定根分支率显著大于1~2级不定根分支率($P<0.05$),总分支率与2~3级不定根分支率和1~2级不定根分支率并未表现出显著差异($P>0.05$);发育阶段表现为2~3级不定根分支率(1.67)>总分支率(0.80)>1~2级不定根分支率(0.35),其中,2~3级不定根分支率显著大于总分支率和1~2级不定根分支率($P<0.05$),而总分支率显著大于1~2级不定根分支率($P<0.05$);稳定阶段同样表现为2~3级不定根分支率(1.67)>总分支率(1.04)>1~2级不定根分支率(0.73),其中,2~3级不定根分支率显著大于总分支率和1~2级不定根分支率($P<0.05$),而总分支率显著大于1~2级不定根分支率($P<0.05$)。

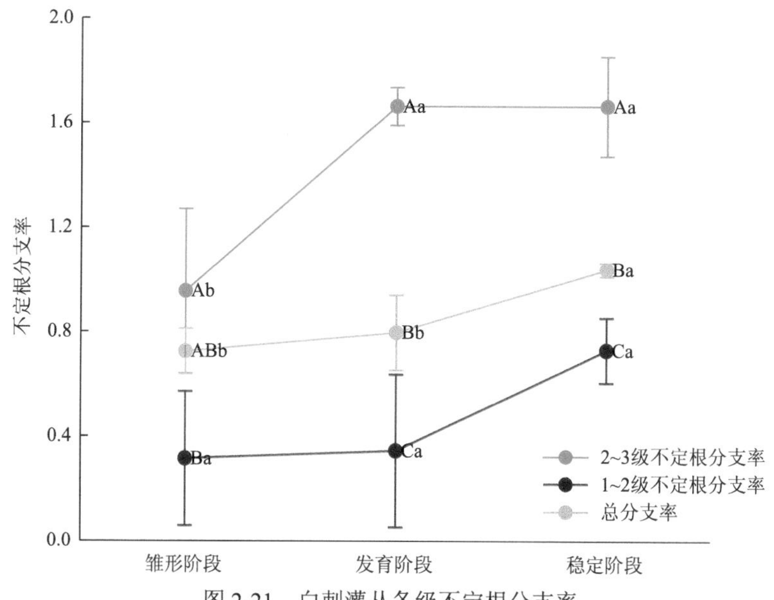

图2-21 白刺灌丛各级不定根分支率

2.2.1.3 不定根拓扑指数

不同生长阶段白刺灌丛不定根的拓扑指数如图2-22所示。不同生长阶段白刺灌丛的T_1由大到小分别为雏形阶段(0.98)>发育阶段(0.87)>稳定阶段(0.85),其中,雏形阶段显著高于发育阶段和稳定阶段,而发育阶段又显著高于稳定阶段($P<0.05$);不同生长阶段白刺灌丛的q_a由大到小分别为雏形阶段(0.95)>发育阶段(0.69)>稳定阶段(0.64),其中雏形阶段显著高于发育阶段和稳定阶段,而发育阶段又显著高于稳定阶段（$P<0.05$）；不同生长阶段白刺灌丛的 q_b 由大到小分别为稳定阶段（0.63）＞雏形阶段（0.52）＞发育阶段（0.46），各生长阶段间并未表现出显著差异（$P>0.05$）。

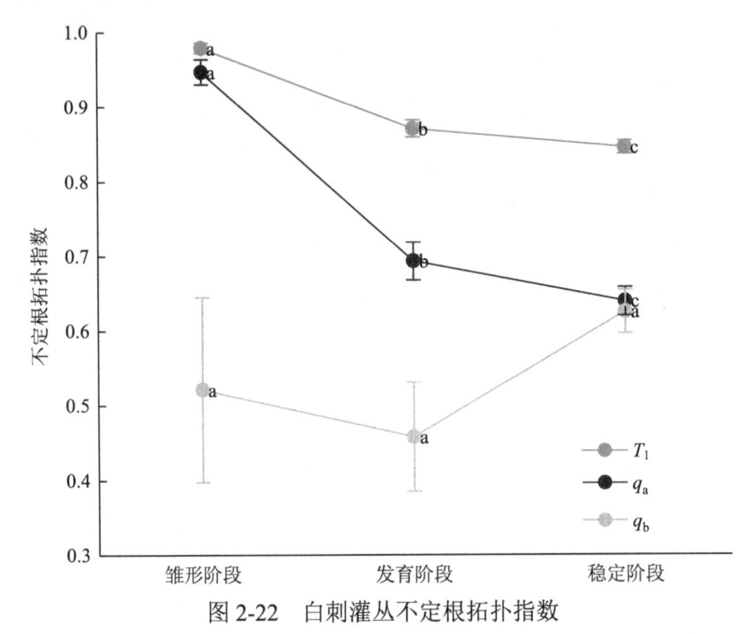

图 2-22 白刺灌丛不定根拓扑指数

T_1、q_a、q_b 均为拓扑指数的指标，指标值越大，表明植物根系分支越多、结构越复杂

2.2.2 不同生长阶段白刺灌丛不定根系的空间分布特征

2.2.2.1 白刺灌丛不定根沙埋深度

不同生长阶段白刺灌丛不定根的沙埋深度如图 2-23 所示。调查发现，不定根系出现于距沙堆表层 7.42～10.57cm，各生长阶段灌丛不定根沙埋深度的均值由小到大分别为稳定阶段（8.29cm）、雏形阶段（8.80cm）、发育阶段（9.80cm），不同生长阶段之间并未表现出显著差异（$P>0.05$）。

2.2.2.2 白刺灌丛根系倾斜角度

白刺灌丛不同倾斜角度不定根占比如图 2-24 所示。由图可知，各生长阶段白刺灌丛的不定根系均以垂直根为主，不同生长阶段垂直根占比由大到小为稳定阶段（58%）＞发育阶段（50%）＞雏形阶段（48%）；不定根系倾斜根占比次之，不同生长阶段倾斜根占比由大到小分别为稳定阶段（38%）=发育阶段（38%）＞雏形阶段（35%）。各生长阶段不定根均表现为水平根占比最小，不同生长阶段水平根占比由大到小为雏形阶段（17%）＞发育阶段（12%）＞稳定阶段（4%）。

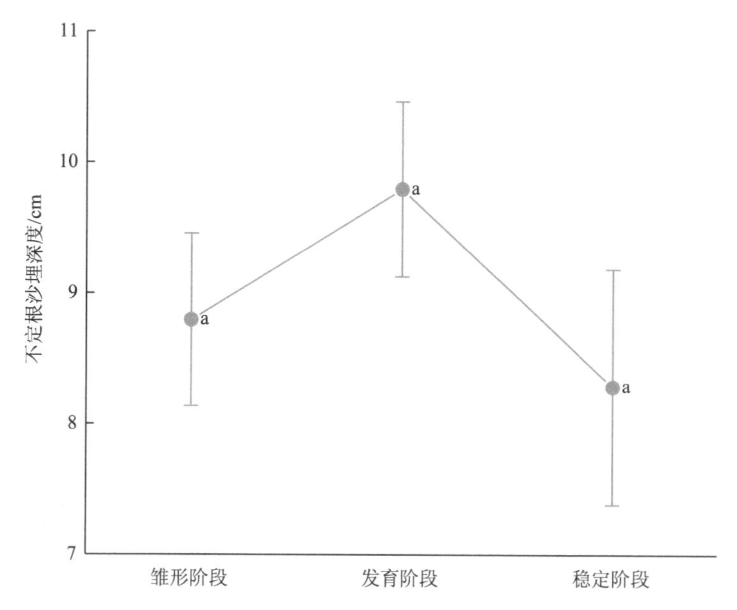

图 2-23　白刺灌丛不定根沙埋深度

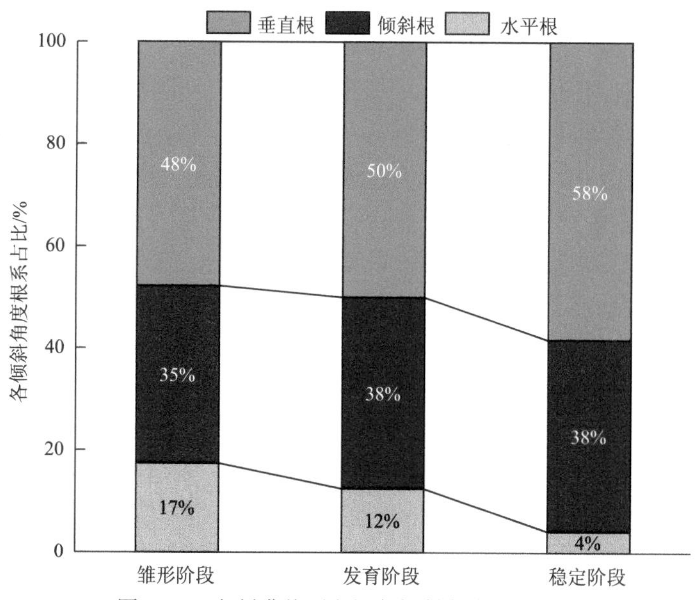

图 2-24　白刺灌丛不定根各倾斜角度根系占比

2.2.3　白刺灌丛不定根系构型生态适应策略

根系构型特征随水分、养分条件不同而产生变化，具有一定可塑性。根系构型差异影响根系对土壤水分的获取能力，以及碳的消耗与分配。灌丛的根径与其寿命呈正相关，但较粗的根径会消耗更多的碳，而干旱胁迫环境下灌丛根系的高死亡率会导致大量碳损失，不利于灌丛的生存。因此，生长阶段初期的雏形阶段灌丛为适应干旱环境，选择降低根径直径以减少根系死亡所带来的碳消耗。而稳定阶段灌丛的根径显著大于雏形阶段和发育阶段灌丛，这也反映了随着灌丛的不断生长其抗干旱胁迫能力不断增强，有能力适应恶劣环境后选择寿命更长的较粗不定根。1～2 级根、2～3 级根根径比均小于 1，说明了随根径级数增加根径逐渐变细，但不同生长阶段的白刺灌丛不定根系根径比均未表现出显著差异。各级根系分支前后的一致性反映了根系的自相似性，因此可通过已测数据对部分构型指标进行估算，从而获得相关数据，这是对植物构型研究及分析的有效方法，不仅降低了工作难度，并且减少了对植物破坏。

植物会随着环境的不断变化对其根系构型做出调整，以期达到对资源的最大利用。前人研究发现，植物的根系分支率与环境干旱胁迫程度呈负相关。在等量碳投入条件下，虽然“人”字形根系分支分布范围更小，不利于养分占有，但其分支结构简单，根系空间重叠率低，资源吸收利用能力更强，更适应胁迫环境。本研究中随灌丛生长发育其不定根拓扑指数 T_1、q_a 显著降低，稳定阶段灌丛的分支率显著高于发育阶段和雏形阶段灌丛，但不同生长阶段白刺灌丛不定根系构型均表现为“人”字形。该结论与单立山等（2013）对地下根系的研究结论不同。造成结论差异的原因可能与不同地区资源差异有关，也可能与不定根系和地下根系自身特性差异有关，该结果有待进一步研究。本试验结果表明了研究区的白刺灌丛随生长发育其抗干旱胁迫能力不断增强，稳定阶段灌丛不同于发育阶段和雏形阶段灌丛的将更多精力放在对环境适应上，而是有余力通过增加不定根系分支率来扩张其对资源的吸收利用范围，以满足地上部分生长需求，这表现了白刺灌丛不同生长阶段为适应环境而做出的动态调整。白刺灌丛的不定根系中未发现有 4 级根的出现，该结果的产生与土壤容重有关。不定根系随灌丛发育多向深层土壤生长，而深层土壤较高的紧实度对根系生长形成阻力，不利于根系的扩张，因此影响了不定根生长与继续分支的能力。

根系的形态受遗传和外界环境两方面因素影响，为适应不同环境下的水分、养分条件，会在空间分布上表现出一定的自适应性。本试验发现，白刺灌丛的不定根系的空间分布以垂直根为主，倾斜根其次，水平根最少，表现出深根型特征。这一现象主要受研究区气候条件影响。干旱少雨、日照充足、土壤水分蒸发量大，正是研究区这些恶劣的气候特征导致表层土壤含水率极低，因此白刺灌丛为获得更多水分，将不定根更多地向含水率更高的深层土壤拓展。这种空间分布特征也表现了白刺灌丛为适应干旱环境而采取的重要生存策略。也有研究表明，倾斜根可以拥有最好的固土能力，因此，灌丛沙堆内部的大量倾斜不定根系对沙堆土壤有很强的稳固作用。

3 灌丛枝系构型对沙堆气流的扰动规律

风被认为是荒漠过渡带灌丛下积沙成丘的主要外部营力，本章对四合木灌丛周边气流场进行了野外观测。先期对四合木枝系构型的测定中发现靠近沙堆表面的分枝特征是影响灌丛沙堆形成的关键因子，而在对不同体量灌丛沙堆近地表分枝数量测定时发现，大、中、小灌丛沙堆的近地表分枝数分别为 61、45 和 30（图 3-1）。小灌丛、中灌丛近地表分枝数分别占大灌丛近地表分枝数的 49.18%、73.77%。在先期分析中发现，四合木近地表分枝数对灌丛沙堆体量的影响最大。基于上述不同体量灌丛的分枝数量特征，本试验以单个四合木灌丛为研究对象，通过分别清除灌丛近地表分枝数的 25%、50%以代替中灌丛、小灌丛。通过对不同枝条密度的灌丛周围风速进行测定和对比分析进而从风蚀的角度揭示灌丛沙堆的形成机理。

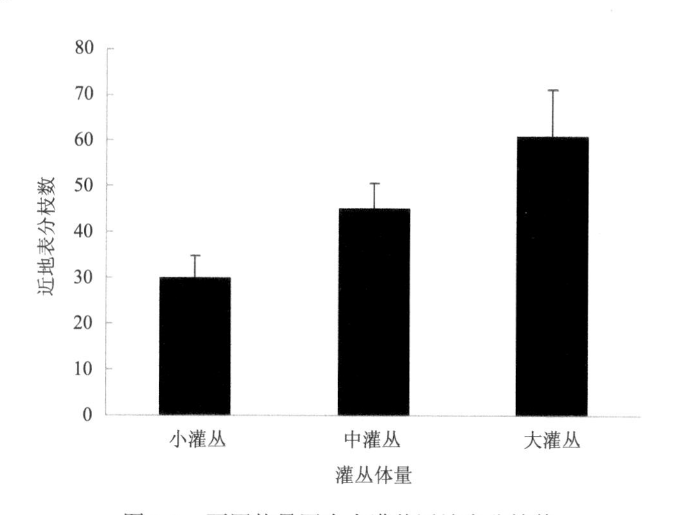

图 3-1 不同体量四合木灌丛近地表分枝数

3.1 灌丛枝系构型对灌丛沙堆周围水平风速的影响

3.1.1 灌丛沙堆周围风速测定期间的对照处风况特征

风是搬运沙粒前进的动力，也是形成灌丛沙堆的前提。自然界的风是以湍流形式运动的，其随时间的推移长期处于脉冲式状态。因此，在研究气流运动时常采用平均风速来进行分析，该方法可以抵消瞬时风速的波动。本章通过筛选不同平均风速条件下的四合木灌丛沙堆表面风速进而探究四合木灌丛对近地表风速的扰动特征。

图 3-2 为未修剪的四合木灌丛沙堆表面风速观测时，试验点对照区域 2m 处的风速和风向状况。对照点的观测位置位于灌丛沙堆上地势平坦的区域，地表无障碍物的影响。结果表明，在试验期间，试验地的风向以西北偏西和西北偏北为主，与灌丛沙堆的朝向基本一致。在对未修剪的灌丛沙堆周围气流场测定时，对照点的风速廓线整体均呈现“J”形分布（图 3-3）。

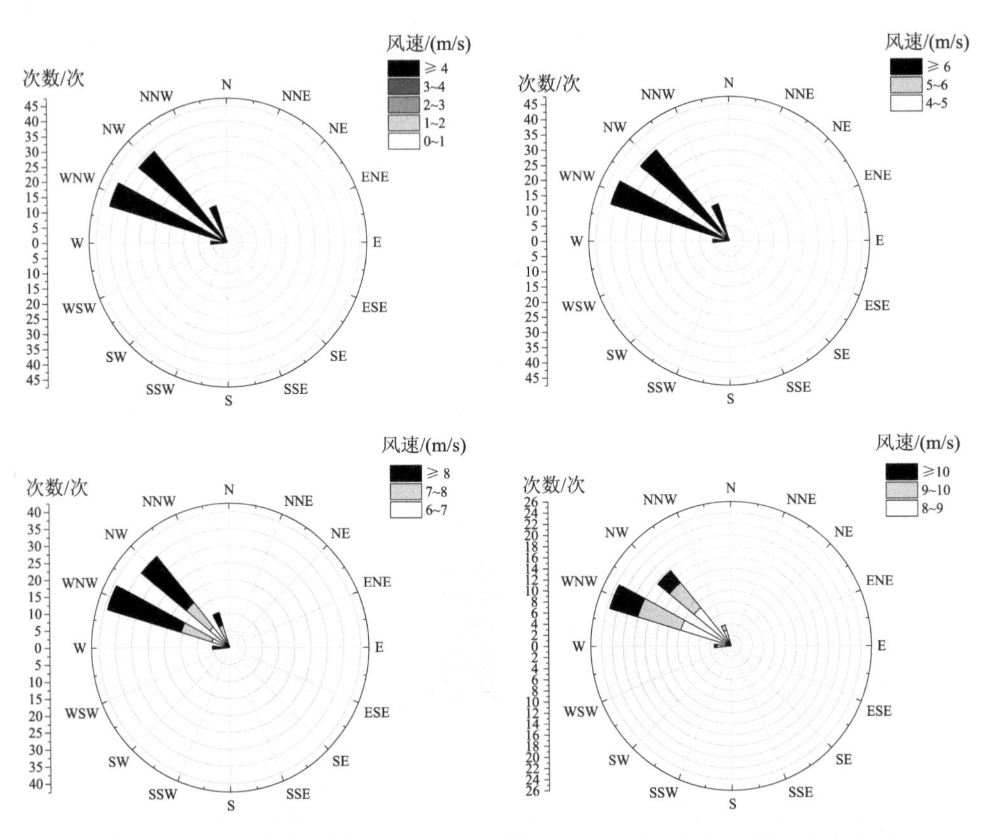

图 3-2　未修剪灌丛沙堆近地表风速观测期间对照点不同风速下的风向玫瑰图

图 3-4 为清除 25%的枝条后四合木灌丛沙堆表面风速观测时，试验点对照区域 2m 处的风速和风向状况。对照点的观测位置位于灌丛沙堆上地势平坦的区域，地表无障碍物的影响。结果表明，在试验期间，试验地的风向以正西北方向为主，与灌丛沙堆的朝向基本一致。在对清除 25%枝条的灌丛沙堆周围气流场测定时，对照点的风速廓线整体也均呈现“J”形分布（图 3-5）。

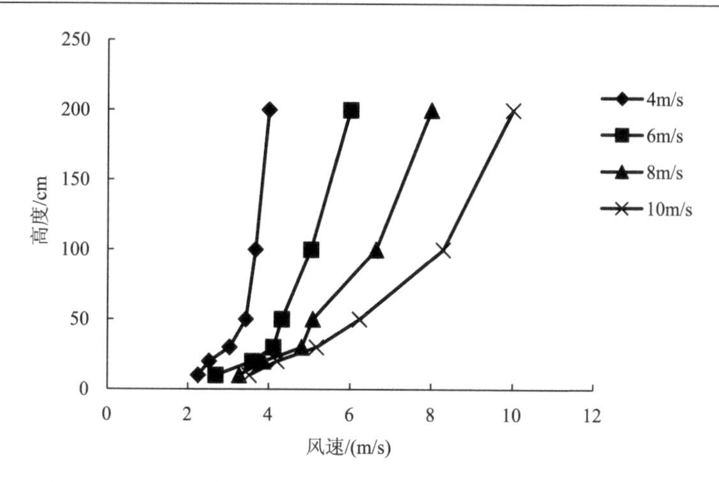

图 3-3 未修剪灌丛沙堆近地表风速观测期间对照处风速廓线

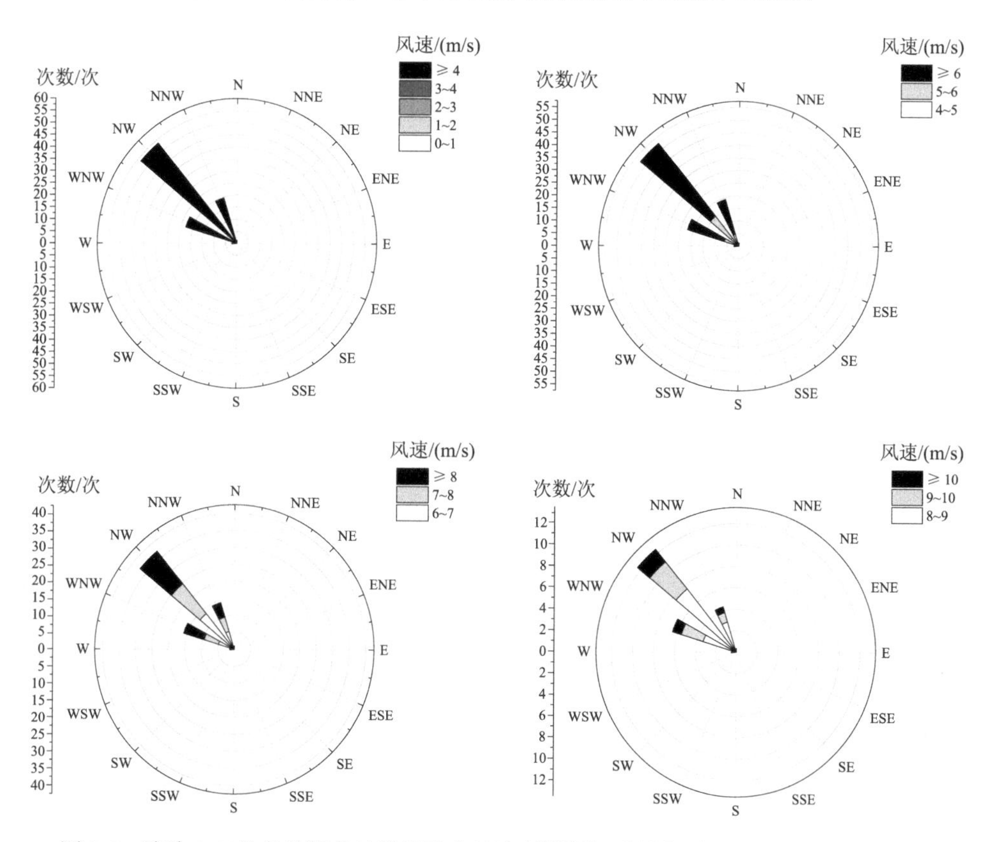

图 3-4 清除 25%枝条的灌丛沙堆近地表风速观测期间对照点不同风速下的风向玫瑰图

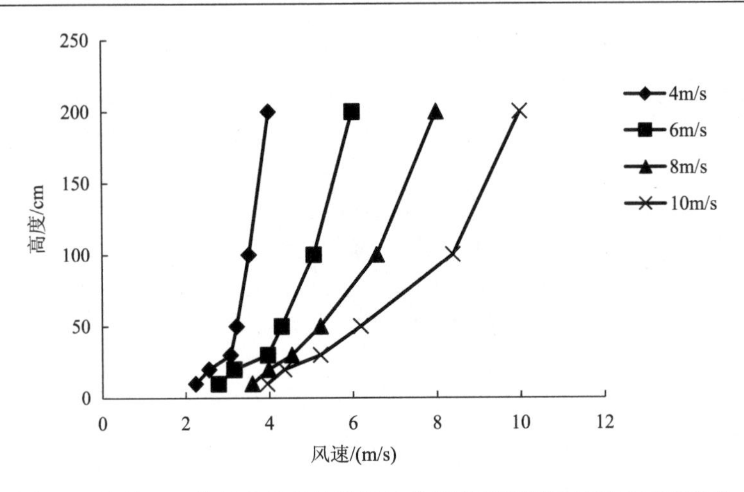

图 3-5　清除 25%枝条的灌丛沙堆近地表风速观测期间对照处风速廓线

图 3-6 为清除 50%的枝条后四合木灌丛沙堆表面风速观测时，试验点对照区域 2m 处的风速和风向状况。对照点的观测位置位于灌丛沙堆上地势平坦的区域，

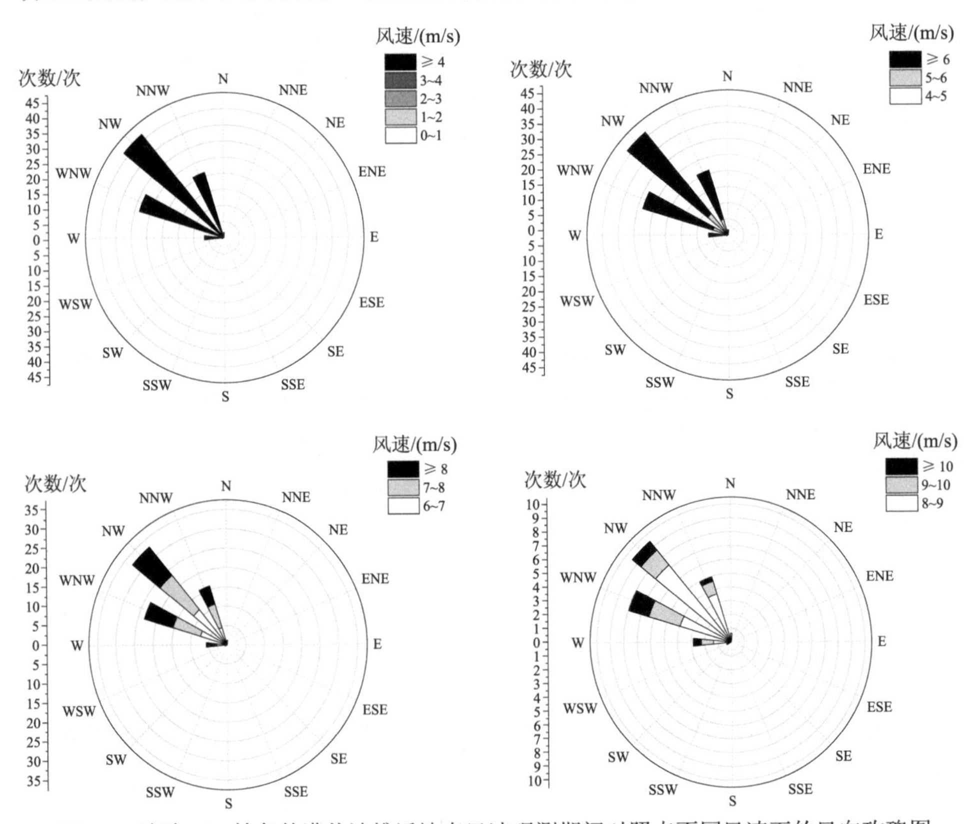

图 3-6　清除 50%枝条的灌丛沙堆近地表风速观测期间对照点不同风速下的风向玫瑰图

地表无障碍物的影响。结果表明，在试验期间，试验地的风向以正西北方向、西北偏西和西北偏北的方向为主，与灌丛沙堆的朝向基本一致。在对清除50%枝条的灌丛沙堆周围气流场测定时，对照点的风速廓线整体同样均呈现“J”形分布（图3-7）。

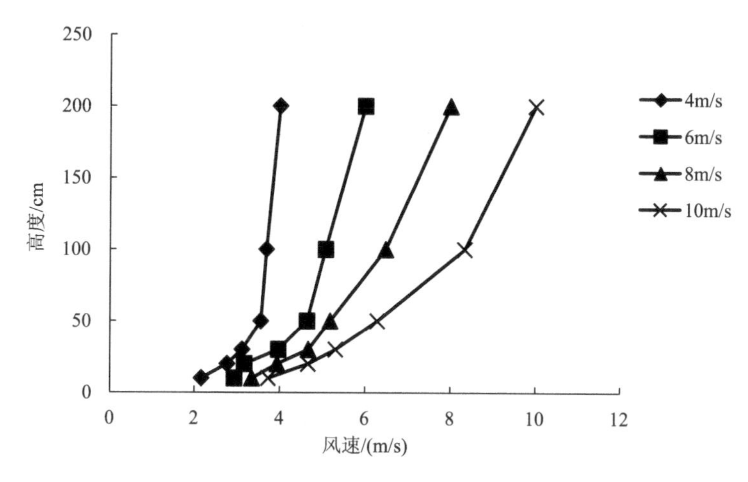

图3-7 清除50%枝条的灌丛沙堆近地表风速观测期间对照处风速廓线

3.1.2 4m/s风速条件下四合木关键枝系构型对灌丛沙堆周围水平风速的影响

3.1.2.1 4m/s风速条件下未修剪灌丛沙堆水平气流特征

图3-8为对照2m高度处风速为4m/s时未修剪灌丛沙堆不同部位水平风速分布特征。灌丛风杯的前方设置与主风向基本平行，为西北方向。结果表明，旷野气流抵达灌丛前方时呈现稳定的变化特征，在经过迎风坡脚的分流后，所有高度的左绕一侧靠前的测点L3风速有所减小，而左绕中间测点L4在不同高度均表现出加速的趋势，相比L3，测点L4的10cm、20cm、30cm和50cm的风速增幅分别为34.53%、16.94%、9.67%和18.47%。相比对照处风速，测点L4的10cm和20cm的风速增幅分别为18.25%和11.09%。10cm和20cm高度处的左绕靠后测点L5处仍呈现风速增加的趋势，但增幅相对较小。在30cm和50cm高度处测点L5风速开始出现下降趋势。

灌丛不同高度的右绕前侧L9的风速均呈现增加的趋势。相比L2，测点L9的10cm、20cm、30cm和50cm的风速增幅分别为24.77%、16.89%、8.23%和5.44%。相比对照处风速，测点L9的10cm、20cm、30cm的风速增幅分别为24.66%、15.48%和2.13%。即随着高度的增加，L9处相比对照处风速的增幅逐渐减小。灌丛沙堆右绕的中后段测点L10和L11的不同高度处风速均呈现下降的趋势。

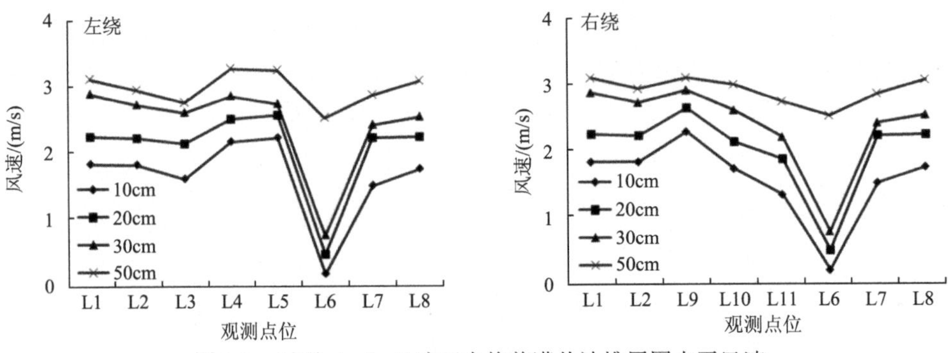

图 3-8 对照 4m/s 风速下未修剪灌丛沙堆周围水平风速

灌丛沙堆后侧靠前的测点 L6 在不同高度风速均下降，相比对照处，测点 L6 的 10cm、20cm、30cm 和 50cm 的风速降幅分别为 89.46%、78.26%、73.39%和 18.81%。随着高度的增加，测点 L6 的风速降幅逐渐减小。在灌丛沙堆后侧的第二个测点 L7 处不同高度的风速均有所回升，测点 L7 的 10cm、20cm、30cm 和 50cm 的风速分别为对照处的 82.29%、98.60%、83.56%和 91.92%。到达灌丛后的第三个测点 L8 时风速基本恢复到灌丛前的水平。

3.1.2.2 4m/s 风速条件下清除 25%枝条的灌丛沙堆水平气流特征

图 3-9 为对照 2m 高度处风速为 4m/s 时清除 25%枝条后灌丛沙堆不同部位水平风速分布特征。结果表明，旷野气流在抵达灌丛前方时同样呈现稳定的变化特征，在经过迎风坡脚的分流后，所有高度的左绕一侧靠前的测点 L3 风速均呈现减小的趋势，而左绕中间测点 L4 在不同高度均表现出加速的趋势，相比 L3，测点 L4 的 10cm、20cm、30cm 和 50cm 的风速增幅分别为 24.01%、25.00%、3.12%和 1.87%。相比对照处风速，测点 L4 的 10cm 和 20cm 的风速增幅分别为 1.10%和 0.2%。10cm、20cm 和 30cm 高度处的左绕靠后测点 L5 处呈现风速降低的趋势，在 50cm 高度处测点 L5 风速开始出现上升的趋势。

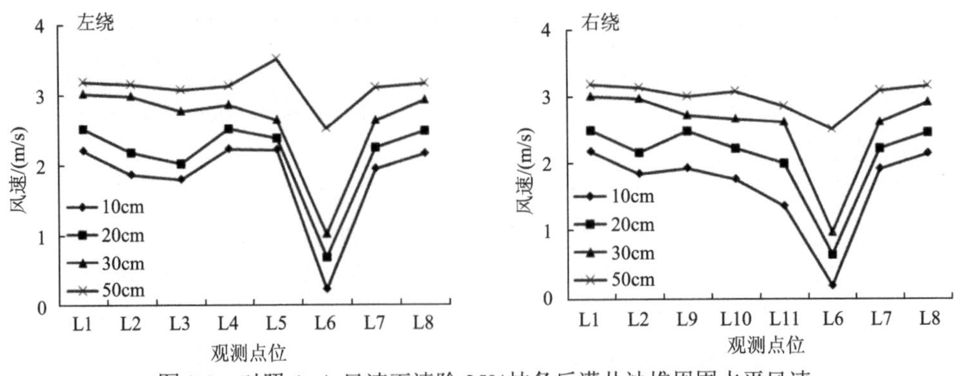

图 3-9 对照 4m/s 风速下清除 25%枝条后灌丛沙堆周围水平风速

灌丛不同高度的右绕前侧10cm高度和20cm高度处L9的风速均呈现增加的趋势。相比L2，测点L9的10cm和20cm高度的风速增幅分别为4.60%和14.72%。相比对照处风速，仅在20cm高度处呈现增加趋势，其他高度处的L9风速均小于对照处风速。灌丛沙堆右绕的中后段测点L10和L11在10cm、20cm和30cm高度处风速均呈现下降的趋势，其中10～20cm的降幅较大。L10相比对照处在50cm高度处呈现风速增加的趋势，但变化程度较小。

灌丛沙堆后侧靠前的测点L6在不同高度同样均呈现风速下降的趋势，相比对照处，测点L6的10cm、20cm、30cm和50cm的风速降幅分别为90.21%、72.82%、66.61%和20.88%。随着高度的增加，测点L6的风速降幅逐渐减小。在灌丛沙堆后侧的第二个测点L7处不同高度的风速均有所回升，测点L7的10cm、20cm、30cm和50cm的风速分别为对照处的87.05%、88.03%、89.27%、97.34%。到达灌丛后的第三个测点L8时风速基本恢复到灌丛前的水平。

3.1.2.3　4m/s风速条件下清除50%枝条的灌丛沙堆水平气流特征

图3-10为对照2m高度处风速为4m/s时清除50%枝条后灌丛沙堆不同部位水平风速分布特征。结果表明，旷野气流在抵达灌丛前方L2处的10～20cm高度风速呈现下降趋势，在经过迎风坡脚的分流后，所有高度的左绕一侧靠前的测点L3风速同样均呈现减小的趋势，左绕中间测点L4在不同高度均表现出加速的趋势，相比L3，测点L4的10cm、20cm、30cm和50cm的风速增幅分别为48.56%、31.24%、4.46%和3.98%。随着高度的增加增幅逐渐降低。相比对照处风速，测点L4仅在10cm处风速呈现增加趋势，风速增幅为14.93%。10cm、20cm和30cm高度处的左绕靠后测点L5处相比L4呈现风速降低的趋势，在50cm高度处测点L5处相比L4风速开始出现上升的趋势。

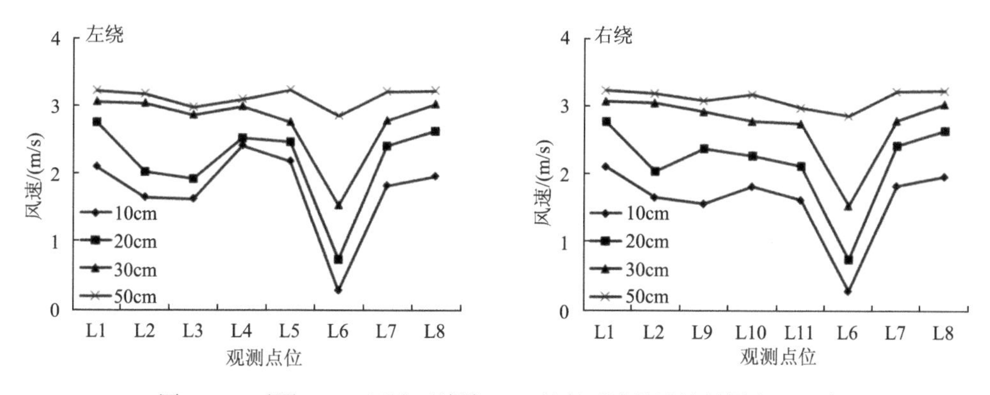

图3-10　对照4m/s风速下清除50%枝条后灌丛沙堆周围水平风速

灌丛不同高度的右绕前侧测点L9的20cm高度处风速呈现增加的趋势。相比L2，测点L9的20cm高度的风速增幅为14.41%。相比对照处风速，测点L9的各高度均呈现风速下降的趋势，但降幅较小。灌丛沙堆右绕的中段测点L10在20cm和30cm高度处风速均呈现下降的趋势，L10相比L9处在10cm和50cm高度处呈现风速增加的趋势，但变化程度较小。灌丛沙堆右绕后测点L11的不同高度风速较L10处均呈现下降趋势，其中10cm和20cm处的风速降幅较大。

灌丛沙堆后侧靠前的测点L6在不同高度同样均呈现风速下降的趋势，相比对照处，测点L6的10cm、20cm、30cm和50cm的风速降幅分别为86.43%、72.60%、49.47%和11.64%。随着高度的增加，测点L6的风速降幅呈现逐渐减小的趋势。在灌丛沙堆后侧的第二个测点L7处不同高度的风速均有所回升，点L7测的10cm、20cm、30cm和50cm的风速分别为对照处的86.95%、87.68%、90.92%和99.43%。到达灌丛后的第三个测点L8时风速基本恢复到灌丛前的水平。

总体而言，在对照高度2m处风速为4m/s时，风速在灌丛左绕中间会形成增速趋势，而这种增速会随着灌丛分枝数的减少而逐渐降低，同样在灌丛右绕的前方测点（L9），未清除枝条和清除25%枝条的灌丛相比对照处呈现风速增加的趋势，并且随着枝条数目的减少，增幅逐渐降低，在清除50%枝条的灌丛沙堆测点L9已不存在风速的增加。灌丛后的第一个测点（L6）在20cm和30cm高度处的风速降幅随着灌丛枝条清除强度的增加而逐渐降低。

3.1.3　6m/s风速条件下四合木关键枝系构型对灌丛沙堆周围水平风速的影响

3.1.3.1　6m/s风速条件下未修剪灌丛沙堆水平气流特征

图3-11为对照2m高度处风速为6m/s时未修剪灌丛沙堆不同部位水平风速分布特征。灌丛风杯的前方设置与主风向基本平行，同样为西北方向。结果表明，旷野气流在抵达灌丛前方时呈现稳定的变化特征，在经过迎风坡脚的分流后，左绕一侧靠前的测点L3所有高度的风速均呈现下降趋势，左绕中间测点L4在不同高度均表现出加速的趋势，相比L3，测点L4的10cm、20cm、30cm和50cm的风速增幅分别为50.29%、39.12%、15.77%和7.81%。相比对照处风速，测点L4的10cm和20cm高度处风速增幅分别为6.37%和9.22%。左绕靠后测点L5的不同高度处均呈现风速减小的趋势，并且随着测点高度的增加降幅逐渐减小。

灌丛不同高度的右绕前侧L9的风速均呈现增加的趋势。相比L2，测点L9的10cm、20cm、30cm和50cm的风速增幅分别为15.28%、39.36%、11.67%和6.99%。相比对照处风速，测点L9的20cm、30cm和50cm的风速增幅分别为10.25%、3.74%和1.62%。从20cm处开始，随着高度的增加，L9处相比对照处风速的增幅逐渐减小。灌丛沙堆右绕的中后段测点L10和L11的不同高度处风速同样整体呈现下降的趋势。

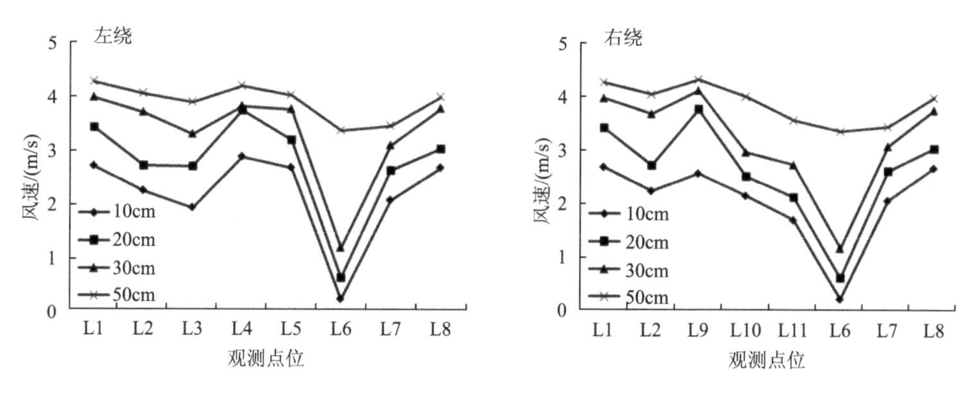

图 3-11 对照 6m/s 风速下未修剪灌丛沙堆周围水平风速

灌丛沙堆后侧靠前的测点 L6 在不同高度均呈现风速下降的趋势，相比对照处，L6 的 10cm、20cm、30cm 和 50cm 的风速降幅分别为 92.15%、82.22%、70.64% 和 21.28%。随着高度的增加，测点 L6 的风速降幅逐渐减小。在灌丛沙堆后侧的第二个测点 L7 处不同高度的风速均有所回升，测点 L7 的 10cm、20cm、30cm 和 50cm 的风速分别为对照处的 76.35%、76.34%、77.49%和 80.83%。到达灌丛后的第三个测点 L8 时风速基本恢复到灌丛前的水平。

3.1.3.2 6m/s 风速条件下清除 25%枝条的灌丛沙堆水平气流特征

图 3-12 为对照 2m 高度处风速为 6m/s 时清除 25%枝条后灌丛沙堆不同部位水平风速分布特征。结果表明，旷野气流在抵达灌丛前方时同样呈现稳定的变化特征，在经过迎风坡脚的分流后，所有高度的左绕一侧靠前的测点 L3 风速均呈现减小的趋势，而左绕中间测点 L4 在不同高度均表现出加速的趋势，相比 L3，测点 L4 的 10cm、20cm、30cm 和 50cm 的风速增幅分别为 23.59%、39.14%、9.64%

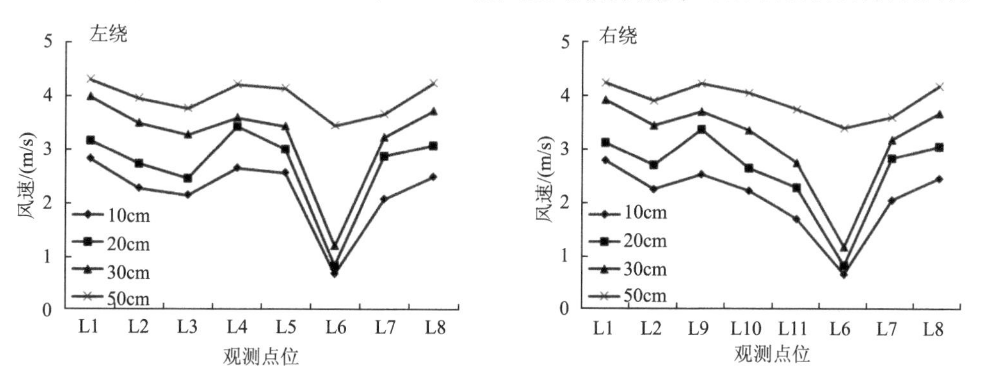

图 3-12 对照 6m/s 风速下清除 25%枝条后灌丛沙堆周围水平风速

和 11.97%。相比对照处风速，测点 L4 的 20cm 的风速增幅为 8.16%。10cm、20cm、30cm 和 50cm 高度处的左绕靠后测点 L5 处呈现风速降低的趋势。

灌丛不同高度的右绕前侧 10cm 高度和 20cm 高度处 L9 的风速均呈现增加的趋势。相比 L2，测点 L9 的 10cm、20cm、30cm 和 50cm 高度的风速增幅分别为 12.80%、25.28%、7.64%和 8.31%。相比对照处风速，仅在 20cm 高度处的风速呈现增加趋势，增幅为 8.09%。其他高度处的 L9 风速均小于对照处风速。灌丛沙堆右绕的中后段测点 L10 和 L11 在 10cm、20cm 和 30cm 高度处风速均呈现下降的趋势，但各高度之间降幅无明显差异。

灌丛沙堆后侧靠前的测点 L6 在不同高度同样均呈现风速下降的趋势，相比对照处，测点 L6 的 10cm、20cm、30cm 和 50cm 的风速降幅分别为 76.22%、73.60%、70.14%和 20.05%。随着高度的增加，测点 L6 的风速降幅逐渐减小。在灌丛沙堆后侧的第二个测点 L7 处不同高度的风速均有所回升，测点 L7 的 10cm、20cm、30cm 和 50cm 的风速分别为对照处的 73.40%、90.79%、80.93%和 85.03%。到达灌丛后的第三个测点 L8 时风速基本恢复到灌丛前的水平。

3.1.3.3　6m/s 风速条件下清除 50%枝条的灌丛沙堆水平气流特征

图 3-13 为对照 2m 高度处风速为 6m/s 时清除 50%枝条后灌丛沙堆不同部位水平风速分布特征。结果表明，旷野气流在抵达灌丛前方 L2 处的不同高度时风速呈现下降趋势，在经过迎风坡脚的分流后，所有高度的左绕一侧靠前的测点 L3 风速同样均呈现减小的趋势。灌丛沙堆左绕中间测点 L4 在不同高度均表现出加速的趋势，相比 L3，测点 L4 的 10cm、20cm、30cm 和 50cm 的风速增幅分别为 7.51%、20.00%、6.99%和 6.45%。从 20cm 开始，随着测点高度的增加风速增幅逐渐降低。相比对照处风速，测点 L4 仅在 20cm 处风速呈现增加趋势，风速增幅为 2.97%。10cm、20cm 和 30cm 高度处的左绕靠后测点 L5 处相比 L4 呈现风速降低的趋势，但在 50cm 高度处测点 L5 风速出现上升的趋势。

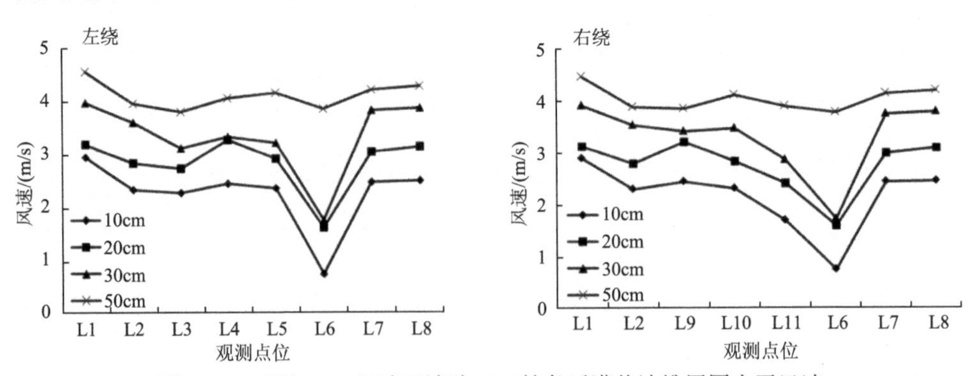

图 3-13　对照 6m/s 风速下清除 50%枝条后灌丛沙堆周围水平风速

灌丛不同高度的右绕前侧测点L9的10cm和20cm高度处风速呈现增加的趋势。相比L2，测点L9的10cm和20cm高度的风速增幅分别为1.55%和6.31%。相比对照处风速，测点L9的各高度多呈现风速下降的趋势，仅在20cm高度处存在风速的增加，增幅为2.73%。灌丛沙堆右绕的中段测点L10在10cm和20cm高度处风速均呈现下降的趋势，L10相比L9处在30cm和50cm高度处呈现风速增加的趋势，但变化程度较小。灌丛沙堆右绕后测点L11的不同高度风速较L10处均呈现下降趋势，其中10cm和30cm处的风速降幅较大。

灌丛沙堆后侧靠前的测点L6在不同高度同样均呈现风速下降的趋势，相比对照处，测点L6的10cm、20cm、30cm和50cm的风速降幅分别为74.86%、49.59%、55.99%和15.45%。随着高度的增加，测点L6的风速降幅基本呈现减小的趋势。在灌丛沙堆后侧的第二个测点L7处不同高度的风速均有所回升，测点L7的10cm、20cm、30cm和50cm的风速分别为对照处的84.12%、95.51%、96.10%和92.62%。到达灌丛后的第三个测点L8时风速基本恢复到灌丛前的水平。

总体而言，在对照高度2m处风速为6m/s时，风速在灌丛左绕中间同样会形成增速趋势，而这种增速会随着灌丛分枝数的减少而逐渐降低，同样在灌丛右绕的前方测点（L9）处未清除枝条和清除25%枝条的灌丛相比对照处呈现风速增加的趋势，并且随着枝条数目的减少，增幅逐渐降低，在清除50%枝条的灌丛沙堆该测点的风速不再增加。灌丛后的第一个测点在20cm和30cm高度处的风速降幅随着灌丛枝条清除强度的增加而逐渐降低。而灌丛后方第二测点的风速恢复水平也随着灌丛分枝数量的减少而逐渐增强。

3.1.4 8m/s风速条件下四合木关键枝系构型对灌丛沙堆周围水平风速的影响

3.1.4.1 8m/s风速条件下未修剪灌丛沙堆水平气流特征

图3-14为对照2m高度处风速为8m/s时未修剪灌丛沙堆不同部位水平风速分布特征。灌丛风杯的前方设置与主风向基本平行，同样为西北方向。结果表明，旷野气流在抵达灌丛前方时呈现稳定的变化特征，在经过迎风坡脚的分流后，左绕一侧靠前的L3测点所有高度的风速均呈现下降趋势。左绕中间测点L4在不同高度均表现出加速的趋势，相比L3，测点L4的10cm、20cm、30cm和50cm的风速增幅分别为40.91%、23.68%、6.53%和11.42%。相比对照处风速，测点L4的10cm、20cm和30cm高度处风速增幅分别为6.12%、11.84%和4.40%。左绕靠后测点L5的不同高度处均呈现风速减小的趋势。

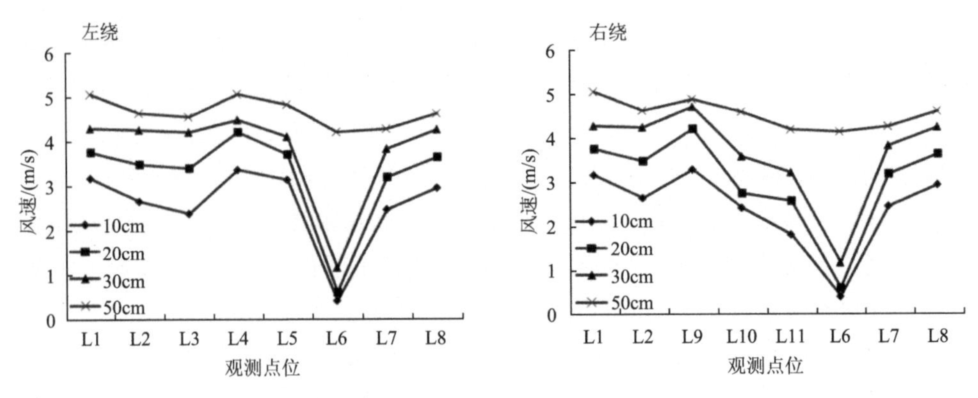

图 3-14　对照 8m/s 风速下未修剪灌丛沙堆周围水平风速

灌丛不同高度的右绕前侧 L9 的风速均呈现增加的趋势。相比 L2，测点 L9 的 10cm、20cm、30cm 和 50cm 的风速增幅分别为 24.64%、21.12%、10.88%和 5.62%。相比对照处风速，测点 L9 的 10cm、20cm 和 30cm 的风速增幅分别为 4.18%、12.13%和 10.03%。灌丛沙堆右绕的中后段测点 L10 和 L11 的不同高度处风速同样整体呈现下降的趋势。

灌丛沙堆后侧靠前的测点 L6 在不同高度均呈现风速下降的趋势，相比对照处，测点 L6 的 10cm、20cm、30cm 和 50cm 的风速降幅分别为 86.91%、84.00%、72.86%和 18.28%。随着高度的增加，测点 L6 的风速降幅逐渐减小。在灌丛沙堆后侧的第二个测点 L7 处不同高度的风速均有所回升，测点 L7 的 10cm、20cm、30cm 和 50cm 的风速分别为对照处的 77.73%、85.09%、89.32%和 84.24%。到达灌丛后的第三个测点 L8 时风速基本恢复到灌丛前的水平。

3.1.4.2　8m/s 风速条件下清除 25%枝条的灌丛沙堆水平气流特征

图 3-15 为对照 2m 高度处风速为 8m/s 时清除 25%枝条后的灌丛沙堆不同部位水平风速分布特征。结果表明，旷野气流在抵达灌丛前方时呈现稳定的变化特征，在经过迎风坡脚的分流后，左绕一侧靠前的测点 L3 所有高度的风速均呈现下降趋势。左绕中间测点 L4 在不同高度均表现出加速的趋势。相比 L3，测点 L4 的 10cm、20cm、30cm 和 50cm 的风速增幅分别为 26.47%、29.14%、17.48%和 6.83%。相比对照处风速，测点 L4 的 20cm 和 30cm 高度处风速增幅分别为 6.54%和 1.90%。左绕靠后测点 L5 的不同高度处均呈现风速减小的趋势。

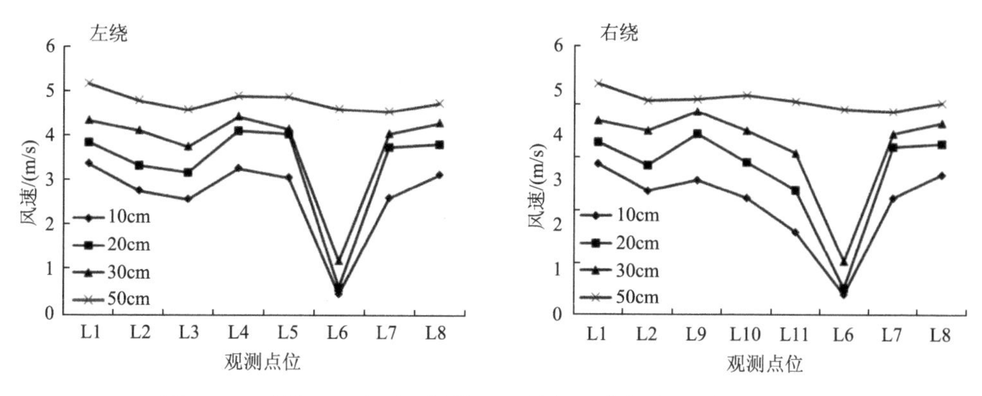

图 3-15　对照 8m/s 风速下清除 25%枝条后灌丛沙堆周围水平风速

灌丛不同高度的右绕前侧 L9 的风速均呈现增加的趋势。相比 L2，测点 L9 的 10cm、20cm、30cm 和 50cm 的风速增幅分别为 8.87%、21.11%、10.56%和 0.66%。相比对照处风速，测点 L9 的 20cm 和 30cm 的风速增幅分别为 4.72%和 5.12%。灌丛沙堆右绕的中后段测点 L10 和 L11 的不同高度处风速同样整体呈现下降的趋势。

灌丛沙堆后侧靠前的测点 L6 在不同高度均呈现风速下降的趋势，相比对照处，L6 测点的 10cm、20cm、30cm 和 50cm 的风速降幅分别为 86.25%、84.41%、72.26%和 11.07%。随着高度的增加，测点 L6 的风速降幅逐渐减小。在灌丛沙堆后侧的第二个测点 L7 处不同高度的风速均有所回升，测点 L7 的 10cm、20cm、30cm 和 50cm 的风速分别为对照处的 77.41%、97.21%、93.47%和 88.13%。到达灌丛后的第三个测点 L8 时风速基本恢复到灌丛前的水平。

3.1.4.3　8m/s 风速条件下清除 50%枝条的灌丛沙堆水平气流特征

图 3-16 为对照 2m 高度处风速为 8m/s 时清除 50%枝条后的灌丛沙堆不同部位水平风速分布特征。结果表明，旷野气流在抵达灌丛前方时呈现稳定的变化特征，在经过迎风坡脚的分流后，左绕一侧靠前的测点 L3 所有高度的风速均呈现下降趋势。左绕中间测点 L4 在不同高度均表现出加速的趋势。相比 L3，测点 L4 的 10cm、20cm、30cm 和 50cm 的风速增幅分别为 24.52%、22.92%、6.85%和 6.76%。相比对照处风速，测点 L4 的 20cm 高度处风速增幅为 5.88%。左绕靠后测点 L5 在 20cm 和 30cm 处呈现风速减小的趋势。

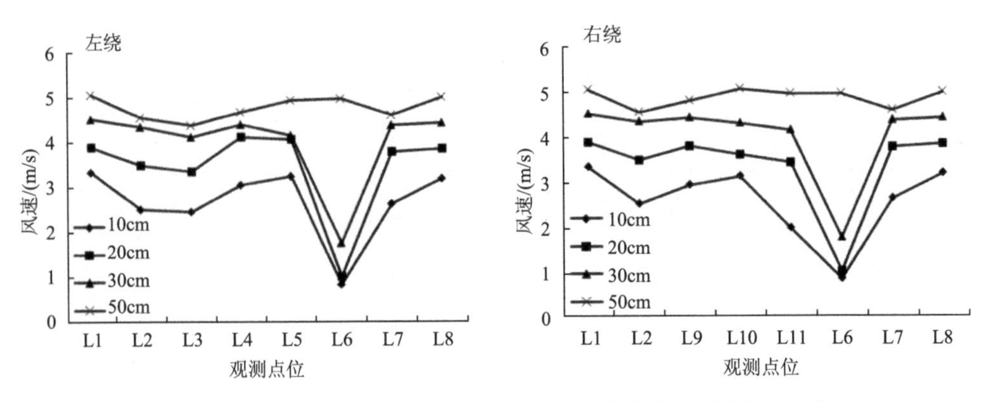

图 3-16　对照 8m/s 风速下清除 50%枝条后灌丛沙堆周围水平风速

灌丛不同高度的右绕前侧 L9 的风速均呈现增加的趋势。相比 L2，测点 L9 的 10cm、20cm、30cm 和 50cm 的风速增幅分别为 16.33%、9.16%、2.07%和 5.51%。测点 L9 在各高度处风速均小于对照处。灌丛沙堆右绕的中段测点 L10 在 10～30cm 高度处风速整体呈现下降的趋势。右绕后段测点 L11 处在各高度上相比 L10 均呈现风速降低的趋势。

灌丛沙堆后侧靠前的测点 L6 在不同高度均呈现风速下降的趋势，相比对照处，测点 L6 的 10cm、20cm、30cm 和 50cm 的风速降幅分别为 75.01%、74.13%、61.02%和 17.27%。随着高度的增加，测点 L6 的风速降幅逐渐减小。在灌丛沙堆后侧的第二个测点 L7 处 10～30cm 高度的风速均有所回升，测点 L7 的 10cm、20cm 和 30cm 的风速分别为对照处的 79.06%、97.35%和 97.05%。到达灌丛后的第三个测点 L8 时风速基本恢复到灌丛前的水平。

该风速下的各枝条密度灌丛的各高度水平风速差异与其他几种风速的变化情况基本一致，对照 2m 高度风速为 8m/s 时，50cm 高度处的风速变化与风速为 4m/s 和 6m/s 时的情况有所不同，该高度的不同位置风速变化差异较小，并且在灌丛后第一个测点的风速衰减较小，整体趋于平稳。

3.1.5　10m/s 风速条件下四合木关键枝系构型对灌丛沙堆周围水平风速的影响

3.1.5.1　10m/s 风速条件下未修剪灌丛沙堆水平气流特征

图 3-17 为对照 2m 高度处风速为 10m/s 时未修剪灌丛沙堆不同部位水平风速分布特征。结果表明，旷野气流在抵达灌丛前方时呈现稳定的变化特征，在经过迎风坡脚的分流后，左绕一侧靠前的测点 L3 所有高度的风速均呈现下降趋势。左绕中间测点 L4 在不同高度均表现出加速的趋势，相比 L3，测点 L4 的 10cm、20cm、30cm 和 50cm 的风速增幅分别为 46.39%、12.50%、8.92%和 8.45%。相比对照处风速，测点 L4 的 10cm 和 20cm 高度处风速增幅分别为 11.61%和 9.26%。

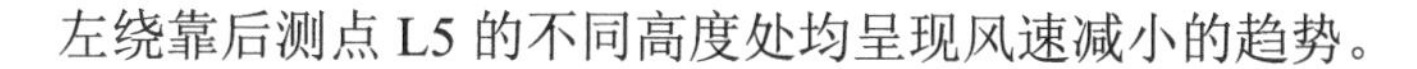

左绕靠后测点 L5 的不同高度处均呈现风速减小的趋势。

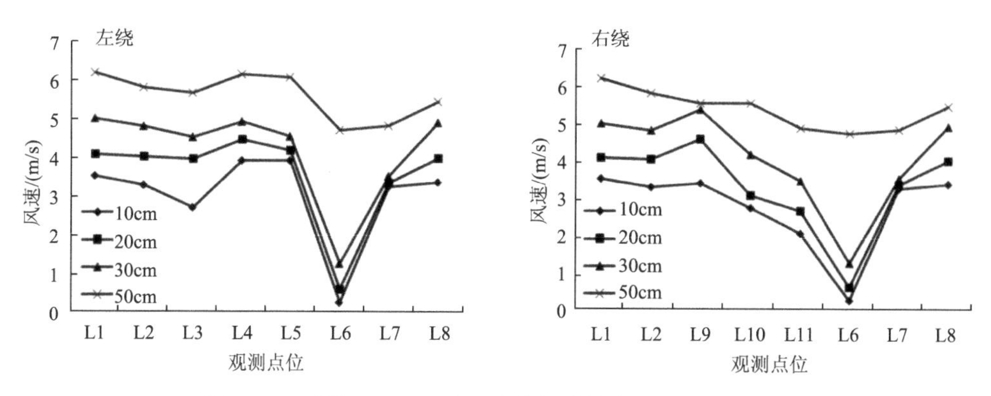

图 3-17 对照 10m/s 风速下未修剪灌丛沙堆周围水平风速

灌丛沙堆右绕前侧 L9 的风速除 50cm 高度外其他高度均呈现增加的趋势。相比L2，测点L9 的 10cm、20cm 和 30cm 的风速增幅分别为 3.58%、13.80%和 11.68%。相比对照处风速，测点 L9 的 20cm 和 30cm 的风速增幅分别为 12.27%和 7.39%。灌丛沙堆右绕的中后段 L10 和 L11 的各高度风速均呈现下降趋势。

灌丛沙堆后侧靠前的测点 L6 在不同高度均呈现风速下降的趋势，相比对照处，测点 L6 的 10cm、20cm、30cm 和 50cm 的风速降幅分别为 93.69%、85.86%、75.45%和 24.00%。随着高度的增加，测点 L6 的风速降幅逐渐减小。在灌丛沙堆后侧的第二个测点 L7 处不同高度的风速均有所回升，测点 L7 的 10cm、20cm、30cm 和 50cm 的风速分别为对照处的 92.13%、81.82%、70.33%和 78.00%。到达灌丛后的第三个测点 L8 时风速基本恢复到灌丛前的水平。

3.1.5.2 10m/s 风速条件下清除 25%枝条的灌丛沙堆水平气流特征

图 3-18 为对照 2m 高度处风速为 10m/s 时清除 25%枝条后的灌丛沙堆不同部位水平风速分布特征。结果表明，旷野气流在抵达灌丛前方时呈现稳定的变化特征，在经过迎风坡脚的分流后，左绕一侧靠前的测点 L3 所有高度的风速均呈现下降趋势。左绕中间测点 L4 在不同高度均表现出加速的趋势。相比 L3，测点 L4 的 10cm、20cm、30cm 和 50cm 的风速增幅分别为 22.40%、15.49%、18.94%和 10.27%。相比对照处风速，测点 L4 在各高度处风速均呈现下降趋势。左绕靠后测点 L5 在不同高度处同样呈现风速下降的趋势。

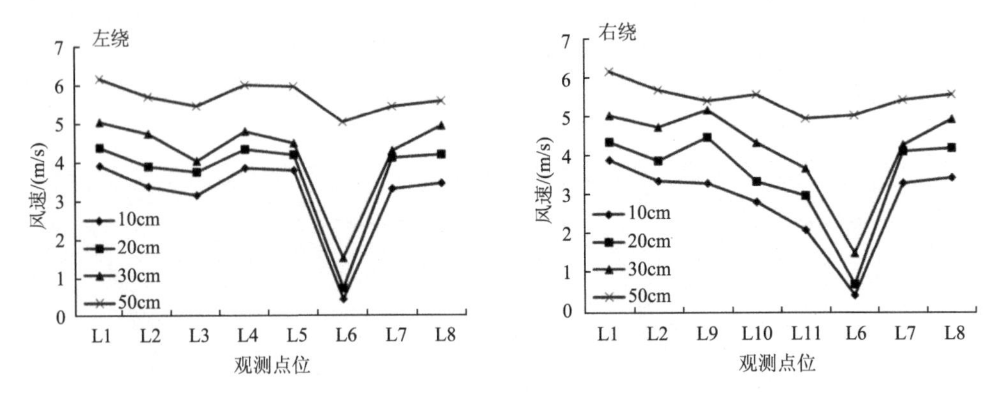

图 3-18　对照 10m/s 风速下清除 25%枝条后灌丛沙堆周围水平风速

灌丛沙堆右绕前侧 L9 的风速在 20cm 和 30cm 高度处呈现增加的趋势。相比 L2，测点 L9 的 20cm 和 30cm 高度的风速增幅分别为 15.07%和 9.59%。相比对照处风速，测点 L9 的 20cm 和 30cm 的风速增幅分别为 2.57%和 3.06%。灌丛沙堆右绕的中后段测点 L10 和 L11 的不同高度处风速同样整体呈现下降的趋势。

灌丛沙堆后侧靠前的测点 L6 在不同高度均呈现风速下降的趋势，相比对照处，测点 L6 的 10cm、20cm、30cm 和 50cm 的风速降幅分别为 89.19%、83.58%、70.13%和 18.44%。随着高度的增加，测点 L6 的风速降幅逐渐减小。在灌丛沙堆后侧的第二个测点 L7 处不同高度的风速均有所回升，测点 L7 的 10cm、20cm、30cm 和 50cm 的风速分别为对照处的 84.42%、94.23%、85.09%和 87.96%。到达灌丛后的第三个测点 L8 时风速基本恢复到灌丛前的水平。

3.1.5.3　10m/s 风速条件下清除 50%枝条的灌丛沙堆水平气流特征

图 3-19 为对照 2m 高度处风速为 10m/s 时清除 50%枝条后的灌丛沙堆不同部位水平风速分布特征。结果表明，旷野气流在抵达灌丛前方时呈现稳定的变化特征，

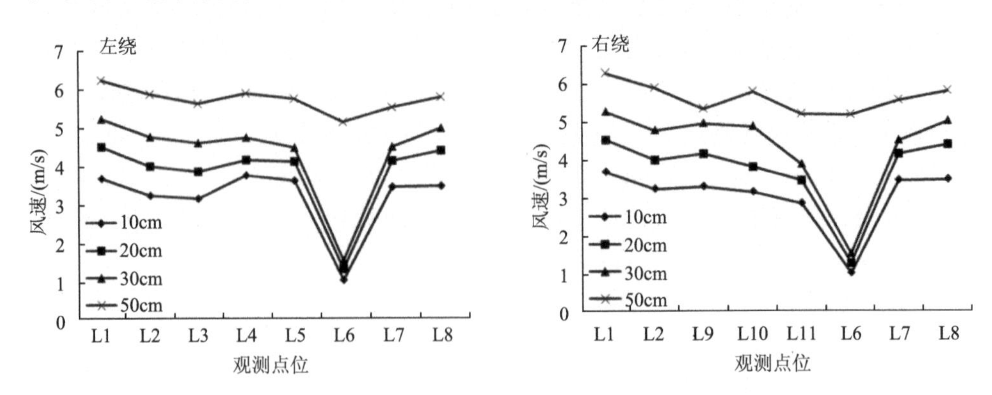

图 3-19　对照 10m/s 风速下清除 50%枝条后灌丛沙堆周围水平风速

在经过迎风坡脚的分流后，左绕一侧靠前的测点 L3 所有高度的风速均呈现下降趋势。左绕中间测点 L4 在不同高度均表现出加速的趋势。相比 L3，测点 L4 的 10cm、20cm、30cm 和 50cm 的风速增幅分别为 19.71%、7.66%、3.10%和 4.90%。相比对照处风速，测点 L4 的 10cm 高度处风速增幅为 2.12%。左绕靠后测点 L5 在各高度处均呈现风速下降的趋势。

灌丛沙堆右绕前侧 L9 的 10～30cm 处风速均呈现增加的趋势。相比 L2，测点 L9 的 10cm、20cm 和 30cm 的风速增幅分别为 1.81%、3.78%和 3.61%。测点 L9 在各高度处风速均小于对照处。灌丛沙堆右绕的中段测点 L10 在 10～30cm 高度处风速整体呈现下降的趋势。在右绕后段测点 L11 处各高度上相比 L10 均呈现风速下降的趋势。

灌丛沙堆后侧靠前的测点 L6 在不同高度均呈现风速下降的趋势，相比对照处，测点 L6 的 10cm、20cm、30cm 和 50cm 的风速降幅分别为 72.55%、71.60%、71.15%和 17.54%。随着高度的增加，测点 L6 的风速降幅逐渐减小。在灌丛沙堆后侧的第二个测点 L7 处各高度层的风速均有所回升，测点 L7 的 10cm、20cm、30cm 和 50cm 的风速分别为对照处的 93.94%、91.95%、85.92%和 88.62%。到达灌丛后的第三个测点 L8 时风速基本恢复到灌丛前的水平。总体而言，50cm 高度各测点的风速差异较小。

3.2 灌丛枝系构型对灌丛沙堆俯视风速流场的扰动特征

3.2.1 对照风速为 4m/s 时灌丛沙堆的俯视风速流场

图 3-20 为对照处 2m 高度风速为 4m/s 时不同枝条清除强度下的灌丛沙堆俯视风速流场，结果表明，在不同枝条清除强度下灌丛沙堆迎风面两侧的 10cm、20cm、30cm 高度风速呈现明显的增速趋势，其中灌丛右绕的风速增速区相对左绕整体靠前，这是受测定期间风向影响，西北偏西风向使右绕靠前的位置风速呈现增加趋势，而这种趋势在 50cm 高度层时相对减小。灌丛后面呈现不同大小的风速减弱区，并且减弱程度也随着高度增加在逐渐减小。不同枝条清除强度对风速的影响同样表现为随着灌丛枝条的减少，两侧加速区相对减弱，灌丛后风速减速区也逐渐缩小。

3.2.2 对照风速为 6m/s 时灌丛沙堆的俯视风速流场

图 3-21 为对照处 2m 高度处风速为 6m/s 时不同枝条修剪强度下的灌丛沙堆俯视风速流场，结果表明，在不同修剪强度下灌丛沙堆迎风面两侧的 10cm、20cm、30cm 高度风速呈现明显的增速趋势，其中灌丛右绕的风速增速区相对左绕同样整

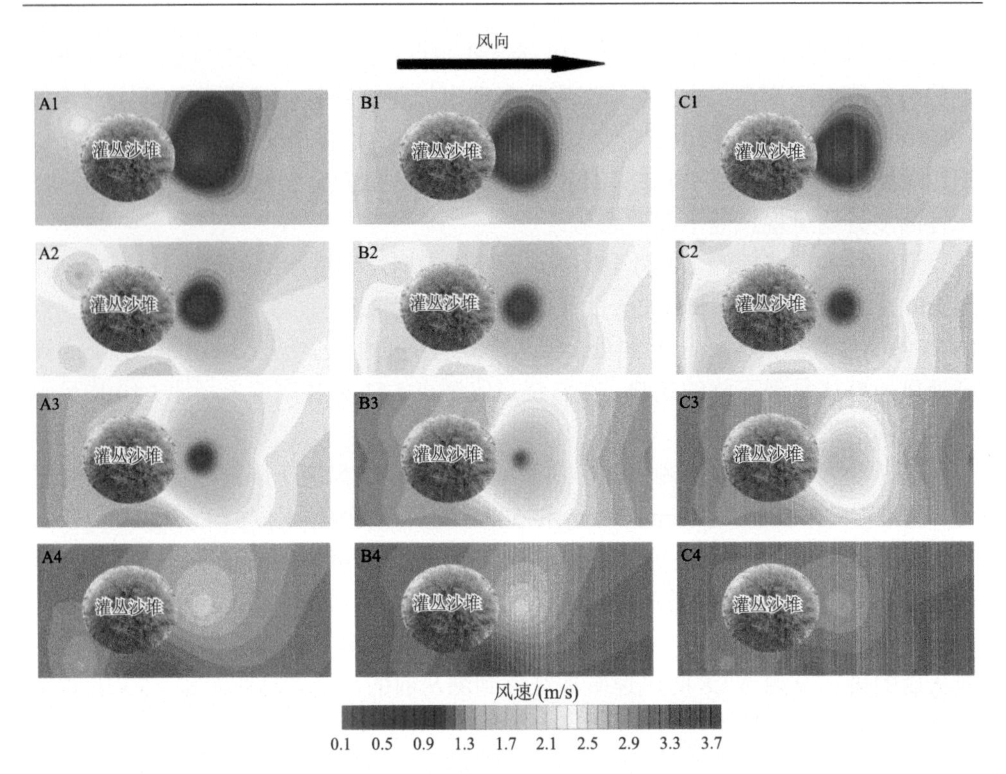

图 3-20 对照 4m/s 风速下不同枝条修剪强度下的灌丛沙堆俯视风速流场

A1～A4 分别为未修剪灌丛 10cm、20cm、30cm 和 50cm 处的俯视风速流场；B1～B4 分别为清除 25%枝条灌丛 10cm、20cm、30cm 和 50cm 处的俯视风速流场；C1～C4 分别为清除 50%枝条灌丛 10cm、20cm、30cm 和 50cm 处的俯视风速流场；下同

体靠前，这同样是受测定期间风向影响，西北偏西风向使右绕靠前的位置风速呈现增加趋势，而这种趋势在 50cm 高度层时开始减小。灌丛后面呈现不同大小的风速减弱区，并且减弱程度也随着高度增加逐渐减小。不同枝条清除强度同样表现为随着灌丛枝条的减少，两侧加速区相对减弱，灌丛后风速减速区也逐渐缩小。相比对照 2m 高度处风速 4m/s 时的灌丛沙堆流场变化，6m/s 时的增速效果更加明显，但在分枝数量减少后两侧风速增速的缓慢程度逐渐明显。

3.2.3 对照风速为 8m/s 时灌丛沙堆的俯视风速流场

图 3-22 为对照处 2m 高度风速为 8m/s 时不同枝条修剪强度下的灌丛沙堆俯视风速流场，结果表明，在不同修剪强度下灌丛沙堆迎风面两侧的 10cm、20cm、30cm 高度风速同样呈现明显的增速趋势，其中灌丛右绕的风速增速区相对左绕同样整体靠前，灌丛后面呈现不同大小的风速减弱区，并且减弱程度也随着高度增加逐渐减小。不同枝条清除强度同样表现为随着灌丛枝条的减少，两侧加速区相

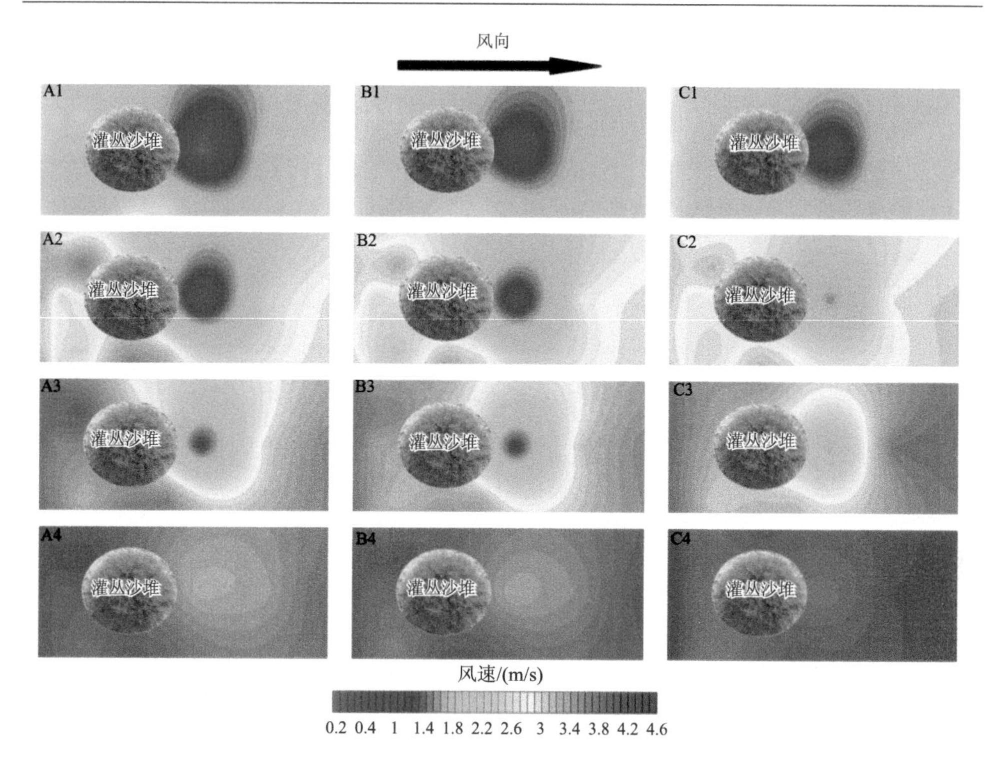

图 3-21 对照 6m/s 风速下不同枝条修剪强度下的灌丛沙堆俯视风速流场

对减弱，灌丛后风速减速区也逐渐缩小。相比对照 2m 高度处风速 6m/s 时的灌丛沙堆风速流场变化，8m/s 时的增速效果更加明显，在该风速情况下，50cm 处各位置之间的差异较小，并且随着灌丛分枝数的减少这种差异逐渐减小。灌丛沙堆后侧风速减速区的减小也说明枝条密度减小后对气流的阻挡效果变差，减弱了灌丛后侧的涡流强度，进而降低了风沙物质在灌丛后的堆积强度。

3.2.4 对照风速为 10m/s 时灌丛沙堆的俯视风速流场

图 3-23 为对照处 2m 高度风速为 10m/s 时不同枝条修剪强度下的灌丛沙堆俯视风速流场。两侧的风速加速情况和灌丛后的减速情况与前几个风速下的情况基本一致，相比对照 2m 高度处风速 8m/s 时的灌丛沙堆流场变化，10m/s 时灌丛后面的风速衰弱程度相比风速为 4m/s、6m/s、8m/s 时小。在该风速情况下，50cm 处各位置之间的差异同样较小，并且随着灌丛分枝数的减少这种差异逐渐减小。总体而言，枝条密度的减小会使灌丛防风能力减弱，灌丛后的风速降低区域面积逐渐减小，涡流强度也随之降低，并且随风速的增加涡流面积和强度减小的更为明显，更多的沙物质会随风继续前进，灌丛下的积沙能力也会随之减弱，该现象从气流场角度解释了近地表的分枝数量对于灌丛沙堆发育的调控作用。

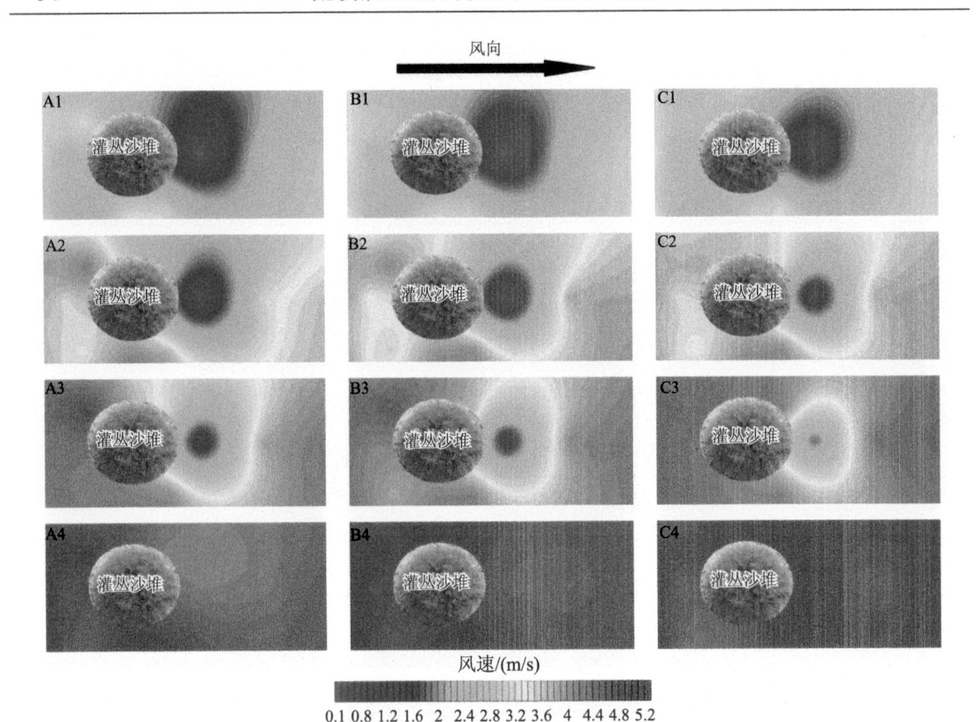

图 3-22　对照 8m/s 风速下不同枝条修剪强度下的灌丛沙堆俯视风速流场

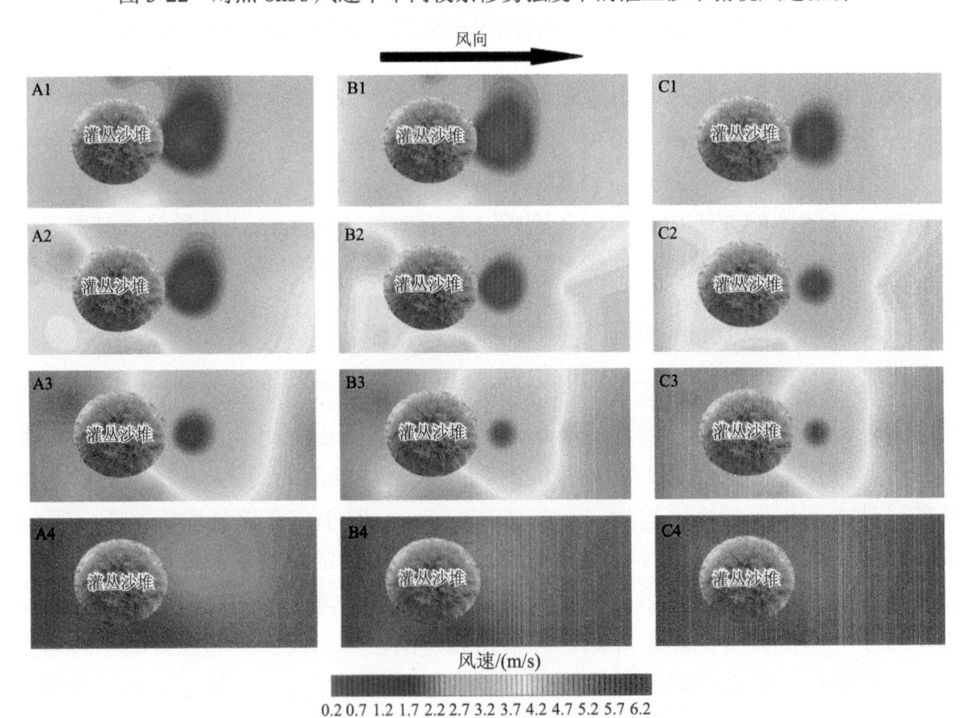

图 3-23　对照 10m/s 风速下不同枝条修剪强度下的灌丛沙堆俯视风速流场

3.2.5 关键枝系构型对野外灌丛沙堆周围风速的扰动规律

灌丛沙堆作为大气边界层的障碍物，基于其上部疏透的植物部分和下部的密实沙堆体共同组成了复杂的整体，使其周边的气流场更加复杂（Hesp and Smyth，2017；Gillies et al.，2014）。本研究通过对四合木灌丛周围气流场分布特征的定量分析从而明确四合木灌丛对过境气流的扰动特征，从风动力的角度揭示了灌丛沙堆的形成机理。

3.2.5.1 灌丛沙堆两侧的风速变异规律

研究过程中发现，灌丛沙堆两侧的风速变化较大，两侧不同位置的风速变化率也存在明显的差异。灌丛前的气流经过灌丛沙堆迎风面时受阻被分成两侧绕流，一部分气流通过灌丛植株形成"穿堂流"。各部分气流最终在灌丛后进行汇合（Zhao et al.，2020）。测定结果表明，灌丛左右绕流的中部会形成明显的风速增加带，这是由于两侧所形成的"狭管效应"对两侧的气流进行了压缩（殷婕等，2022）。Judd 等（1996）研究发现，在灌丛两侧的加速区存在涡流，因此形成了加速区。灌丛沙堆右绕的加速区相比左绕靠前，这是由于风速测定阶段风向除西北风外还有部分时间处于西北偏西风，因此部分时间内右绕流前侧会呈现出左绕流中间测点的气流扰动效果。测定中还发现，随着四合木枝条清除强度的增加，灌丛两侧的风速加速程度逐渐减弱。与此同时，灌丛两侧的风速增加最明显的区域多集中于 20cm 左右高度层，这也表明该高度的密枝性效果最为明显，结合之前对该高度的侧影面积和枝系构型的测定结果分析表明，四合木 20cm 左右的高度层是影响灌丛风蚀沉积和沙堆形成的关键。

3.2.5.2 灌丛沙堆后侧的风速变异规律

风速测定过程中发现，靠近灌丛后的测点风速较灌丛前明显降低，降低幅度会随着灌丛枝条清除强度的增加而逐渐减小。有研究表明，灌丛顶部以上气流较为平稳，向下则会形成紊流，在灌丛和沙堆的过渡地带可能会形成反射流和涡流（王升堂等，2007；Cornelis et al.，2005；贾宝全等，2001）。这是由于风经过灌丛前端时，风速较为均匀，通过灌丛后气流受到干扰，大部分能量被消耗，因此形成紊流，并在后侧形成涡流，二者的叠加使风速逐渐降低（安晶等，2015）。姚正毅等（2008）的研究也表明，从灌丛沙堆顶部到背风坡的坡脚，近地层气流在沙堆背风坡坡脚会发生分离，气流会产生回旋运动，从而成为一个压力均匀、平均流速很小的涡旋静风区，气流表面压力也逐渐减小。

3.3 人工调控荒漠灌丛构型对气流场的影响

3.3.1 半球形大白刺的气流场分布特征

风速流场图表示特定区域内过境风速的分布情况，根据风速等值线可以看出风速大小及变化程度，颜色越深说明风速越小，等值线越密集说明风速变化程度越大，反之亦然。

图 3-24 为 17.5cm×17.5cm 株行距内不同风速下半球形大白刺的气流场分布特征。半球形大白刺在 0.2～14cm 的垂直测定高度范围内形成了明显的风速减弱区，且风速变化程度较大，由于大白刺的地上高度为 17.5cm，说明大白刺可以减弱过境风速，并起到一定的扰流作用。当水平测定距离为 M0.5H[M（middle）代表灌丛阵列的中间，H（high）是单位灌丛模型的株高]和–0.5H～–3H，且风速为 8m/s 时，大白刺周边形成了明显的风速减弱区。随着风速的增加，第一排和第二排大白刺对风速的减弱效果明显下降，并在–0.5H～–3H 距离内再次形成风速减弱区。半球形的构型特征使大白刺形成两个风速减弱区，即靠近根部的 0.2～2cm 和中上部的 7～12cm，其中靠近根部的风速减弱强度较大。

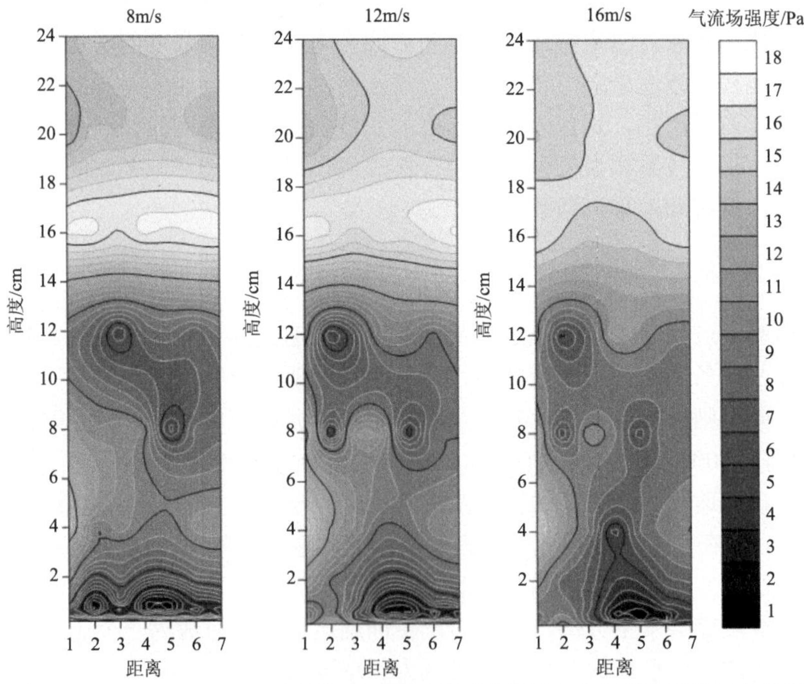

图 3-24 17.5cm×17.5cm 株行距内不同风速下半球形大白刺的气流场分布特征

横坐标（距离）为毕托管的水平移动距离，即 1～7 分别表示 0.5H、M0.5H、M1.5H、–0.5H、–1H、–3H 及–5H；纵坐标（高度）为毕托管的垂直测定高度；下同

17.5cm×26.25cm 株行距内不同风速下半球形大白刺的气流场分布特征如图 3-25 所示。不同风速下各大白刺构型的气流场分布特征大体相似，且在垂直测定高度 14cm 以下形成不同程度的风速减弱区（靠近根部 2cm 以下处和中上部 7～12cm 范围内）。当风速为 8m/s 时，垂直测定高度为 7～12cm 的气流场强度比 12m/s 和 16m/s 的气流场强度小，但是等值线较为密集，说明此时风速的变化程度较大；当风速为 12m/s 时，半球形大白刺靠近根部 2cm 以下处，且水平移动距离为 M1.5H～1H，形成风速减弱区。16m/s 风速下的气流场变化强度较大，并在垂直测定高度 14cm 以下形成两个连续的风速减弱区。

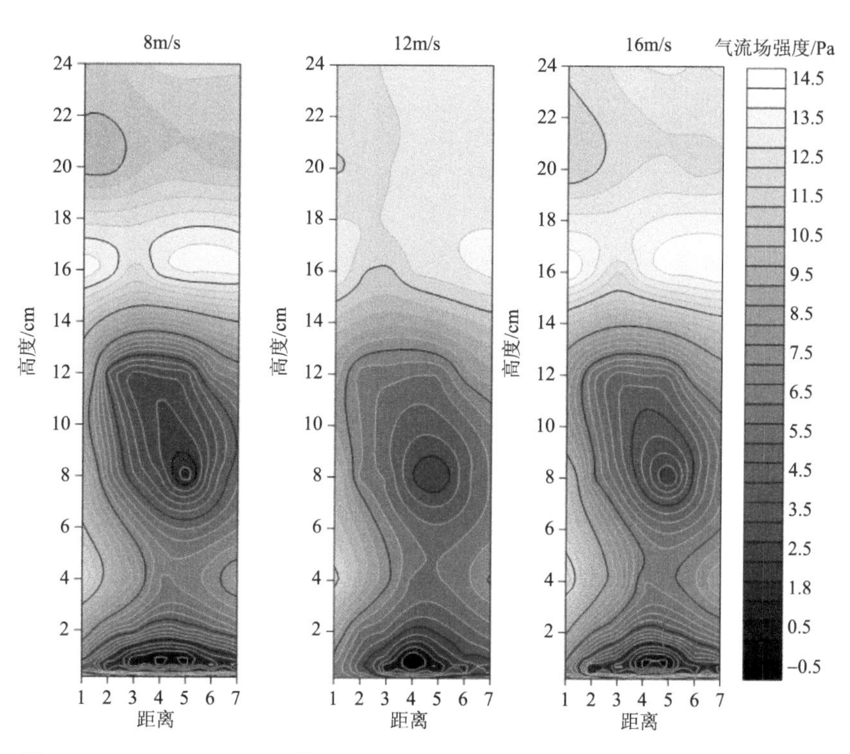

图 3-25 17.5cm×26.25cm 株行距内不同风速下半球形大白刺的气流场分布特征

图 3-26 为 17.5cm×35cm 株行距内不同风速下半球形大白刺的气流场分布特征。16m/s 风速下的变化强度小于 8m/s 和 12m/s。随着风速的上升，16m/s 下半球形大白刺对风速的减弱效果优于 8m/s 和 12m/s。当垂直测定高度小于 2cm 时，半球形大白刺根部对风速的减弱效果主要集中在第三排后侧。同时，半球形大白刺中上部 8～12cm 的风速减弱范围要大于根部，但是减弱强度小于根部。当垂直测定高度大于 14cm 时，呈现明显的风速加速区。总体而言，该株行距条件下半球形大白刺对强风的减弱效果较好。

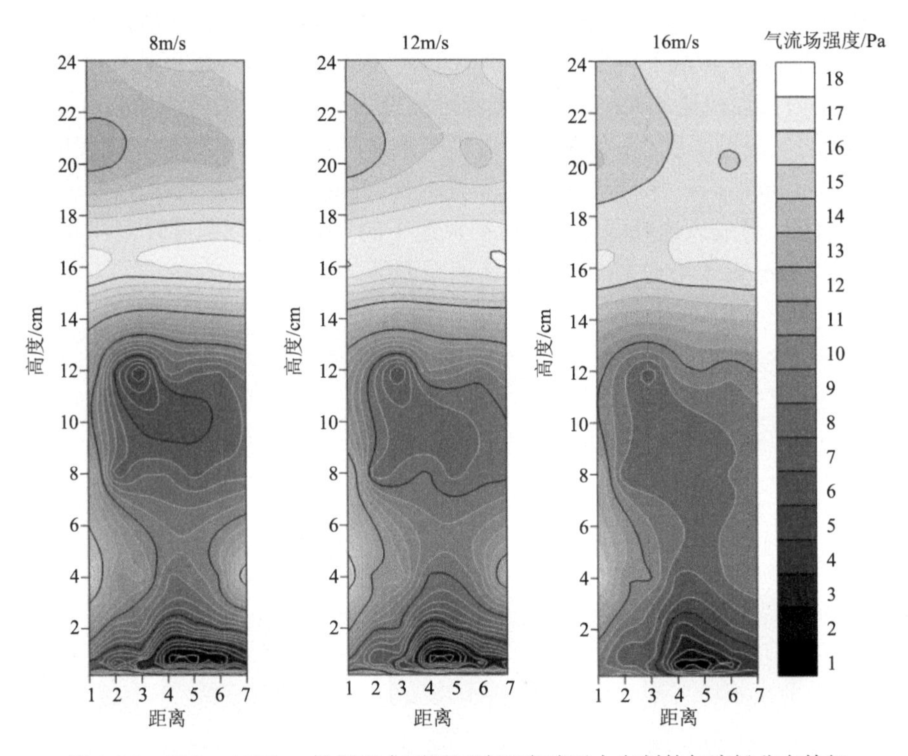

图 3-26　17.5cm×35cm 株行距内不同风速下半球形大白刺的气流场分布特征

3.3.2　扫帚形大白刺的气流场分布特征

如图 3-27 所示，17.5cm×17.5cm 株行距内扫帚形大白刺的风速减弱区分别位于水平测定距离 M1.5H～1H 和–3H～–5H。扫帚形大白刺的风速减弱区体现在水平距离。扫帚形大白刺靠近根部 0.2～0.6cm 处的风速较大，当垂直测定高度为 8～13cm 时，大白刺周边形成明显的风速减弱区。同时，8m/s 和 12m/s 条件下的风速变化程度较大。

图 3-28 为 17.5cm×26.25cm 株行距内不同风速下扫帚形大白刺的气流场分布特征。扫帚形大白刺对风速的减弱效果主要集中在中上部，靠近根部的风速减弱区较小，且对风速的减弱效果主要体现在第三排大白刺后侧，中部的防风效果较差。16m/s 风速下气流场变化强度小于 12m/s 和 8m/s，说明扫帚形大白刺对强风的防护效果较好。

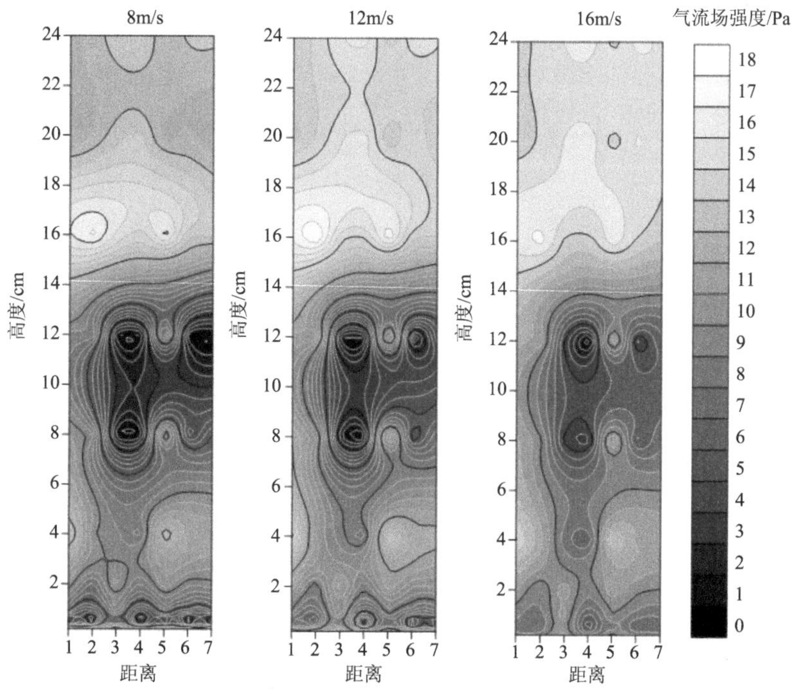

图 3-27 17.5cm×17.5cm 株行距内不同风速下扫帚形大白刺的气流场分布特征

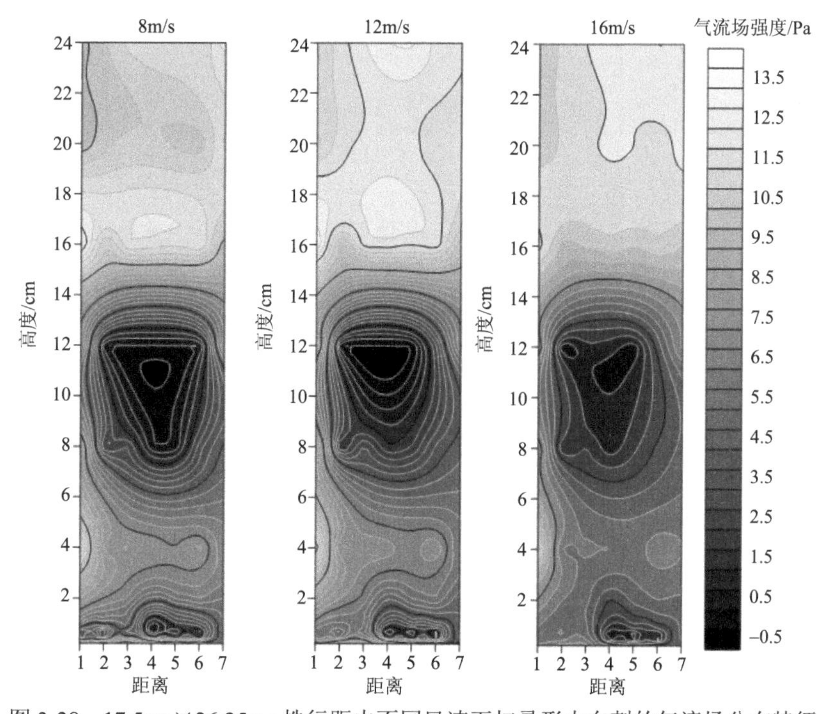

图 3-28 17.5cm×26.25cm 株行距内不同风速下扫帚形大白刺的气流场分布特征

由图 3-29 可知，17.5cm×35cm 株行距内扫帚形大白刺对风速的减弱效果主要集中在中上部，根部的减弱效果较差。8m/s、12m/s 及 16m/s 风速下气流场强度变化程度较大。同时，对风速的减弱效果主要体现在第三排大白刺后侧，中部的防风效果较差。

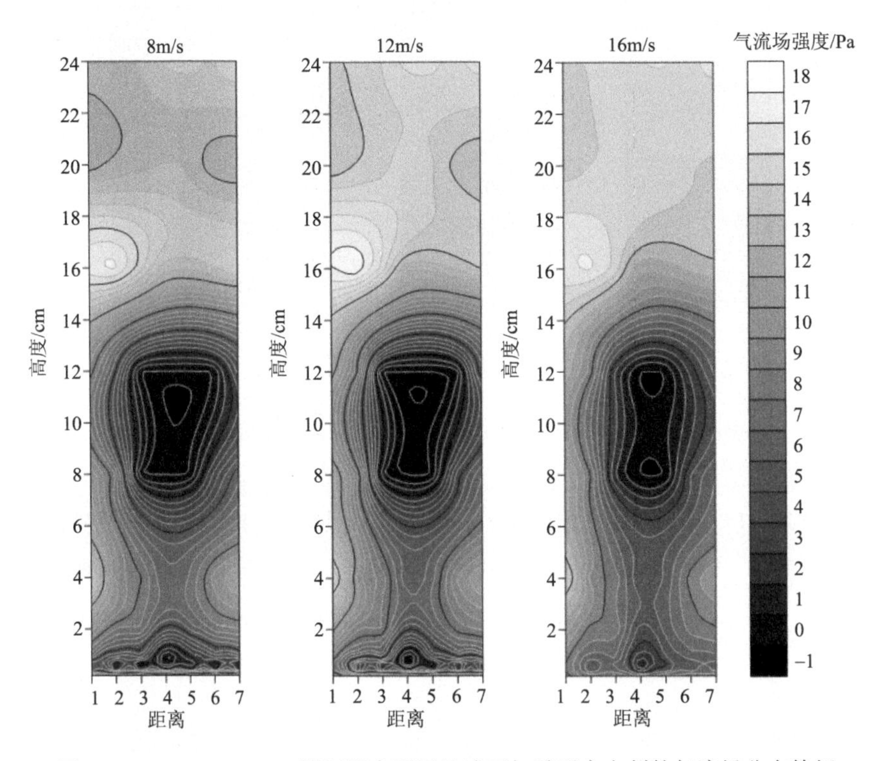

图 3-29 17.5cm×35cm 株行距内不同风速下扫帚形大白刺的气流场分布特征

3.3.3 纺锤形大白刺的气流场分布特征

如图 3-30 所示，17.5cm×17.5cm 株行距内纺锤形大白刺的气流场分布特征与半球形的明显不同，具有两个连续的风速减弱区，垂直测定高度分别为 0.2～5cm 和 6～12cm。同时，纺锤形大白刺内部的风速减弱范围更广，当水平测定距离为−0.5H 时，风速明显下降。当风速大于 16m/s 时，气流场强度变化程度较强烈，且对风速的减弱程度有所下降。纺锤形大白刺对风速的有效减弱高度为 0.2～12cm。

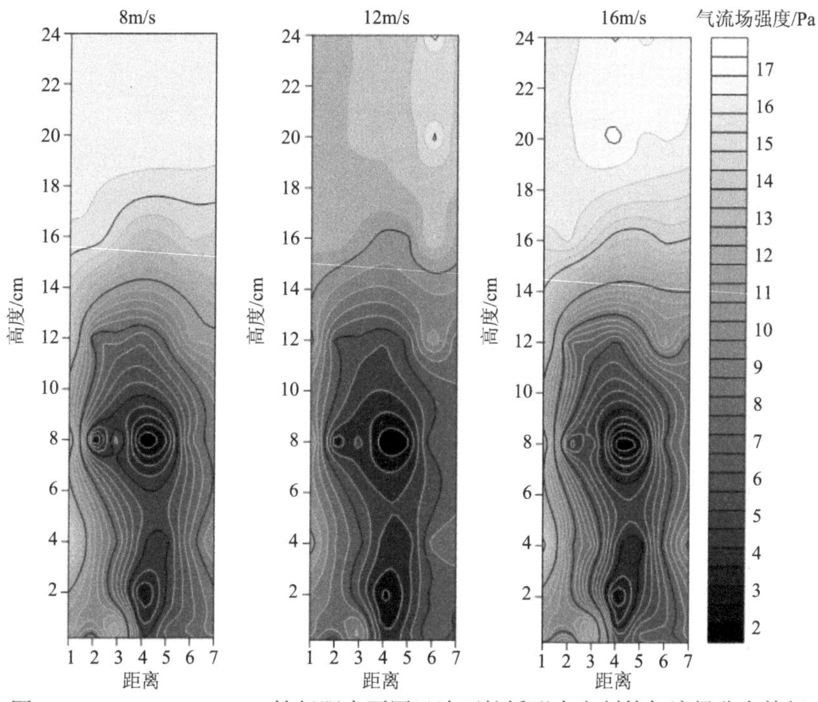

图 3-30　17.5cm×17.5cm 株行距内不同风速下纺锤形大白刺的气流场分布特征

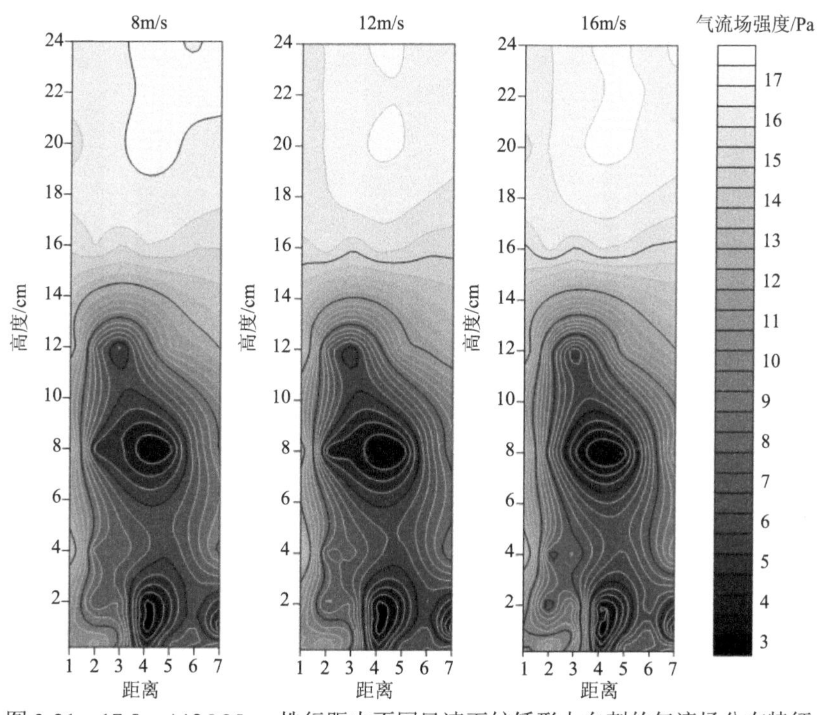

图 3-31　17.5cm×26.25cm 株行距内不同风速下纺锤形大白刺的气流场分布特征

由图 3-31 可知，17.5cm×26.25cm 株行距内纺锤形大白刺的垂直有效防风高度介于 0.2～14cm，且风速变化强度较大。同时，当垂直测定高度小于 2cm 时，均在第三排大白刺的后侧形成风速减弱区。当垂直测定高度大于 16cm 时，风速开始上升，但变化强度较小。由于纺锤形大白刺的构型特征，气流场分布具有中部风速减弱强度大于根部和上部顶端的特点。同时，纺锤形大白刺对风速的垂直减弱范围主要集中在 14cm 以下高度处。

如图 3-32 所示，17.5cm×35cm 株行距内纺锤形大白刺对不同风速的整体减弱效果较好。在垂直有效防护高度为 0.2～14cm 形成连续的两个风速减弱区，且对风速的减弱范围较广。当垂直测定高度大于 16cm 时，风速开始上升，但变化程度较小。纺锤形大白刺根部和中上部对风速具有相似的减弱效果。

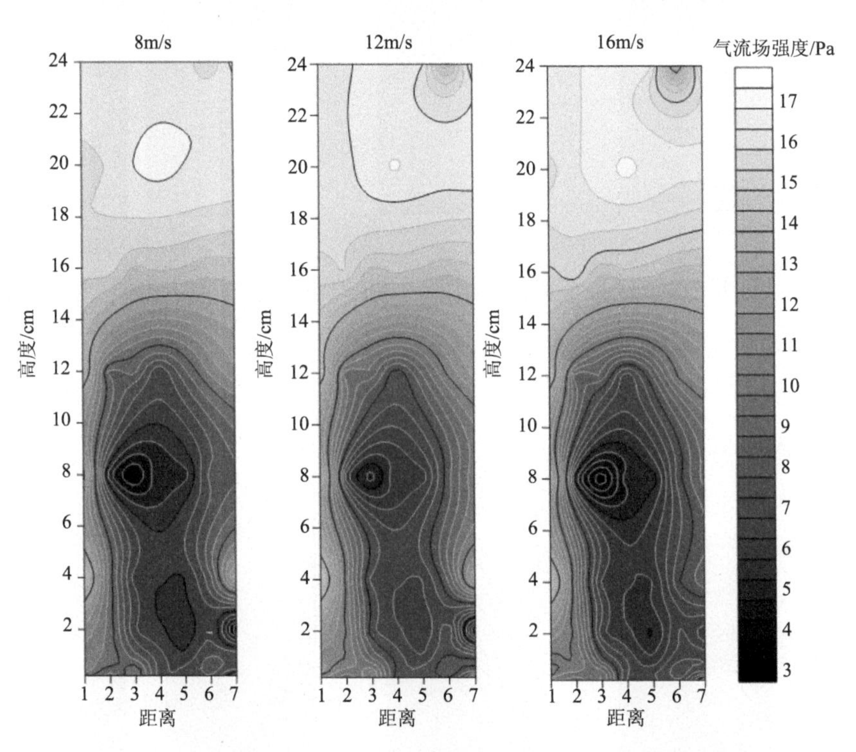

图 3-32 17.5cm×35cm 株行距内不同风速下纺锤形大白刺的气流场分布特征

3.4 人工调控荒漠灌丛构型对过境风速的影响

图 3-33 为调控后不同大白刺构型对过境风速的影响。相同株行距内不同测定风速下各构型大白刺对风速影响的变化特征大体一致。其中，对于株行距 17.5cm×

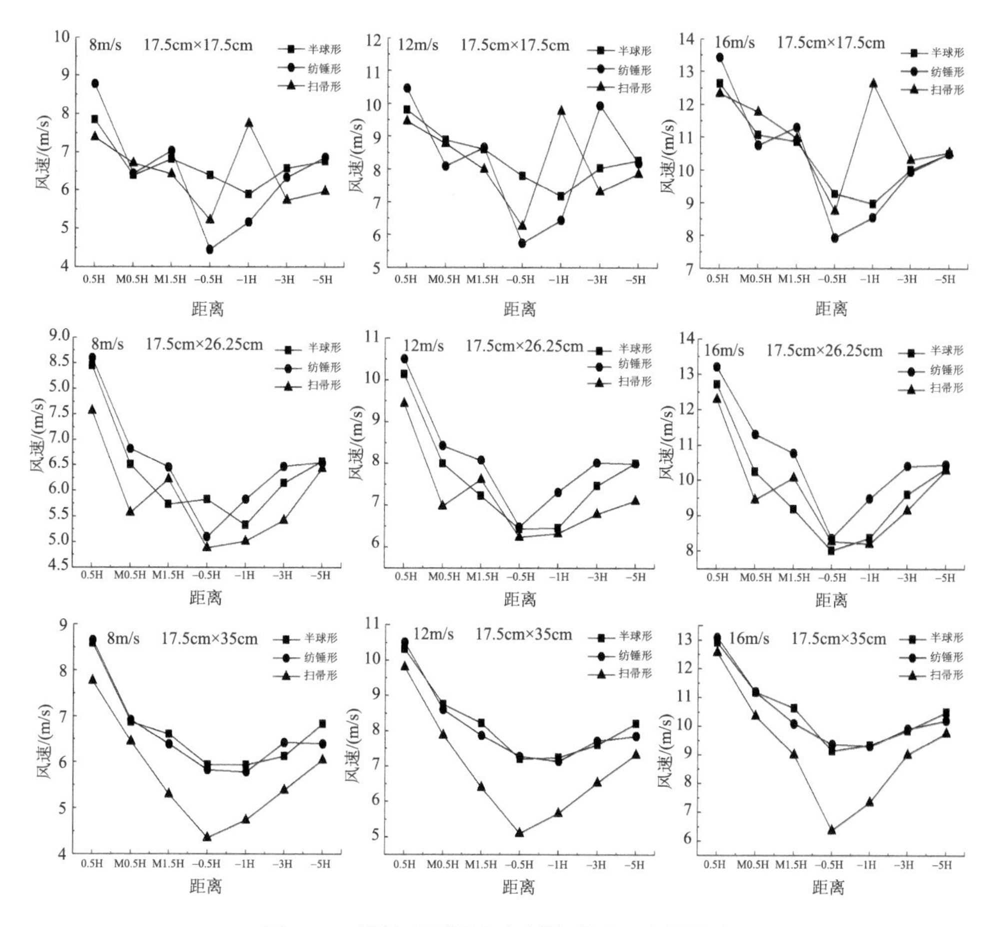

图 3-33 调控后不同大白刺构型对风速的影响

17.5cm 而言，不同构型大白刺水平距离 0.5H～M0.5H 和 M1.5H～–0.5H 处的风速呈现下降趋势。在 8m/s、12m/s 及 16m/s 条件下–1H 处扫帚形、12m/s 条件下–3H 处纺锤形大白刺的风速突然增大。M0.5H～M1.5H 的风速变化相对稳定，没有明显的突增突减现象，而–0.5H 后的风速变化较为剧烈，变化规律不明显。由此说明，不同构型大白刺对风速的减弱主要集中体现在第一排前侧 0.5H 至最后一排后侧–0.5H 处。随着行距的增加，不同构型大白刺的风速变化逐渐稳定。当株行距为 17.5cm×35cm 时，各风速下扫帚形大白刺在不同水平测定距离内均为最低值，说明扫帚形大白刺对风速的减弱效果最好，且行距越大其效果越稳定，而半球形和纺锤形的作用效果相差不多。在株行距 17.5cm×26.25cm 内不同大白刺构型对风速的减弱效果从大到小依次为扫帚形、半球形、纺锤形，而株行距 17.5cm×

17.5cm 条件下各构型大白刺对风速影响相对强烈。在株行距 17.5cm×17.5cm 内三种构型的大白刺对风速的减弱范围为 4～13.5m/s。在 8m/s 条件下，不同构型大白刺在 17.5cm×17.5cm、17.5cm×26.25cm、17.5cm×35cm 株行距内所对应的风速范围分别为 4.45～8.78m/s、5.02～8.60m/s 及 4.36～8.67m/s。不同构型大白刺对风速的减弱主要集中在大白刺后侧–0.5H 处。

4 灌丛枝系构型对风沙流及灌丛沙堆形成过程的影响

四合木灌丛沙堆对于气流的干扰产生了重要影响，这一现象在野外存在普遍性，目前对于野外灌丛沙堆的形成机理已有了初步的研究结果，结果明确风是四合木灌丛沙堆形成的主要动力。但野外试验受复杂环境的影响，其测定结果具有一定的环境特殊性，因此较难得出普遍结论。野外环境在短期内无法观测到四合木灌丛对沙堆形成过程的影响。作为野外测定的替代方法，风洞试验可以提供稳定的风速，并通过简化系统来解释所选定的研究对象风蚀过程的物理机制。基于此特点，本研究将试验地取样得来的四合木植株带回磴口县沙漠林业实验中心进行风洞试验，对单个灌丛进行与野外灌丛相同强度的枝条清除方式，利用毕托管测定不同枝条清除方式下四合木植物周边不同高度的风速变化情况，并利用自制集沙仪（本研究所用集沙仪为30cm高15层的阶梯式集沙仪，每层高度为2cm）对灌丛后不同高度的输沙情况进行定量分析，最终利用测钎法对灌丛所形成的沙堆形态进行动态观测，从而以最接近野外的控制试验厘清四合木灌丛沙堆形成的动力学机制。

4.1 灌丛枝系构型对灌丛后风速的扰动特征

4.1.1 不同风速下四合木灌丛的流场分布特征

4.1.1.1 6m/s 风速下四合木灌丛的垂直流场分布特征

图4-1为6m/s风速下四合木灌丛周边的垂直流场分布特征，图中重点描述了灌丛后不同距离的风速变化规律。结果表明，四合木灌丛后的风速廓线较灌丛前产生了明显变化。紧挨未清除（0%）枝条的四合木灌丛后方的测点在近地表表现出明显的风速降低趋势，降幅最为明显。随着高度的增加，降幅逐渐减小，在0～20cm高度，随着距离灌丛后距离的增加，风速逐渐开始恢复。在20～30cm高度处风速较20cm高度以下均表现为较高的水平。从图4-1中可以看出，在灌丛顶部和紧挨灌丛后方30cm高度处测点的风速呈现明显的加速趋势，并且较灌丛其他各位置的风速变化率均明显增加。50cm高度处的风速随着与灌丛后侧距离的增加不断减小，最终在4H处与灌丛前相应高度基本处于相同水平。

清除 25%枝条数量后的四合木灌丛在 6m/s 风速下的廓线变化规律与未清除枝条的风速廓线规律基本相似，但灌丛后的风速降幅与未清除枝条灌丛后的风速降幅相比具有明显差异，图 4-1 中信息表明，近地表的风速降幅明显减少，同时随着高度的增加其风速相比未清除枝条灌丛后的对应位置的风速呈现增加的趋势。在灌丛顶部和紧挨灌丛后侧 50cm 高度处的测点风速同样均呈现增加的趋势，与未清除枝条灌丛的对应测点相比，风速的增加程度相对减小。在灌丛后此高度处的风速恢复位置也相应提前。

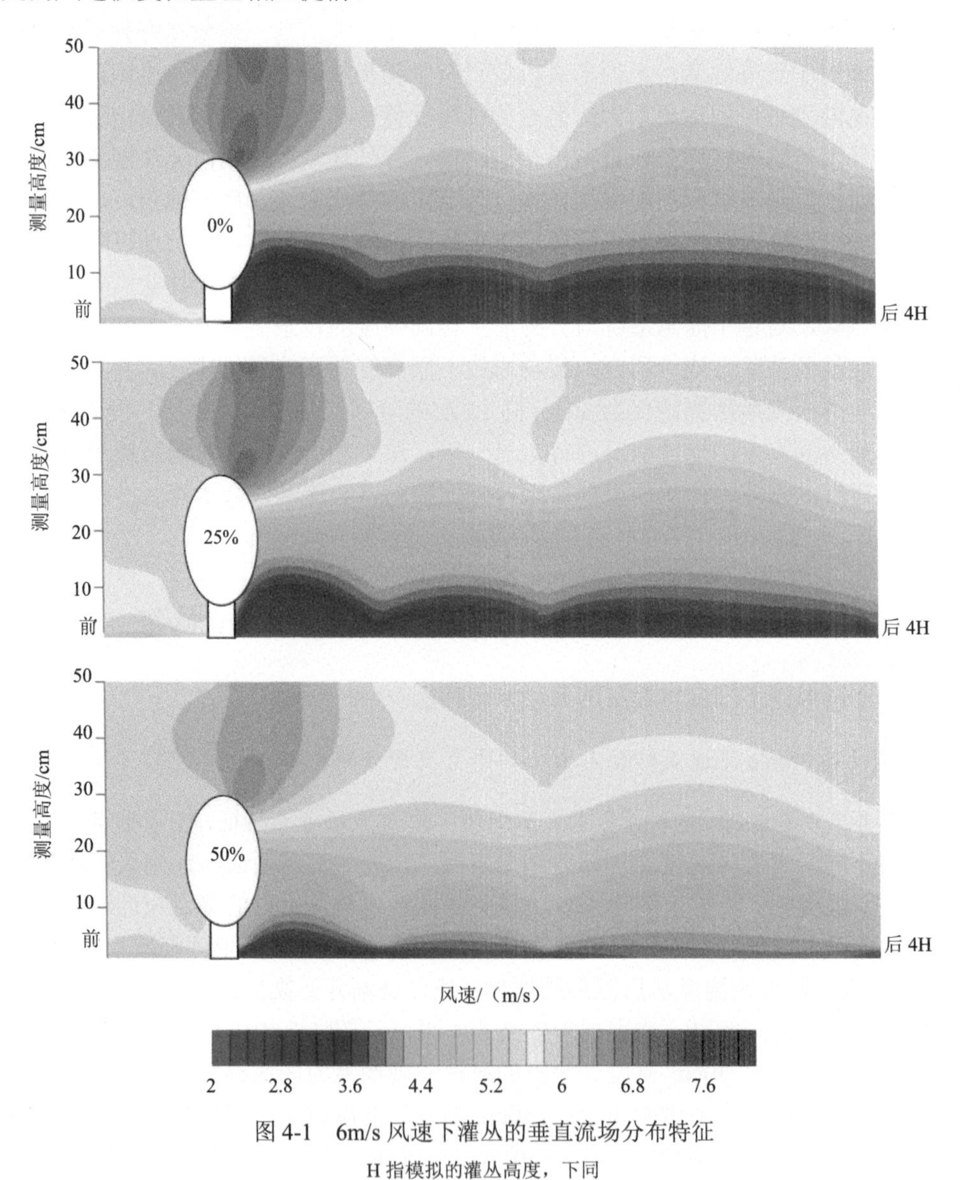

图 4-1　6m/s 风速下灌丛的垂直流场分布特征

H 指模拟的灌丛高度，下同

清除 50%枝条数量后的四合木灌丛在 6m/s 风速下的廓线变化规律与未清除和清除 25%枝条后的风速廓线变化基本相似。相比清除 25%枝条数量的灌丛，清除 50%枝条的灌丛前后风速差异较小，降幅较大的位置相比前者明显降低，即风速减小的区域面积变小，随着高度的不断增加，风速的降幅也逐渐减少。清除 50%枝条的灌丛顶部和紧挨灌丛后侧 30cm 高度处的测点风速加速趋势相比清除 25%枝条数的灌丛明显减弱，并且随着距灌丛后侧距离的增加风速逐渐恢复到灌丛前的水平，相比清除 25%枝条数的灌丛，该清除强度灌丛后的 30cm 高度处风速恢复能力更强，恢复距离更短。

4.1.1.2 8m/s 风速下四合木灌丛的垂直流场分布特征

图 4-2 为 8m/s 风速下四合木灌丛周边的垂直流场分布特征，图中结果表明，四合木灌丛后的风速廓线较灌丛前同样产生了明显变化。紧挨未清除枝条的四合木灌丛后方的测点在近地表表现出明显的风速降低趋势，降幅最为明显。该处降幅相比 6m/s 风速的同等枝条清除条件下灌丛后的近地表风速降低区域面积整体减少。随着测定高度的增加，降幅逐渐减小，在 0～20cm 高度，随着灌丛后测点距离的增加，风速逐渐开始恢复。在 20～30cm 高度处风速较 20cm 以下均表现为较高的水平。从图 4-2 中可知，在灌丛顶部和紧挨灌丛后方 30cm 高度处测点的风速同样呈现明显的加速趋势，并且较灌丛其他各位置的风速变化率均明显增加。在 50cm 高度处的风速随着与灌丛后侧距离的增加而不断减小，最终在接近 4H 处恢复至灌丛前相应高度的风速水平，该恢复距离相比 6m/s 风速也相应减小。

清除 25%枝条数量后的四合木灌丛在 8m/s 风速下的廓线变化规律与未清除枝条的风速廓线变化规律基本相似，但灌丛后的风速降幅与未清除枝条灌丛后的风速降幅相比同样具有明显差异，并且近地表的风速降幅相比 6m/s 风速时更为明显，最大降幅的区域面积也更小。同时随着高度的增加其风速相比未清除枝条的灌丛后的对应位置的风速呈现增加的趋势。在灌丛顶部和紧挨灌丛后侧 50cm 高度处的测点风速同样均呈现增加的趋势，与未清除枝条灌丛的对应测点相比，风速的增加程度相对减小。在灌丛后此高度处的风速恢复位置也相应提前，相比 6m/s 风速时的对应点风速恢复距离更小。

清除 50%枝条数量后的四合木灌丛在 8m/s 风速下的廓线变化规律与未清除和清除 25%枝条后的风速廓线变化基本相似。相比清除 25%枝条数量的灌丛，清除 50%枝条的灌丛前后风速差异更小，风速减小的区域面积变小。相比 6m/s 风速下该区域的面积也明显减小。随着高度的不断增加，灌丛后风速的降幅也逐渐减少。清除 50%枝条的灌丛顶部和紧挨灌丛后侧 30cm 高度处的测点风速加速趋势相比清除 25%枝条数的灌丛明显减弱，并且随着距灌丛后侧距离的增加风速逐渐恢复到灌丛前的水平，相比清除 25%枝条数的灌丛，该清除强度灌丛后的 30cm 高度处风速恢复能力更强，恢复距离更短，相比 6m/s 风速时的对应点风速恢复距离更小。

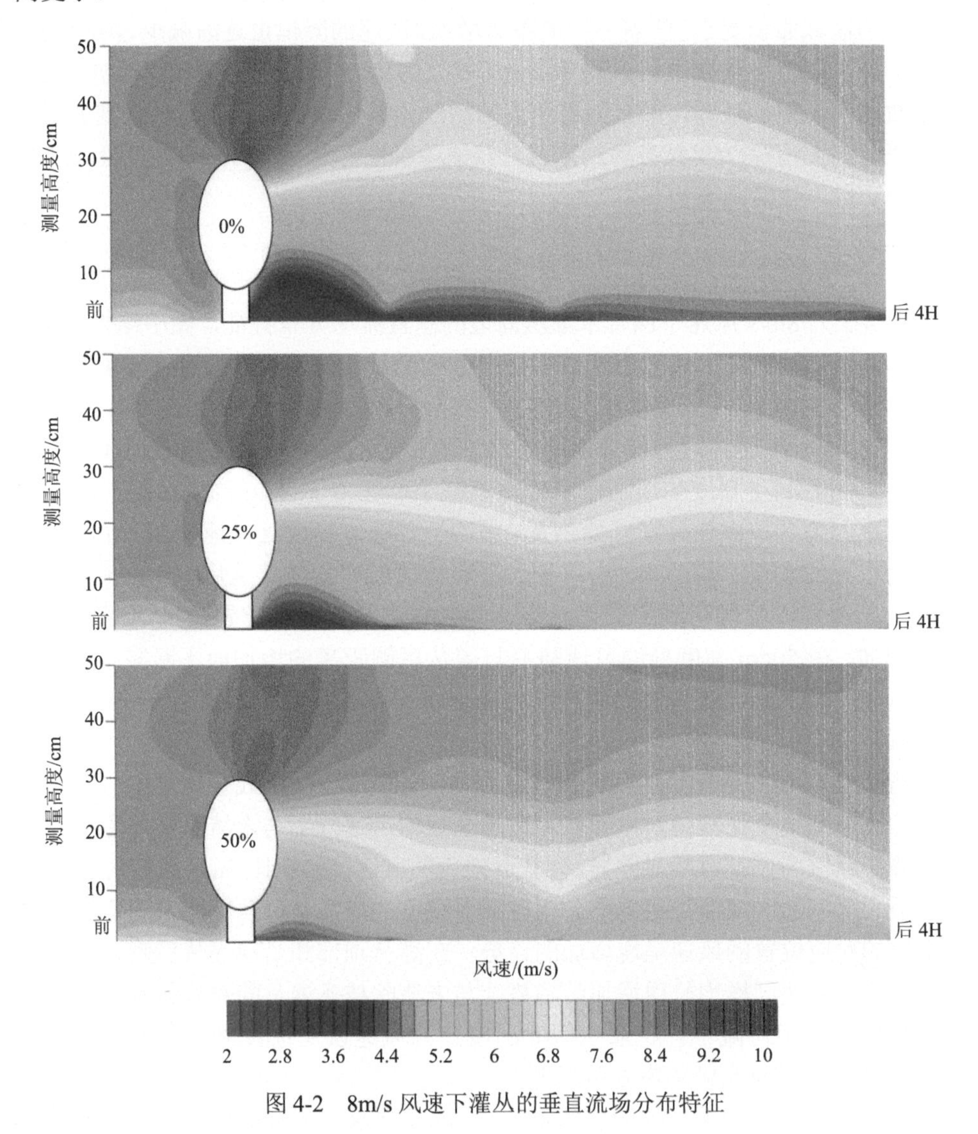

图 4-2　8m/s 风速下灌丛的垂直流场分布特征

4.1.1.3　10m/s 风速下四合木灌丛的垂直流场分布特征

图 4-3 为 10m/s 风速下四合木灌丛周边的垂直流场分布特征，图中结果表明，四合木灌丛后的风速廓线较灌丛前同样产生了明显变化。紧挨未清除枝条的四合

木灌丛后方的测点在近地层表现出明显的风速降低趋势，降幅最为明显。该处降幅相比 8m/s 风速的同等枝条清除条件下灌丛后的近地表风速降低区域面积整体减少。随着测定高度的增加，降幅逐渐减小，在 0～20cm 高度，随着距离灌丛后距离的增加，风速逐渐开始恢复。在 20～30cm 高度处风速较 20cm 以下均表现为较高的水平。从图 4-3 中可知，在灌丛顶部和紧挨灌丛后方 30cm 高度处测点的风速同样呈现明显的加速趋势。50cm 高度在接近 4H 处风速逐渐恢复。

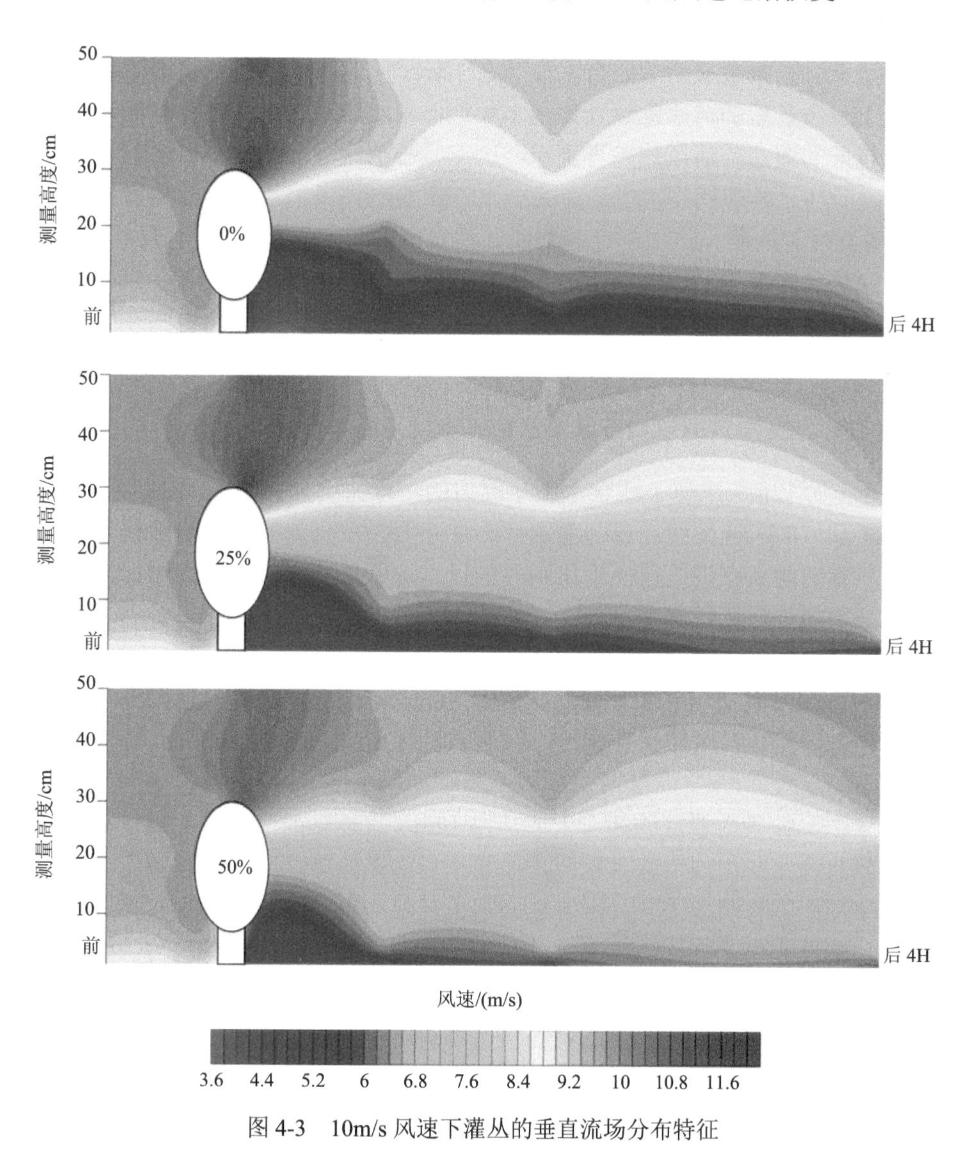

图 4-3 10m/s 风速下灌丛的垂直流场分布特征

清除25%枝条数量后的四合木灌丛在10m/s风速下的廓线变化规律与未清除枝条的风速廓线变化规律基本相似，灌丛后的风速降幅与未清除枝条灌丛后的风速降幅相比同样具有明显差异，两者之间最大降幅的区域面积差异也较大。随着高度的增加其风速相比未修剪枝条灌丛后的对应位置的风速呈现增加的趋势。在灌丛顶部和紧挨灌丛后侧 50cm 高度处的测点风速同样均呈现增加的趋势，与未清除枝条灌丛的对应测点相比，风速的增加程度相对减小，但减小程度相比 8m/s 较小。在灌丛后此高度处的风速恢复位置也相应提前。

清除50%枝条数量后的四合木灌丛在10m/s风速下的廓线变化规律与未清除和清除25%枝条后的风速廓线变化基本相似。相比清除25%枝条数量的灌丛，清除50%枝条的灌丛前后风速差异更小，风速减小的区域面积变小。随着高度的不断增加，灌丛后风速的降幅也逐渐减少。清除50%枝条的灌丛顶部和紧挨灌丛后侧 30cm 高度处的测点风速加速趋势相比清除25%枝条数的灌丛明显减弱，并且随着距灌丛后侧距离的增加风速逐渐恢复到灌丛前的水平，相比清除25%枝条数的灌丛，清除 50%枝条数量的灌丛后 30cm 高度处风速恢复能力更强，恢复距离更短。

4.1.1.4　12m/s 风速下四合木灌丛的垂直流场分布特征

图4-4为12m/s风速下四合木灌丛周边的垂直流场分布特征，图中结果表明，四合木灌丛后的风速廓线较灌丛前同样产生了明显变化。紧挨未清除枝条的四合木灌丛后方的测点在近地层表现出明显的风速降低趋势，降幅最为明显。随着测定高度的增加，降幅逐渐减小，在0～20cm高度，随着距离灌丛后距离的增加，风速逐渐开始恢复。20～30cm高度处风速较20cm以下均表现为较高的水平。从图 4-4 中可知，灌丛顶部和紧挨灌丛后方 30cm 高度处测点的风速同样呈现明显的加速趋势。相比前几个风速梯度，该测点在 12m/s 风速下的 50cm 高度处加速水平较小。

清除25%枝条数量后的四合木灌丛在12m/s风速下的廓线变化规律与未清除枝条的风速廓线变化规律基本相似，但灌丛后的风速降幅与未清除枝条灌丛后的风速降幅相比具有明显差异，两者之间最大降幅的区域面积差异也较大。随着高度的增加其风速相比未清除枝条的灌丛后的对应位置呈现增加的趋势。灌丛顶部和紧挨灌丛后侧 50cm 高度处的测点风速同样均呈现增加的趋势，与前几个风速下灌丛的对应测点相比，风速的增加程度相对减小。在灌丛后此高度处的风速恢复位置相比未清除枝条的灌丛对应的风速恢复点相应提前。

清除50%枝条数量后的四合木灌丛在12m/s风速下的廓线变化规律与未清除和清除25%枝条后的风速廓线变化基本相似。相比清除25%枝条数量的灌丛，清除50%枝条的灌丛前后风速差异更小，风速减小的区域面积变小。随着高度的不

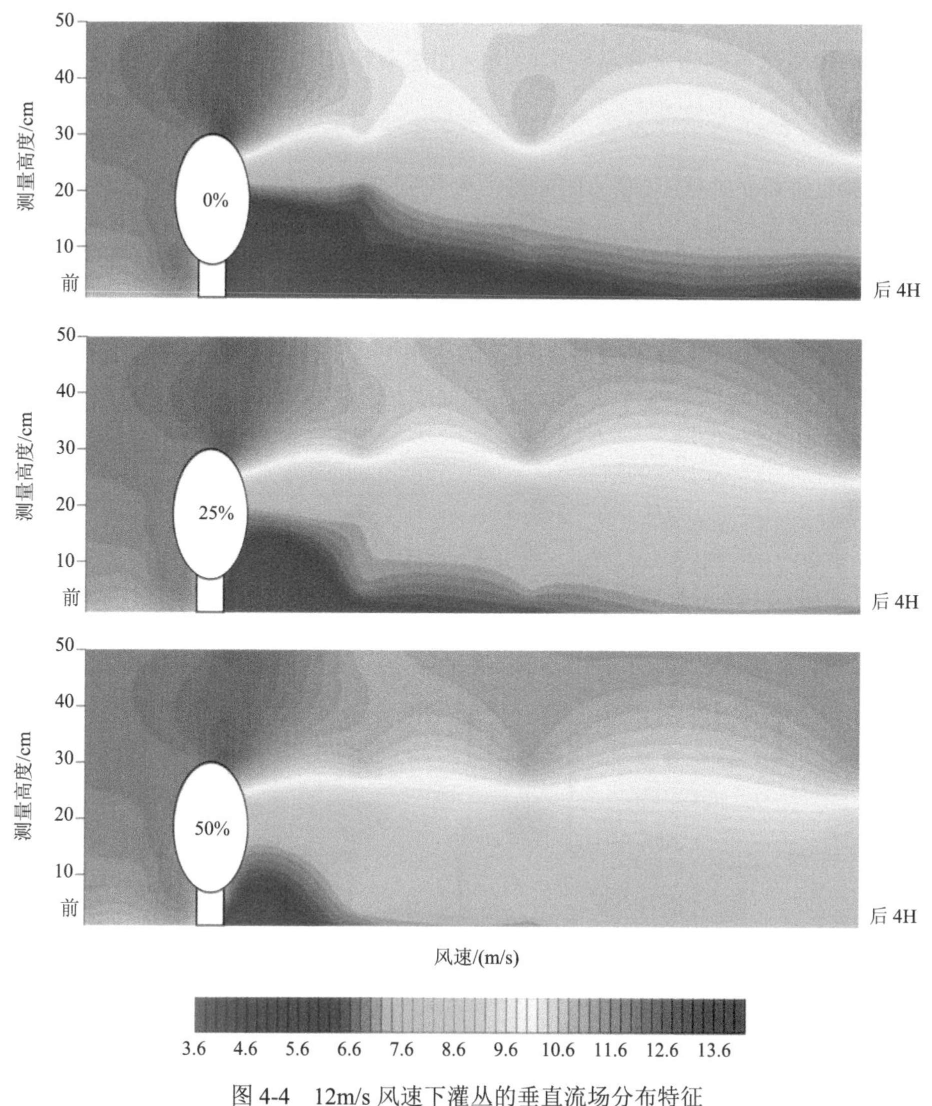

图 4-4　12m/s 风速下灌丛的垂直流场分布特征

断增加，灌丛后风速的降幅也逐渐减小。清除 50%枝条的灌丛顶部和紧挨灌丛后侧 30cm 高度处的测点风速加速趋势相比清除 25%枝条数的灌丛明显减弱，该增速水平相比其他风速情况整体降低。并且随着距灌丛后侧距离的增加风速逐渐恢复到灌丛前的水平，相比清除 25%枝条数量的灌丛，清除 50%枝条数量的灌丛后 30cm 高度处风速恢复速度更快。

4.1.2 不同风速下四合木灌丛周围的风速加速率特征

4.1.2.1 6m/s 风速下灌丛周围的风速加速率特征

图 4-5 为 6m/s 风速时灌丛侧面与后方各测点的风速加速率。结果表明，3 个清除梯度的灌丛侧面风速加速率整体表现为 0%>25%>50%。50%枝条清除强度下灌丛在 20cm 以下各测点的风速相比对照处对应测点未形成加速趋势。未清除枝条（0%）和清除 25%枝条数量的灌丛侧面各高度测点的风速整体表现为加速趋势，特别是在 20～30cm 高度处各枝条清除水平下的灌丛侧面加速水平有明显提升。0%、25%和 50%清除水平的 30cm 高度处灌丛侧面风速加速率分别为 113.56%、110.90%和 105.57%。

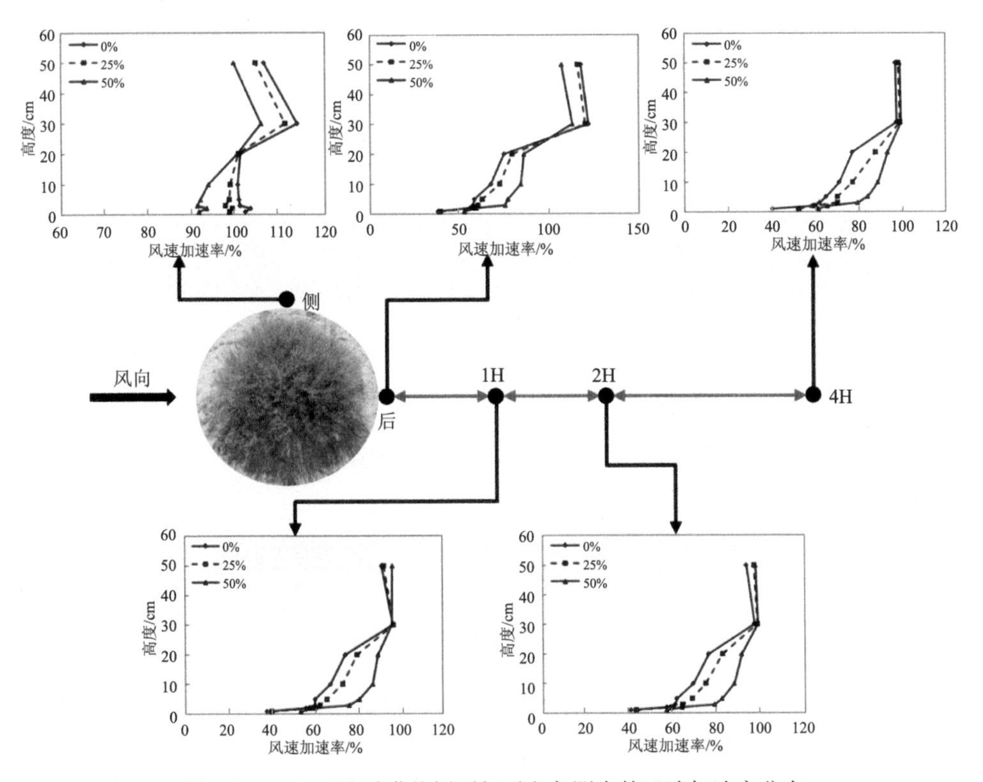

图 4-5 6m/s 风速时灌丛侧面与后方各测点的风速加速率分布

紧挨灌丛后侧的测点风速在 20cm 以下整体处于减速状态，不同清除强度在该范围内的风速加速率大小为 50%>25%>0%。在 30～50cm 高度处紧挨灌丛后风速呈现加速趋势，加速率大小关系为 0%>25%>50%。

灌丛后 1H、2H 和 4H 处的减速规律基本一致，且风速加速率均小于 100%，

3 个测点均处于减速状态。不同清除强度之间加速率的大小关系整体均表现为50%>25%>0%。随着测定高度增加至 30～50cm，灌丛后 1H、2H 和 4H 处的风速加速率趋近于 100%，减速强度逐渐减小。

4.1.2.2　8m/s 风速下灌丛周围的风速加速率特征

图 4-6 为 8m/s 风速时灌丛侧面与后方各测点的风速加速率。结果表明，3 个清除梯度的灌丛侧面风速加速率整体表现为 0%>25%>50%。50%枝条清除强度下灌丛在 20cm 以下各测点的风速相比对照处对应测点未形成加速趋势。未清除枝条（0%）和清除 25%枝条数量的灌丛侧面各高度测点的风速整体表现为加速趋势，在 20～30cm 高度处各枝条清除水平下的灌丛侧面加速水平有明显提升，特别是在 30cm 高度处 0%和 25%清除强度之间的加速率差异达到最大。0%、25%和 50%清除强度的 30cm 高度处灌丛侧面风速加速率分别为 114.23%、109.72%和107.01%。

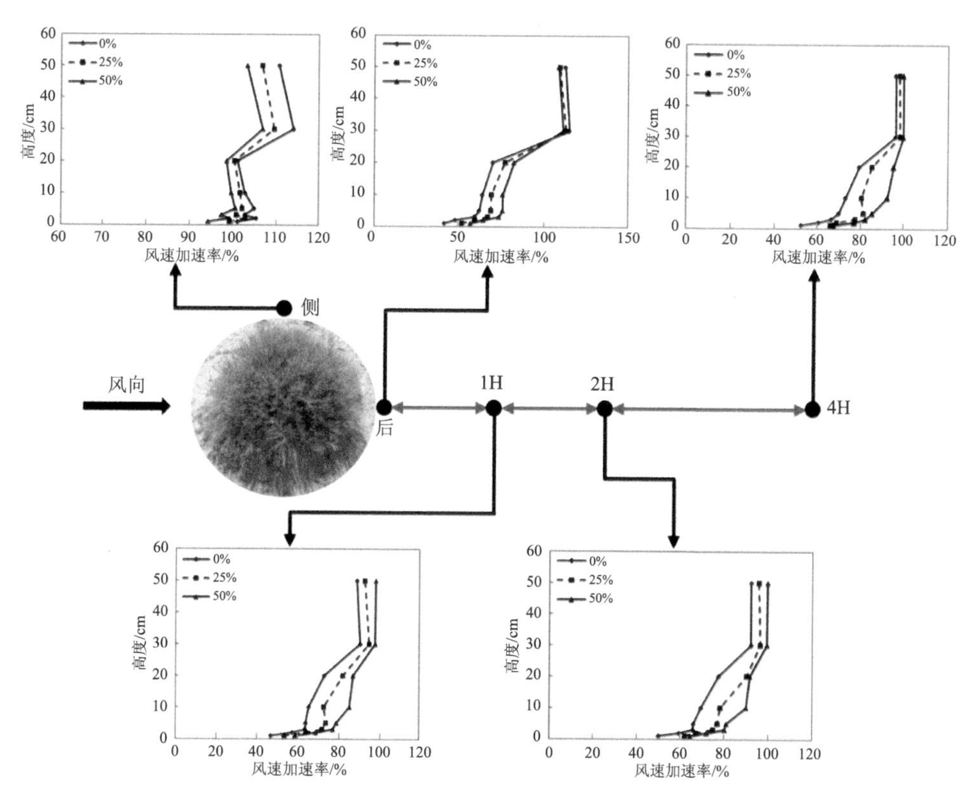

图 4-6　8m/s 风速时灌丛侧面与后方各测点的风速加速率分布

紧挨灌丛后侧的测点风速在 20cm 以下整体处于减速状态，不同清除强度在该范围内的风速加速率大小为 50%＞25%＞0%。在 30～50cm 高度处紧挨灌丛后同样呈现加速趋势，加速率大小关系为 0%＞25%＞50%。3 种清除强度之间的差异相比 6m/s 风速差异减小。灌丛后 1H、2H 和 4H 处测点的减速规律基本一致，该规律与 6m/s 风速时的对应测点减速变化规律基本一致。

灌丛后 1H、2H 和 4H 处的风速加速率均小于 100%，3 个测点均处于减速状态。不同清除强度之间加速率的大小关系整体均表现为 50%＞25%＞0%。随着测定高度增加至 30～50cm，灌丛后 1H、2H 和 4H 处的风速加速率趋近于 100%，减速强度逐渐减小。

4.1.2.3　10m/s 风速下灌丛周围的风速加速率特征

图 4-7 为 10m/s 风速时灌丛侧面与后方各测点的风速加速率。结果表明，3 个清除强度的灌丛侧面风速加速率整体表现为 0%＞25%＞50%。三者之间的差异相比其他风速梯度较小。50%枝条清除强度下灌丛在 20cm 以下各测点的风速相比对照处对应测点也未形成加速趋势。未清除枝条（0%）和清除 25%枝条数量的

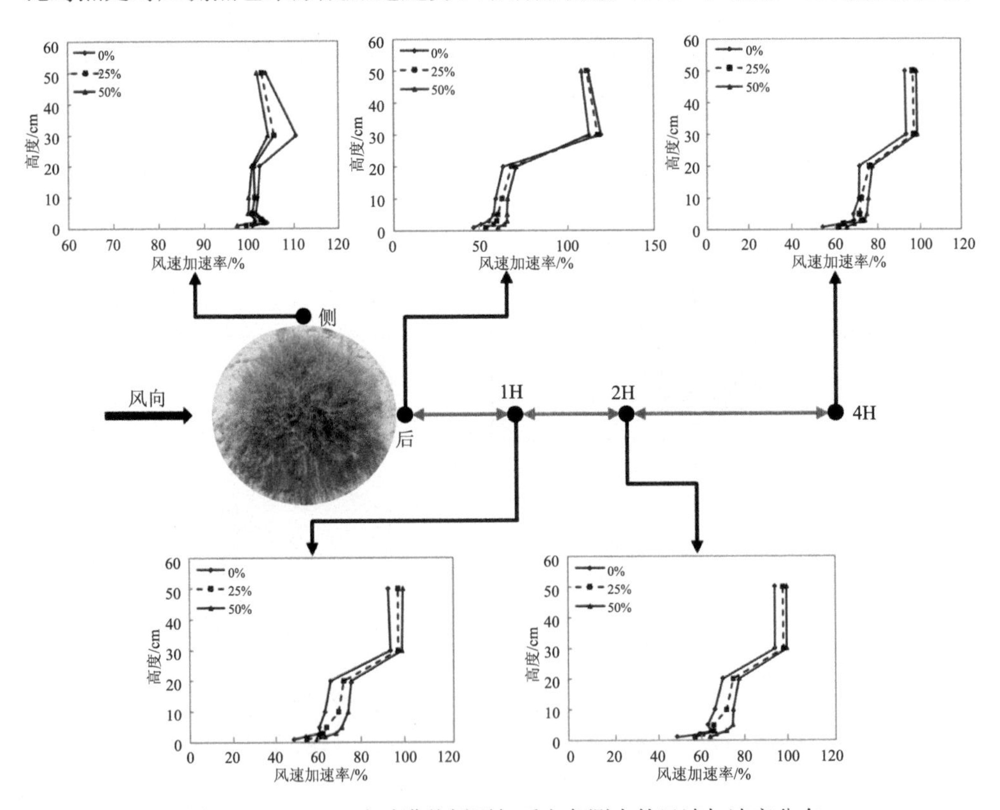

图 4-7　10m/s 风速时灌丛侧面与后方各测点的风速加速率分布

灌丛侧面各高度测点的风速整体表现为加速趋势，在 20～30cm 高度处各枝条清除强度下的灌丛侧面加速水平有明显提升，特别是在 30cm 高度处 0%和 25%清除强度之间的加速率差异同样为最大。0%、25%和 50%清除水平的 30cm 高度处灌丛侧面风速加速率分别为 110.57%、105.75%和 104.46%。

紧挨灌丛后侧的测点风速在 20cm 以下整体处于减速状态，不同枝条清除强度在该范围内的风速加速率大小为 50%＞25%＞0%。在 30～50cm 高度处紧挨灌丛后同样呈现加速趋势，加速率大小关系为 0%＞25%＞50%，相比于其他风速的模拟实验，该测点的 3 种清除强度之间的差异相比 8m/s 风速的差异明显减小。灌丛后 1H、2H 和 4H 处测点的减速规律基本一致，该规律与 8m/s 风速时的对应测点变化规律基本一致。

灌丛后 1H、2H 和 4H 处的风速加速率均小于 100%，3 个测点均处于减速状态。不同清除强度之间加速率的大小关系整体均表现为 50%＞25%＞0%。随着测定高度增加至 30～50cm，灌丛后 1H、2H 和 4H 处的风速加速率趋近于 100%，减速强度逐渐减小，3 种清除强度之间的风速加速率差异也逐渐减少。

4.1.2.4 12m/s 风速下灌丛周围的风速加速率特征

图 4-8 为 12m/s 风速时灌丛侧面与后方各测点的风速加速率。结果表明，3 个清除强度的灌丛侧面风速加速率整体表现为 0%＞25%＞50%。50%枝条清除强度下灌丛在 20cm 以下各测点的风速相比对照处对应测点也未形成加速趋势。未清除枝条和清除 25%枝条数量的灌丛侧面各高度测点的风速整体表现为加速趋势，在 20～30cm 高度处各枝条清除强度下的灌丛侧面加速水平有明显提升。50cm 高度处未清除和 25%清除强度之间的风速加速率差异同样为最大。25%和 50%清除强度之间的风速加速率差异较小。未清除、25%和 50%清除强度的 30cm 高度处灌丛侧面风速加速率分别为 111.91%、106.62%和 105.62%。

紧挨灌丛后侧的测点风速在 20cm 以下整体处于减速状态，不同枝条清除强度在该范围内的风速加速率大小为 50%＞25%＞0%。在 30～50cm 高度处紧挨灌丛后同样呈现加速趋势，加速率大小关系为 0%＞25%＞50%，相比其他风速，该测点的 3 种清除强度之间的差异明显减小。灌丛后 1H、2H 和 4H 处测点的减速规律基本一致，该规律与 10m/s 风速时的对应测点加速率变化规律基本一致。

灌丛后 1H、2H 和 4H 处的风速加速率均小于 100%，3 个测点均处于减速状态。不同清除强度之间加速率的大小关系整体上 1H、2H 表现为 50%＞25%＞0%，4H 表现为 25%＞50%＞0%。随着测定高度增加至 30～50cm，灌丛后 1H、2H 和 4H 处的风速加速率趋近于 100%，减速强度逐渐减小。随着与灌丛后侧距离的增加，25%和 50%清除强度之间的风速加速率差异逐渐减小。

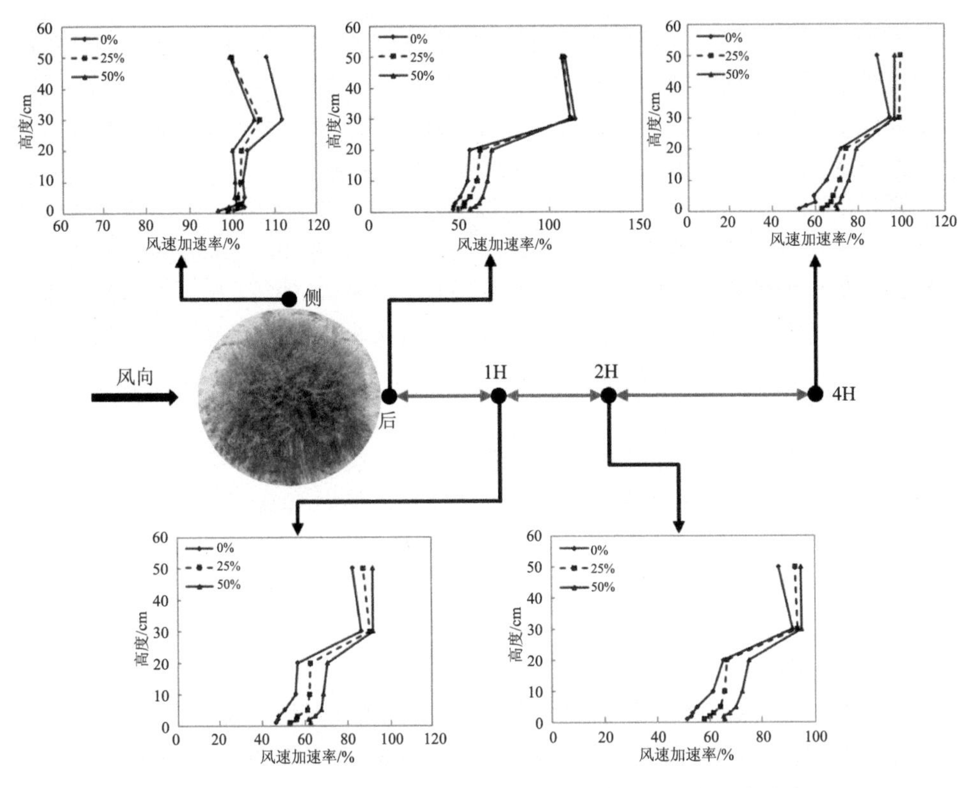

图 4-8　12m/s 风速时灌丛侧面与后方各测点的风速加速率分布

4.2　灌丛枝系构型对灌丛后输沙量再分配的影响

4.2.1　6m/s 风速下灌丛后输沙量的分布规律

图 4-9 为 6m/s 风速下不同枝条清除强度的灌丛后输沙量沿测定高度的分布。结果表明，灌丛后侧的输沙量整体表现为 CK（无灌丛下的输沙）＞50%＞25%＞0%，随着测定高度的增加，单位面积的输沙量整体呈现减少的趋势。其中未清除（0%）、清除 25%和清除 50%枝条数量的灌丛后的输沙总量分别占 CK 处输沙总量的 17.86%、35.43%和 58.30%。当测定高度接近 30cm 时，灌丛后输沙量基本趋于零。不同枝条清除强度之间 0～5cm 高度输沙量的差异较大，随着测定高度的增加输沙量之间的差异逐渐减小。由表 4-1 可知，灌丛后的输沙量随高度的变化趋势可用指数函数模型进行描述，且模型拟合效果较好（$P<0.001$），决定系数 R^2 均在 0.9 以上。灌丛枝条密度的变化直接影响了灌丛对风沙的拦蓄效果。

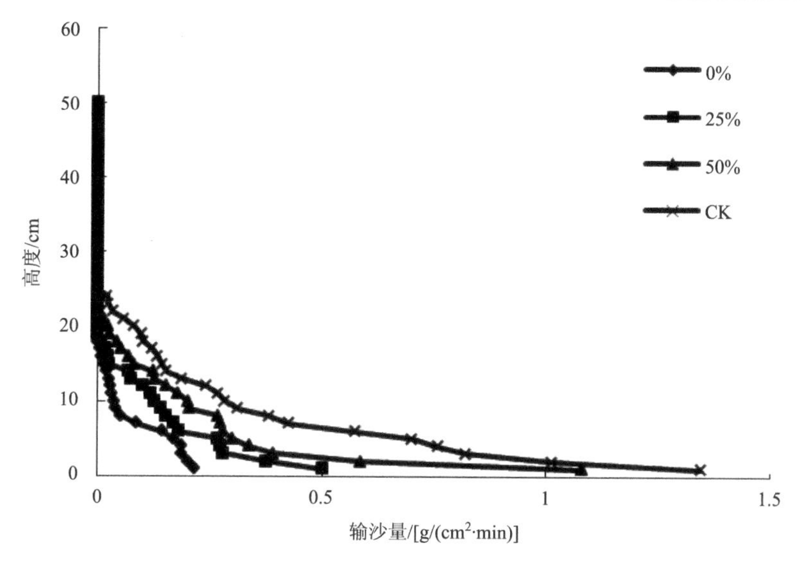

图 4-9 6m/s 风速下不同枝条清除强度下的灌丛后输沙量沿高度的分布

表 4-1 6m/s 风速下不同枝条清除强度的灌丛后输沙量沿高度变化的拟合关系

规格	模型	R^2	F	P
0%	Q= 0.3744e$^{-0.217H}$	0.9655	419.236	<0.001
25%	Q= 0.703e$^{-0.199H}$	0.9095	160.78	<0.001
50%	Q= 0.9375e$^{-0.172H}$	0.9495	357.58	<0.001
CK	Q= 1.4954e$^{-0.16H}$	0.9735	807.439	<0.001

注：Q 表示输沙量；H 表示测量高度；下同

4.2.2 8m/s 风速下灌丛后输沙量的分布规律

图 4-10 为 8m/s 风速下不同枝条清除强度的灌丛后输沙量沿测定高度的分布。结果表明，灌丛后侧的输沙量同样表现为 CK＞50%＞25%＞0%，随着测定高度的增加，单位面积的输沙量整体呈现减少的趋势。其中未清除（0%）、清除 25%和清除 50%枝条数量的灌丛后的输沙总量分别占 CK 处输沙总量的 15.78%、35.41%和 59.33%。当测定高度接近 30cm 时，灌丛后输沙量基本趋于零。不同枝条清除强度之间 0～5cm 高度输沙量的差异同样较大，随着测定高度的增加输沙量之间的差异逐渐减小。由表 4-2 可知，灌丛后的输沙量随高度的变化趋势可用指数函数模型进行描述，且模型拟合效果较好（P<0.001）。

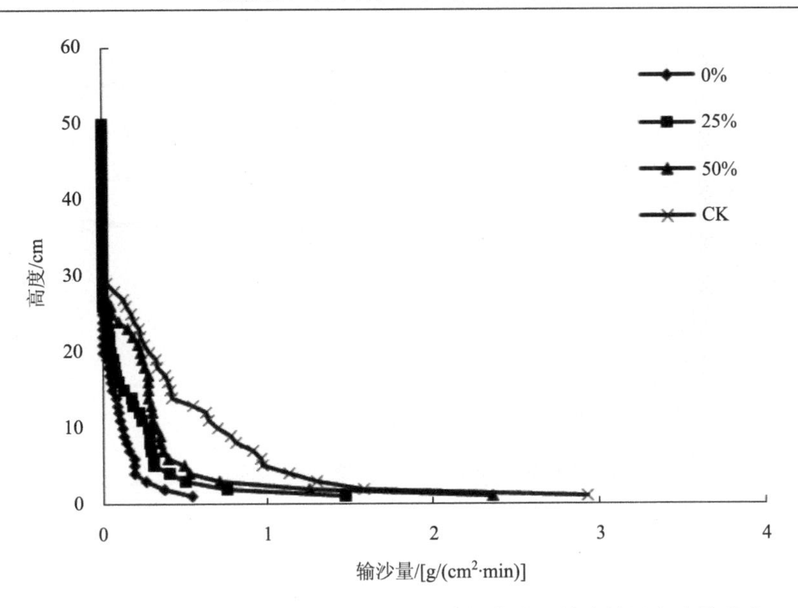

图 4-10　8m/s 风速下不同枝条清除强度下的灌丛后输沙量沿高度的分布

表 4-2　8m/s 风速下不同枝条清除强度的灌丛后输沙量沿高度变化的拟合关系

规格	模型	R^2	F	P
0%	$Q= 0.485e^{-0.153H}$	0.9577	384.916	<0.001
25%	$Q= 1.0519e^{-0.155H}$	0.9509	445.446	<0.001
50%	$Q= 1.1373e^{-0.105H}$	0.7955	97.292	<0.001
CK	$Q= 2.1929e^{-0.112H}$	0.9076	265.36	<0.001

4.2.3　10m/s 风速下灌丛后输沙量的分布规律

图 4-11 为 10m/s 风速下不同枝条清除强度的灌丛后输沙量沿测定高度的分布。结果表明，灌丛后侧的输沙量同样表现为 CK＞50%＞25%＞0%，随着测定高度的增加，单位面积的输沙量整体呈现减少的趋势。其中未清除（0%）、清除25%和清除 50%枝条数的灌丛后的输沙总量分别占 CK 处输沙总量的 28.46%、51.80%和 75.50%。不同枝条清除强度之间 0～5cm 高度输沙量的差异同样较大，随着测定高度的增加输沙量之间的差异逐渐减小。相比 6m/s 和 8m/s 风速下的输沙量，10m/s 风速下的 50%清除强度和 CK 处的差异较小。由表 4-3 可知，灌丛后的输沙量随高度的变化趋势可用指数函数模型进行描述，且模型拟合效果较好（P＜0.001）。

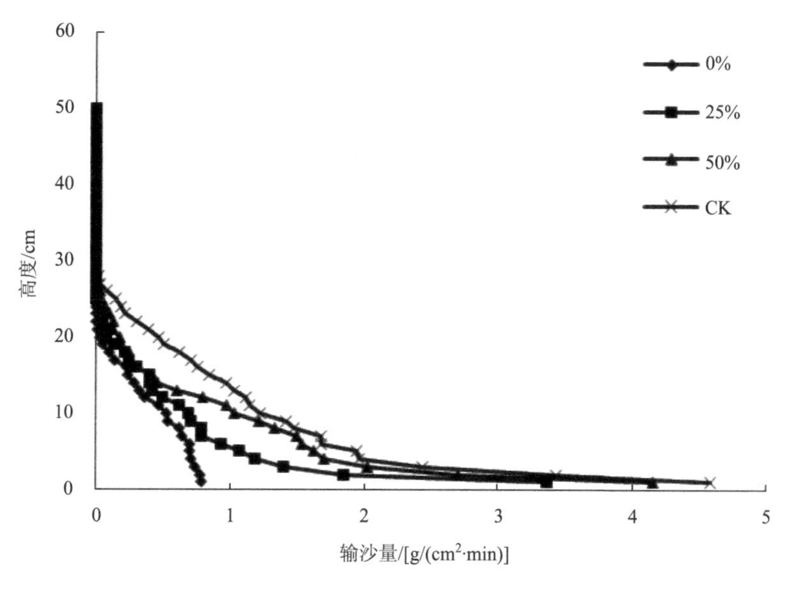

图 4-11 10m/s 风速下不同枝条清除强度下的灌丛后输沙量沿高度的分布

表 4-3 10m/s 风速下不同枝条清除强度的灌丛后输沙量沿高度变化的拟合关系

规格	模型	R^2	F	P
0%	Q= 1.8911e$^{-0.175H}$	0.7874	70.372	<0.001
25%	Q= 3.4837e$^{-0.182H}$	0.9245	269.224	<0.001
50%	Q= 5.125e$^{-0.181H}$	0.9676	746.73	<0.001
CK	Q= 5.6368e$^{-0.151H}$	0.8689	172.336	<0.001

4.2.4 12m/s 风速下灌丛后输沙量的分布规律

图 4-12 为 12m/s 风速下不同枝条清除强度的灌丛后输沙量沿测定高度的分布。结果表明，灌丛后侧的输沙量同样表现为 CK>50%>25%>0%，随着测定高度的增加，单位面积的输沙量整体呈现减少的趋势。其中未清除（0%）、清除25%和清除 50%枝条数的灌丛后的输沙总量分别占 CK 处输沙总量的 26.52%、59.61%和 88.35%。不同枝条清除强度之间 0～5cm 高度的输沙量的差异同样较大，随着测定高度的增加输沙量之间的差异逐渐减小。12m/s 风速下的 50%清除强度和 CK 处的差异较小。由表 4-4 可知，灌丛后的输沙量随高度的变化趋势可用指数函数模型进行描述，且模型拟合效果较好（P<0.001）。

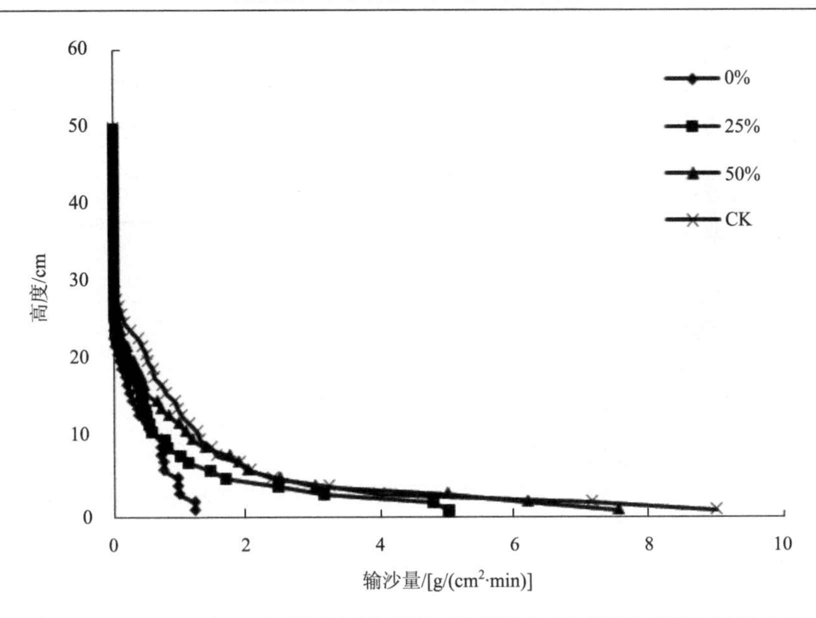

图 4-12　12m/s 风速下不同枝条清除强度下的灌丛沙堆后输沙量沿高度的分布

表 4-4　12m/s 风速下不同枝条清除强度的灌丛后输沙量沿高度变化的拟合关系

规格	模型	R^2	F	P
0%	$Q=2.1979e^{-0.158H}$	0.8776	143.378	<0.001
25%	$Q=6.0507e^{-0.2H}$	0.9211	268.627	<0.001
50%	$Q=8.8661e^{-0.194H}$	0.9538	516.221	<0.001
CK	$Q=7.7882e^{-0.16H}$	0.9009	245.406	<0.001

4.3　灌丛枝系构型对沙堆表层沉积物粒度特征的影响

4.3.1　大白刺构型的集沙粒径组成

图 4-13 和图 4-14 分别为不同阶梯式集沙仪层数下对照组和半球形大白刺沙堆表层沉积物的粒级百分含量。由图可知，粒径在 250～500μm 的中砂含量最高，其次是 100～250μm 粒径的细砂，其他粒级的含量较少。其中，中砂和细砂的粒级百分含量高达 90%以上，而黏粒的含量最少，变化幅度在 0.01%～0.05%。相较于对照组而言，半球形大白刺的沉积物粒级组分含量变化较小，同时不同株行距和风速下的沉积物粒级百分含量变化微弱，说明不同株行距和风速下半球形大白刺对沉积物粒级组分百分含量影响较小。不同集沙仪高度下各沉积物粒级组分含量无明显变化趋势。

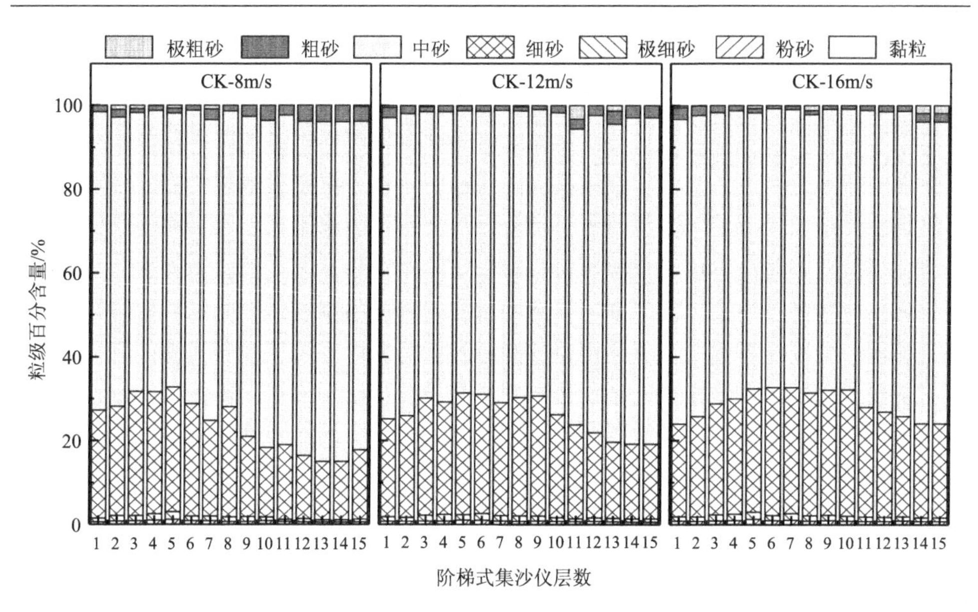

图 4-13 对照组集沙仪内粒级百分含量

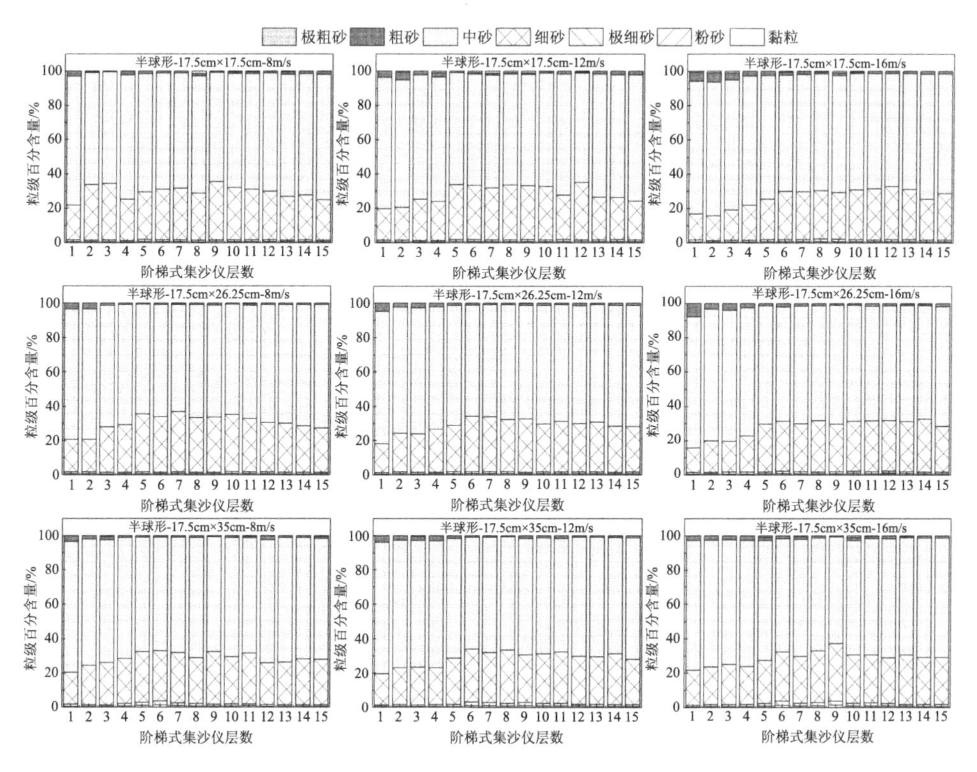

图 4-14 半球形大白刺沙堆表层沉积物的粒级百分含量

图 4-15 和图 4-16 分别为不同阶梯式集沙仪层数下纺锤形和扫帚形大白刺的粒级百分含量。同样，粒径在 250～500μm 的中砂含量最高，其次是 100～250μm 粒径的细砂，而粒径＜2μm 的黏粒含量最少。中砂和细砂的粒经百分含量高达 90%以上。随着集沙仪高度的增加，不同株行距和风速下各沉积物粒级组分含量无明显变化规律。相较于扫帚形大白刺而言，纺锤形大白刺的粒径在 1000～2000μm 的极粗砂和粒径在 500～1000μm 的粗砂含量略多。17.5cm×35cm 株行距下 2cm 集沙仪高度处的沉积物粒级组分含量与其他高度处的变化规律明显不同。各大白刺构型下不同株行距和风速条件下的粒级平均含量基本一致。其中，中砂的平均含量最高，其次是细砂，而黏粒、粉砂、极细砂、粗砂、极粗砂的平均含量相差不多（图 4-17）。

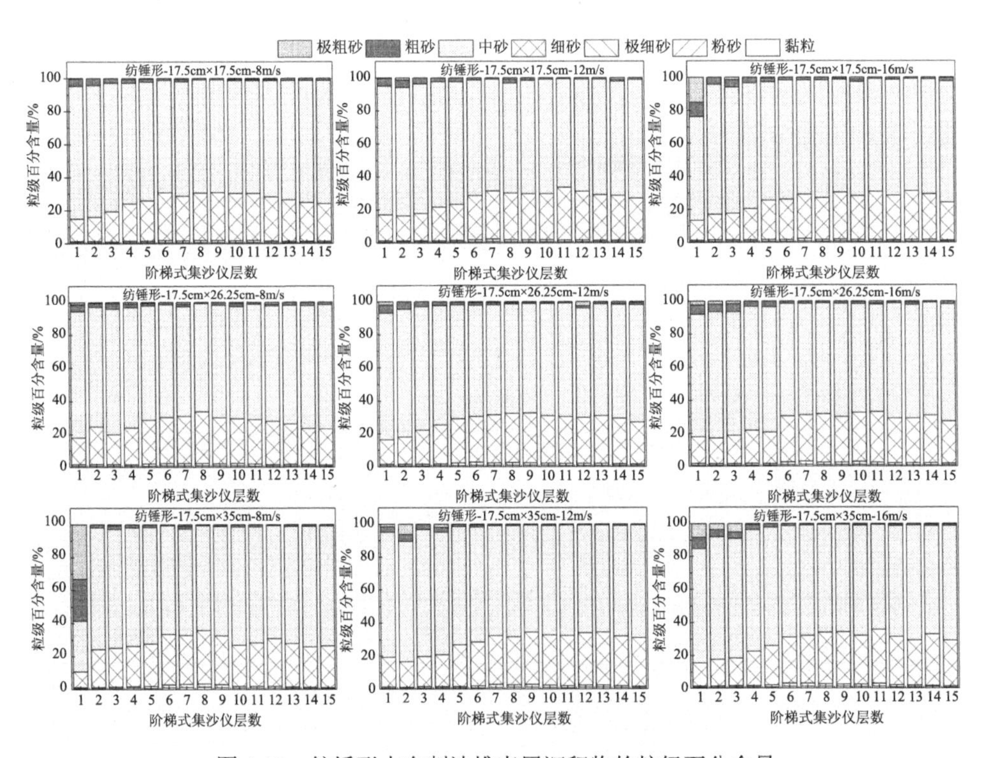

图 4-15　纺锤形大白刺沙堆表层沉积物的粒级百分含量

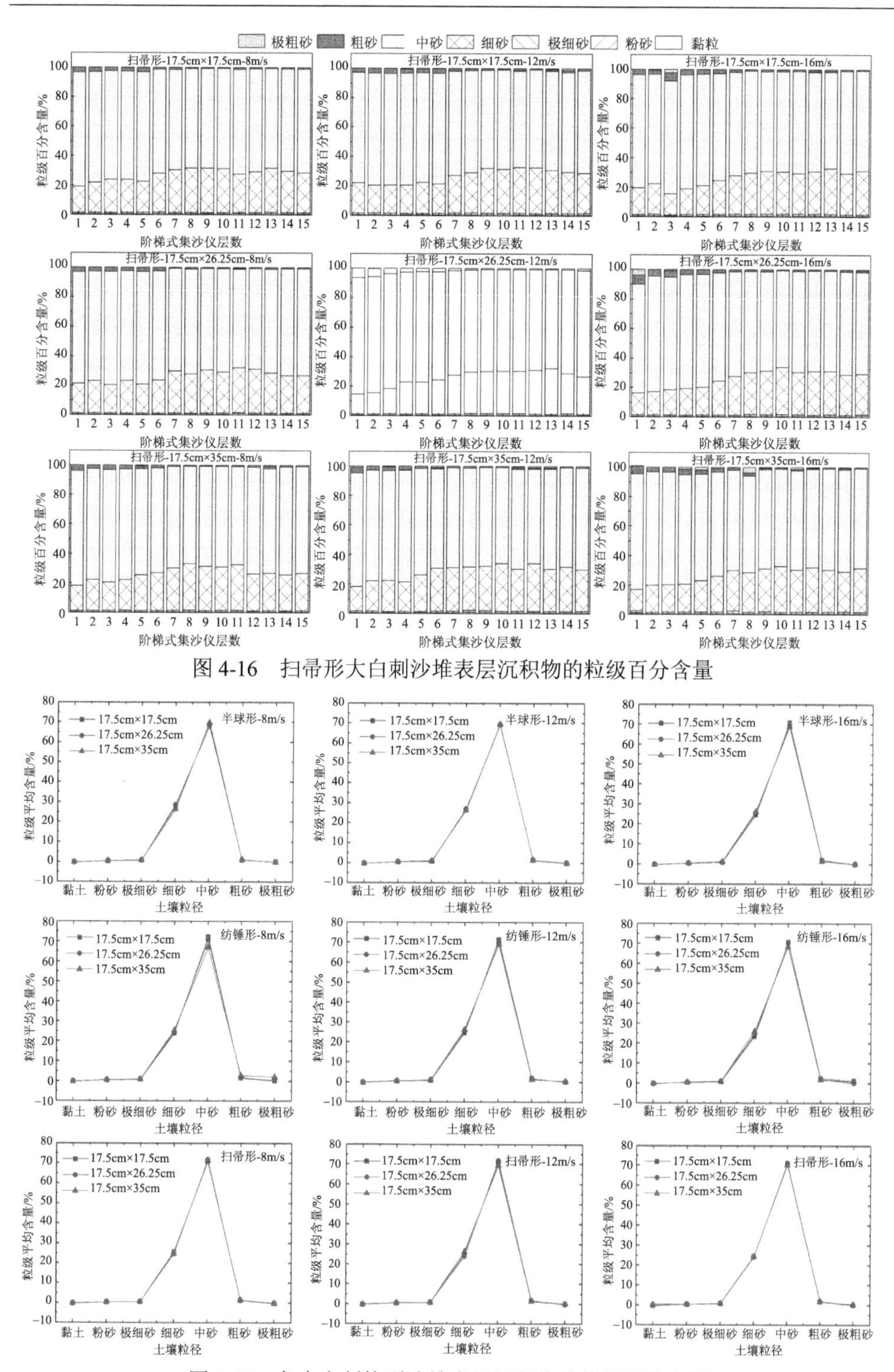

图 4-16　扫帚形大白刺沙堆表层沉积物的粒级百分含量

图 4-17　各大白刺构型沙堆表层沉积物的粒级平均含量

4.3.2　大白刺构型的分形维数特征

表 4-5 为不同阶梯式集沙仪层数下大白刺构型的分形维数（D）和 R^2 值。各株行距和风速下各大白刺构型的分形维数均低于 CK，而 R^2 值却高于 CK。各大白刺构型的 R^2 值基本都在 0.80 以上，接近于 1，说明拟合效果较好，而 CK 的 R^2 平均值介于 0.24～0.36 之间，说明拟合效果较差。不同风速和株行距内各大白刺构型的分形维数和 R^2 值无明显变化趋势。由此说明，大白刺可以降低土壤分形维数，并提高 R^2 值，但是大白刺构型、风速及株行距对分形维数和 R^2 值无明显影响。

表 4-5　不同大白刺构型的分形维数（*D*）和 R^2 值

变量	参数	1	2	3	4	5	6	7	8	9	10	11	12	13	14	15	平均值
CK-8m/s	D	2.37	2.23	2.22	2.76	2.10	2.29	2.56	2.05	2.53	2.45	2.51	1.53	2.14	2.14	2.60	2.30
	R^2	0.22	0.47	0.43	0.04	0.47	0.41	0.24	0.53	0.27	0.18	0.26	0.68	0.55	0.55	0.14	0.36
CK-12m/s	D	2.58	2.28	2.25	2.76	2.43	2.58	2.58	2.32	2.58	2.55	2.53	2.53	2.19	2.51	2.51	2.48
	R^2	0.19	0.32	0.37	0.04	0.20	0.21	0.20	0.39	0.19	0.23	0.25	0.26	0.51	0.27	0.27	0.26
CK-16m/s	D	2.52	2.48	2.50	2.50	2.53	2.53	2.57	2.58	2.55	2.57	2.56	2.57	2.58	2.55	2.55	2.54
	R^2	0.25	0.30	0.29	0.28	0.26	0.24	0.22	0.20	0.23	0.20	0.21	0.20	0.20	0.23	0.22	0.24
半球形（8m/s）	D	1.58	1.87	1.95	1.70	1.84	1.84	2.11	1.64	2.11	1.73	2.09	1.74	1.72	1.81	2.09	1.85
17.5cm×17.5cm	R^2	0.94	0.90	0.88	0.93	0.92	0.92	0.76	0.94	0.80	0.93	0.78	0.93	0.93	0.92	0.78	0.88
半球形（12m/s）	D	1.67	2.07	2.08	1.67	2.12	2.11	2.12	2.10	1.77	2.10	2.11	2.11	2.10	2.11	2.10	2.02
17.5cm×17.5cm	R^2	0.94	0.77	0.77	0.78	0.81	0.80	0.81	0.79	0.92	0.79	0.81	0.80	0.80	0.81	0.80	0.81
半球形（16m/s）	D	1.58	1.87	1.95	1.70	1.84	2.11	2.12	2.11	2.11	1.78	2.11	2.11	2.11	2.10	2.10	1.98
17.5cm×17.5cm	R^2	0.94	0.90	0.88	0.93	0.92	0.81	0.81	0.81	0.81	0.92	0.80	0.80	0.80	0.80	0.79	0.85
半球形（8m/s）	D	1.75	2.10	2.09	2.09	2.10	2.10	2.12	2.10	2.10	2.10	2.10	2.10	2.09	2.08	2.10	2.08
17.5cm×26.25cm	R^2	0.93	0.80	0.78	0.78	0.79	0.79	0.81	0.79	0.78	0.79	0.79	0.79	0.78	0.77	0.80	0.80
半球形（12m/s）	D	2.08	2.10	2.09	1.81	1.61	2.12	1.48	2.11	2.09	2.10	1.64	1.59	2.10	2.09	2.10	1.94
17.5cm×26.25cm	R^2	0.77	0.79	0.79	0.92	0.93	0.81	0.92	0.81	0.78	0.79	0.93	0.93	0.79	0.93	0.79	0.84

续表

变量	参数	1	2	3	4	5	6	7	8	9	10	11	12	13	14	15	平均值
半球形（16m/s）	D	2.08	2.09	2.08	2.09	2.10	2.11	2.12	2.10	2.10	2.13	1.35	2.09	2.09	1.65	2.10	2.02
17.5cm×26.25cm	R^2	0.78	0.79	0.78	0.79	0.79	0.81	0.82	0.79	0.80	0.82	0.91	0.87	0.79	0.93	0.79	0.82
半球形（8m/s）	D	2.09	2.09	2.09	2.11	2.13	2.15	2.13	2.11	2.10	2.11	1.41	1.55	2.10	2.09	2.10	2.02
17.5cm×35cm	R^2	0.79	0.79	0.78	0.81	0.84	0.86	0.83	0.81	0.79	0.80	0.92	0.93	0.79	0.79	0.79	0.82
半球形（12m/s）	D	2.09	2.10	2.09	2.10	2.11	0.86	2.13	2.12	2.14	2.12	2.12	2.11	2.11	2.10	2.10	2.03
17.5cm×35cm	R^2	0.79	0.79	0.78	0.80	0.80	0.84	0.84	0.82	0.84	0.82	0.82	0.81	0.80	0.80	0.80	0.81
半球形（16m/s）	D	2.08	2.10	2.10	2.10	2.12	2.15	2.13	2.14	2.16	2.13	2.13	2.12	2.11	2.11	2.11	2.12
17.5cm×35cm	R^2	0.77	0.80	0.80	0.80	0.83	0.86	0.83	0.85	0.86	0.83	0.83	0.82	0.81	0.80	0.80	0.82
纺锤形（8m/s）	D	1.75	2.07	2.08	1.62	2.09	2.10	2.12	2.11	2.11	1.74	2.10	2.09	2.08	2.09	2.08	2.02
17.5cm×17.5cm	R^2	0.93	0.77	0.77	0.94	0.79	0.80	0.81	0.80	0.80	0.93	0.80	0.78	0.77	0.78	0.77	0.82
纺锤形（12m/s）	D	2.08	2.09	2.09	2.08	2.09	2.10	2.13	2.11	2.10	2.10	2.11	2.10	2.10	2.09	2.10	2.10
17.5cm×17.5cm	R^2	0.78	0.79	0.79	0.77	0.79	0.80	0.82	0.80	0.80	0.80	0.79	0.79	0.79	0.78	0.79	0.79
纺锤形（16m/s）	D	1.80	2.09	2.09	2.09	2.10	2.10	2.13	2.10	2.11	2.10	2.10	2.09	2.10	2.10	2.09	2.08
17.5cm×17.5cm	R^2	0.93	0.79	0.79	0.79	0.80	0.79	0.83	0.80	0.81	0.80	0.79	0.78	0.79	0.79	0.78	0.80
纺锤形（8m/s）	D	1.83	2.10	2.09	2.09	2.11	2.12	2.13	2.11	2.11	2.10	2.10	2.09	2.10	2.09	2.10	2.09
17.5cm×26.25cm	R^2	0.92	0.80	0.80	0.79	0.81	0.82	0.82	0.80	0.81	0.80	0.80	0.79	0.80	0.79	0.79	0.81
纺锤形（12m/s）	D	1.81	2.08	0.85	1.73	2.11	1.70	2.12	1.40	1.31	1.72	1.42	1.69	1.50	1.30	1.59	1.62
17.5cm×26.25cm	R^2	0.93	0.78	0.88	0.93	0.82	0.93	0.82	0.91	0.90	0.93	0.92	0.93	0.93	0.91	0.93	0.90

续表

变量	参数	1	2	3	4	5	6	7	8	9	10	11	12	13	14	15	平均值
纺锤形（16m/s）	D	1.70	2.08	2.08	2.09	2.08	2.12	2.14	2.12	2.12	2.13	2.13	2.11	2.11	2.10	2.10	2.08
17.5cm×26.25cm	R^2	0.94	0.78	0.78	0.79	0.78	0.82	0.85	0.82	0.82	0.83	0.82	0.81	0.81	0.79	0.79	0.82
纺锤形（8m/s）	D	1.97	2.09	2.10	2.11	1.62	2.14	2.15	2.16	1.80	2.11	2.11	2.11	2.10	2.10	2.10	2.05
17.5cm×35cm	R^2	0.92	0.78	0.79	0.81	0.93	0.84	0.86	0.86	0.93	0.81	0.81	0.81	0.79	0.78	0.79	0.83
纺锤形（12m/s）	D	1.69	2.10	2.09	1.86	2.10	2.14	2.13	1.84	2.14	1.71	2.11	2.13	1.79	1.74	2.10	1.98
17.5cm×35cm	R^2	0.93	0.92	0.79	0.91	0.79	0.80	0.83	0.93	0.84	0.93	0.80	0.82	0.93	0.93	0.78	0.86
纺锤形（16m/s）	D	1.90	1.57	1.60	1.78	2.11	1.80	2.13	2.13	1.65	2.12	2.14	2.11	2.10	2.11	1.49	1.92
17.5cm×35cm	R^2	0.91	0.94	0.94	0.93	0.81	0.94	0.84	0.83	0.93	0.82	0.84	0.80	0.79	0.79	0.93	0.87
扫帚形（8m/s）	D	2.09	1.77	1.65	1.72	2.09	2.11	1.52	2.10	2.10	2.10	1.78	2.09	2.11	2.09	2.08	1.96
17.5cm×17.5cm	R^2	0.78	0.92	0.93	0.93	0.78	0.80	0.93	0.79	0.78	0.79	0.92	0.79	0.80	0.78	0.77	0.83
扫帚形（12m/s）	D	2.08	2.10	2.09	2.08	2.09	2.08	2.10	2.11	2.11	2.11	2.10	2.10	2.11	2.09	2.10	2.10
17.5cm×17.5cm	R^2	0.77	0.80	0.79	0.77	0.78	0.78	0.79	0.80	0.80	0.80	0.79	0.79	0.80	0.78	0.79	0.79
扫帚形（16m/s）	D	2.08	2.11	1.61	2.08	2.09	2.11	2.10	2.10	1.74	2.11	2.11	2.11	1.77	2.08	2.10	2.02
17.5cm×17.5cm	R^2	0.78	0.80	0.94	0.78	0.79	0.81	0.79	0.79	0.93	0.81	0.81	0.81	0.93	0.77	0.79	0.82
扫帚形（8m/s）	D	2.07	2.08	2.08	2.09	1.78	2.08	2.10	2.11	2.09	2.11	0.89	0.91	2.10	2.09	2.10	1.91
17.5cm×26.25cm	R^2	0.76	0.78	0.77	0.78	0.92	0.77	0.79	0.80	0.78	0.80	0.80	0.78	0.79	0.78	0.79	0.79
扫帚形（12m/s）	D	2.06	2.07	1.73	1.79	2.08	1.67	2.09	1.78	2.10	2.10	1.84	2.09	1.37	2.10	2.09	1.93
17.5cm×26.25cm	R^2	0.76	0.77	0.93	0.92	0.77	0.93	0.78	0.92	0.79	0.79	0.91	0.78	0.92	0.80	0.78	0.84

续表

变量	参数	1	2	3	4	5	6	7	8	9	10	11	12	13	14	15	平均值
扫帚形（16m/s）	D	1.70	2.09	2.08	2.07	2.08	2.08	2.09	2.10	2.10	2.11	2.10	2.10	2.09	2.08	2.12	2.07
17.5cm×26.25cm	R^2	0.94	0.78	0.79	0.77	0.78	0.77	0.78	0.79	0.79	0.80	0.79	0.78	0.78	0.77	0.81	0.80
扫帚形（8m/s）	D	1.60	2.09	2.09	2.11	1.70	2.10	2.10	2.11	2.09	2.10	2.11	2.09	2.10	2.09	2.12	2.04
17.5cm×35cm	R^2	0.94	0.79	0.79	0.81	0.93	0.79	0.79	0.80	0.78	0.80	0.79	0.78	0.79	0.78	0.81	0.81
扫帚形（12m/s）	D	1.81	1.86	2.09	2.09	2.09	2.10	2.10	2.13	2.12	2.12	2.11	2.12	1.75	2.11	2.12	2.05
17.5cm×35cm	R^2	0.93	0.91	0.78	0.79	0.78	0.79	0.79	0.93	0.82	0.81	0.81	0.81	0.93	0.80	0.81	0.83
扫帚形（16m/s）	D	2.08	2.09	1.54	1.79	2.11	2.11	2.13	2.11	1.72	2.11	2.10	2.11	2.11	2.12	2.11	2.02
17.5cm×35cm	R^2	0.78	0.78	0.94	0.93	0.82	0.81	0.83	0.80	0.93	0.80	0.80	0.80	0.80	0.82	0.80	0.83

4.4 灌丛枝系构型对地表蚀积的影响

通过测钎法对不同风速情况下的各枝条清除强度的四合木灌丛下土壤的蚀积特征进行量化分析，结果如图 4-18 所示，通过插值法对地表的蚀积状态进行可视化后发现，在风速为 6m/s 时，未清除枝条（0%）灌丛正下方的地表形成堆积，中间堆积最大高度为 0.3cm。灌丛后侧整体影响较小。清除 25%枝条数的四合木灌丛底部的前腰部分开始出现风蚀坑，在灌丛后的较远距离处开始出现堆积。清除 50%枝条数后的四合木灌丛下的风蚀坑深度开始减小，从灌丛后腰开始发生堆积，并且堆积量向后逐渐增加。由此可知，当风速为 6m/s 时，随着灌丛枝条数量的减少，灌丛下的堆积水平降低，在灌丛后一定距离会产生一定堆积，而高密度枝条灌丛下会形成小型沙堆。

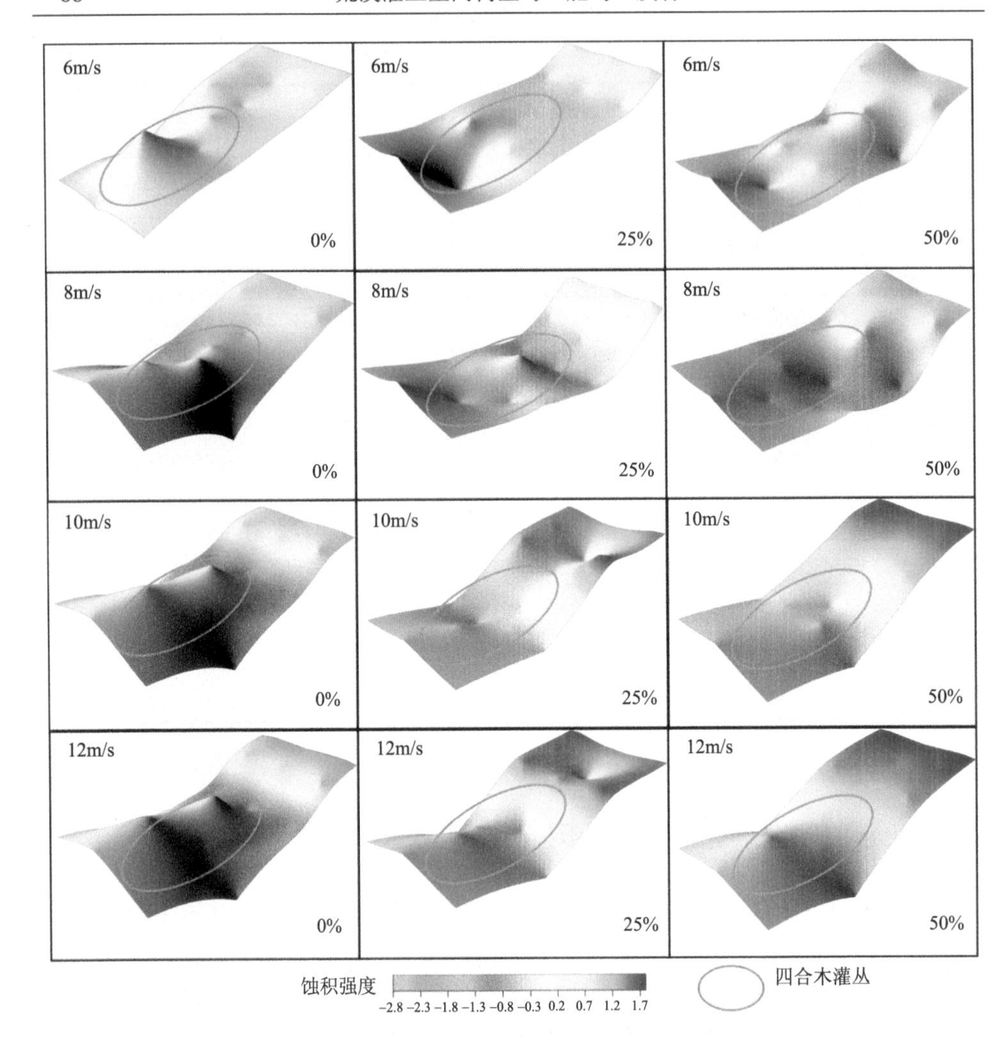

图 4-18　不同枝条密度对灌丛下地表蚀积特征的影响

当风速为 8m/s 时，未清除枝条（0%）灌丛下的前腰和后腰均呈现不同程度的堆积，随着枝条密度的下降，灌丛下的堆积程度逐渐降低，并逐渐在灌丛后面一段距离形成堆积效果。由此可知，在 8m/s 风速条件下，高密度枝条灌丛下同样更易形成沙堆，相比 6m/s 风速强度，该风速的灌丛下所形成的沙堆呈现出更加均匀的特征，体量也有所增加。

当风速为 10m/s 时，未清除枝条（0%）灌丛下的各个位置均呈现不同程度的堆积，相比 6m/s 和 8m/s 时的沙粒堆积量更大。随着枝条密度的下降，灌丛下的沙粒堆积量明显减少，灌丛后一段距离会产生沙粒的堆积。该规律与风速 8m/s 时的蚀积规律基本一致。由此可知，在 10m/s 风速条件下，高密度枝条灌丛下可以形成更大的沙堆。

当风速为 12m/s 时，未清除枝条（0%）灌丛下的各个位置同样呈现不同程度的堆积，相比 6m/s、8m/s 和 10m/s 风速时的沙粒堆积量更大。与前几个风速梯度不同的是，随着枝条密度的下降，灌丛下的沙粒也会形成一定堆积，在灌丛后一段距离同样会产生沙粒的堆积。由此可知，在 12m/s 风速条件下，高密度枝条灌丛下可以形成更大的沙堆。

研究发现，在风速为 10m/s 和 12m/s 时，枝条清除强度为 25%和 50%的灌丛后的沉积物高度整体抬高，但各测点之间并没有明显的变化。也未形成有效的沙堆，只在灌丛后一定距离形成了沙床表面的抬升。

图 4-19 为不同枝条清除强度下各风速对灌丛下地表蚀积影响的剖面示意图，结果表明，在未清除枝条（0%）的情况下，随着洞内风速的增加，四合木灌丛下的沙堆体量逐渐增加，风速 6～12m/s 灌丛下沉积物堆积量高度较沙床高度分别增

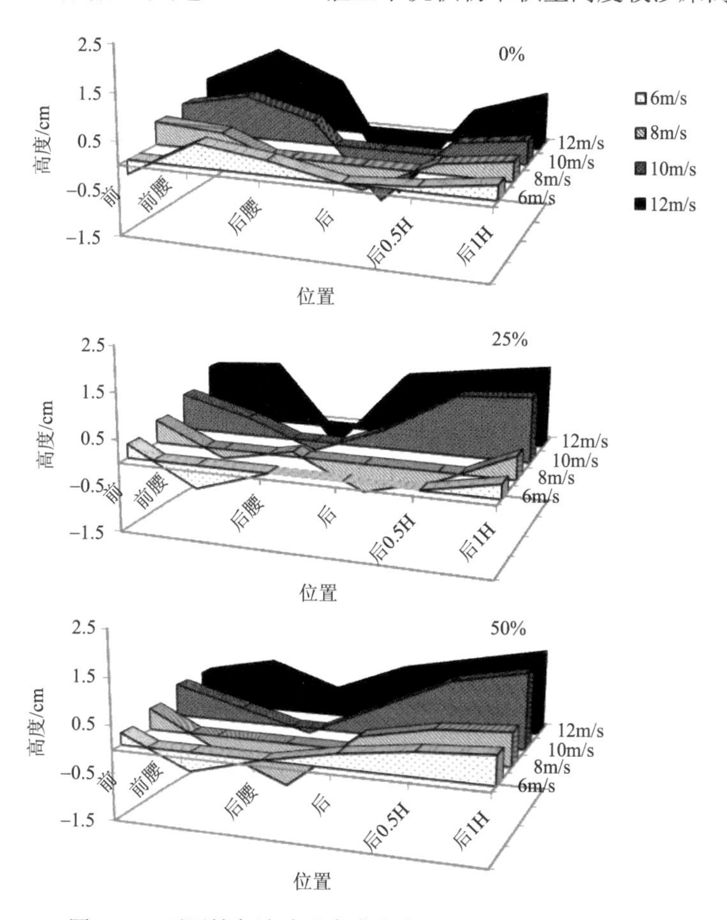

图 4-19　不同枝条清除强度灌丛吹蚀后的地表蚀积剖面图

加了 8%、10%、18%和 32%，灌丛后 1H 处所形成的沙堆体积逐渐增加。在清除 25%的枝条数后，随着风速的增加，同样表现为灌丛下沙堆体积的不断增加，风速 6～12m/s 灌丛下沉积物堆积量高度较沙床高度分别增加了 6%、10%、16%和 26%，同时，灌丛后 1H 的沙堆体量也逐渐增加。在清除 50%的枝条数后，灌丛下及无灌丛覆盖处的土壤呈现出与清除 25%枝条数后的灌丛相同的蚀积规律，风速 6～12m/s 灌丛下沉积物堆积量高度较沙床高度分别增加了 5%、9%、14%和 20%。总而言之，随着灌丛枝条密度的增加，灌丛下的沉积物堆积效果逐渐增强。该结论进一步证实灌丛枝条对风沙流的拦蓄作用是沙堆形成的主要因素。

4.5 人工调控荒漠灌丛构型对沙堆表面沙粒度参数和集沙量的影响

4.5.1 不同大白刺构型的集沙粒度参数特征

4.5.1.1 半球形大白刺的集沙粒度参数

图 4-20 和图 4-21 分别为不同阶梯式集沙仪层数下对照和半球形大白刺的集沙粒度参数特征。与对照组相比，8m/s 条件下 17.5cm×17.5cm 和 17.5cm×35cm 株行距内半球形大白刺的标准偏差和平均粒径变化相对平稳，说明该风速和株行距下集沙粒度的分布比较均匀；而 17.5cm×26.25cm 株行距内的平均粒径基本呈现先升高后下降的变化趋势，与对照组相比变化幅度较大。同时，不同风速条件下 17.5cm×35cm 株行距内半球形大白刺的标准偏差和平均粒径变化趋势平缓，

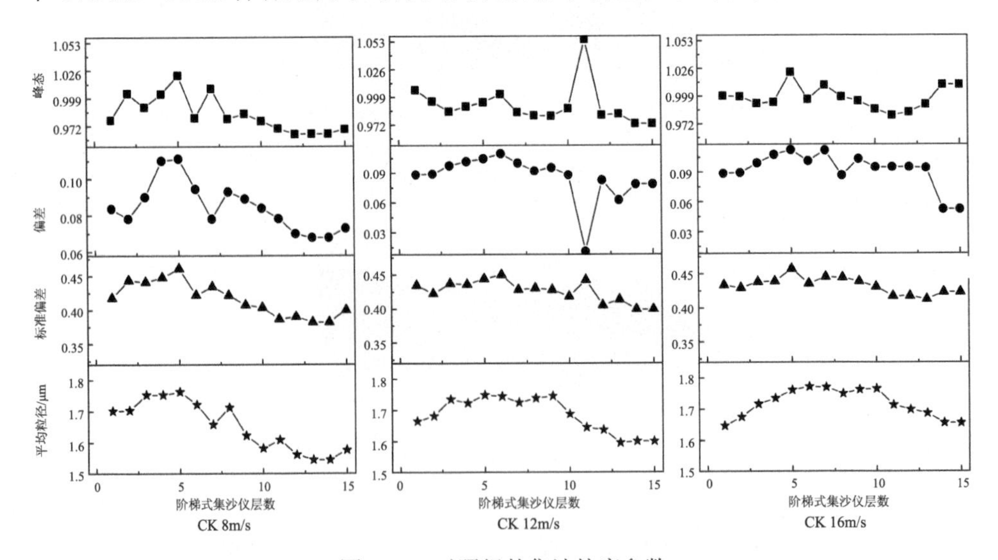

图 4-20　对照组的集沙粒度参数

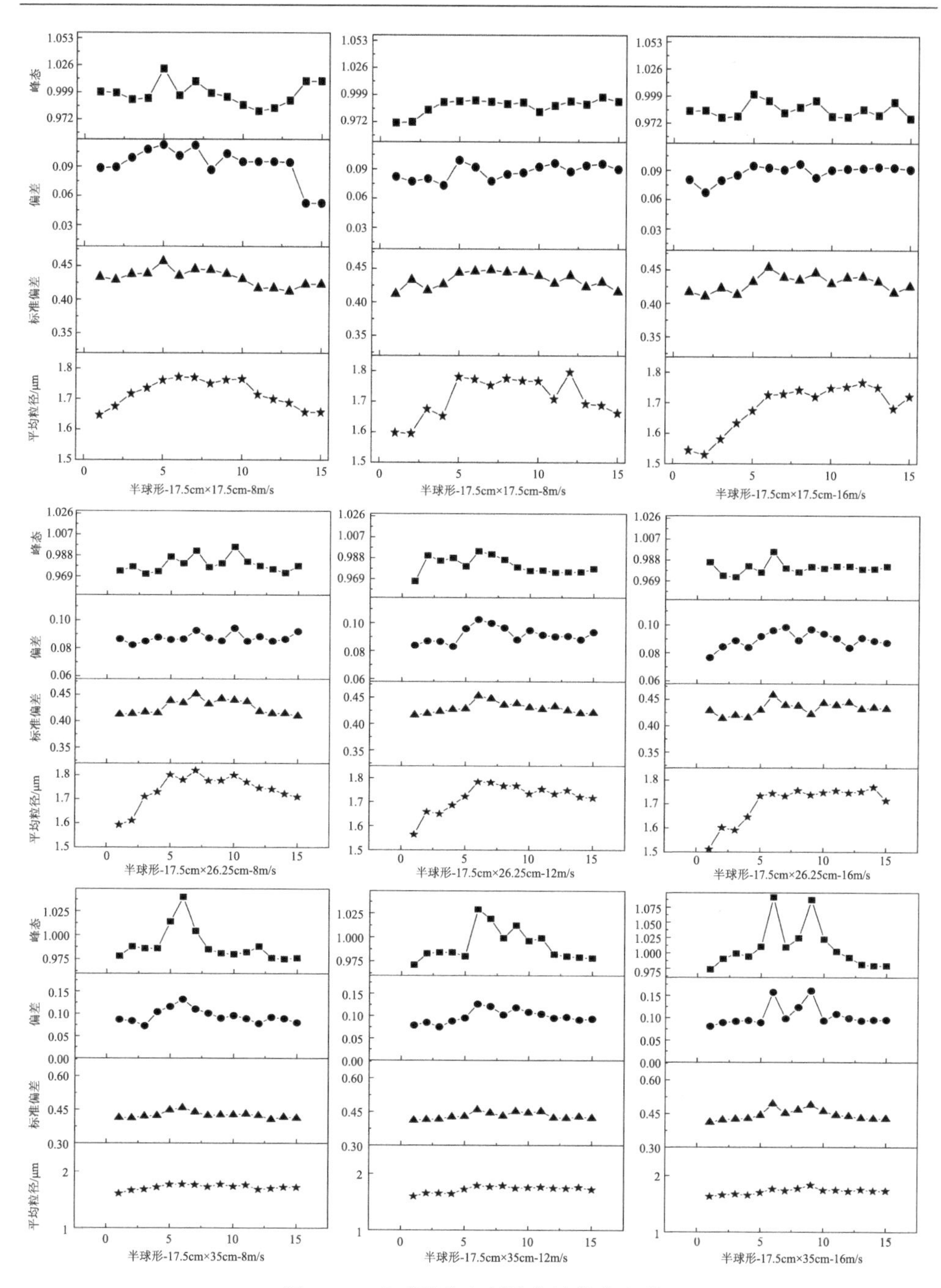

图 4-21 半球形大白刺的集沙粒度参数

说明集沙粒度的分布均一且集中。风速对 17.5cm×26.25cm 株行距内的偏差影响较小，但是 16m/s 风速条件下 17.5cm×35cm 株行距内半球形大白刺的偏差出现两个峰值，均约为 0.17。相比之下，17.5cm×35cm 株行距内的峰态变化趋势较大。而不同风速条件下 17.5cm×26.25cm 株行距内集沙粒度参数变化趋势较为平稳。

4.5.1.2　扫帚形大白刺的集沙粒度参数

图 4-22 为扫帚形大白刺的集沙粒度参数特征。不同风速条件下 17.5cm×17.5cm 和 17.5cm×35cm 株行距内峰态的变化趋势相对平稳，而 17.5cm×26.25cm 株行距内 16m/s 下的峰态变化趋势较大，从 1.08 迅速下降到 0.62～0.69，此时的偏差却从负偏差迅速上升至正偏差，说明该株行距和风速条件下扫帚形大白刺对集沙粒度具有较好的筛选作用，集沙粒度直接从粗颗粒过渡到细颗粒物质。其他条件下的偏差均处于正偏差，集沙粒度整体偏细物质。与对照组相比，扫帚形大白刺平均粒径的变化趋势较大，17.5cm×35cm 株行距内的平均粒径处于爬升状态，说明该条件下的集沙粒度分布逐渐变为均一。17.5cm×26.25cm 株行距内 12m/s 和 16m/s 风速下平均粒径与 8m/s 相比略有不同，但仍然处于上升趋势。17.5cm×17.5cm 株行距内 8m/s 和 12m/s 下平均粒径的变化趋势大体一致，但是 16m/s 风速条件下的平均粒径从 2.07μm 迅速下降至 1.61μm，说明该条件下集沙粒度均匀状态已达到顶峰。

4.5.1.3　纺锤形大白刺的集沙粒度参数

纺锤形大白刺的集沙粒度参数特征如图 4-23 所示。与对照组相比，17.5cm×17.5cm 株行距内峰态的总体变化趋势相对下降，说明集沙粒度分布相对分散；而其他株行距内的峰态有所上升，说明集沙粒度从分散状态逐渐转变为集中。总体来看，17.5cm×17.5cm 株行距内 8m/s 和 12m/s 条件下集沙粒度参数变化趋势大体一致，但是 16m/s 条件下峰态、偏差及标准偏差变化趋势较大。17.5cm×26.25cm 株行距内纺锤形大白刺的偏差、标准偏差及平均粒径变化趋势均相对平缓，说明该条件下风速对上述粒度参数的影响较小。17.5cm×35cm 株行距内集沙仪层数 5 层（10cm）以上的集沙粒度参数变化相对平稳。由此说明，风速和株行距对纺锤形大白刺的集沙粒度参数影响较小。

4.5.2　不同大白刺构型的集沙量分布

图 4-24 为不同阶梯式集沙仪层数下各大白刺构型的集沙量。随着风速的增加，不同大白刺构型的集沙量呈增加趋势，而不同株行距下的集沙量并无明显差异。8m/s 风速下各株行距内不同大白刺构型集沙量的变化范围在 3.19～28.04g，而 12m/s 和 16m/s 下的集沙量变化范围分别为 7.27～48.46g、6.98～51.33g。各株

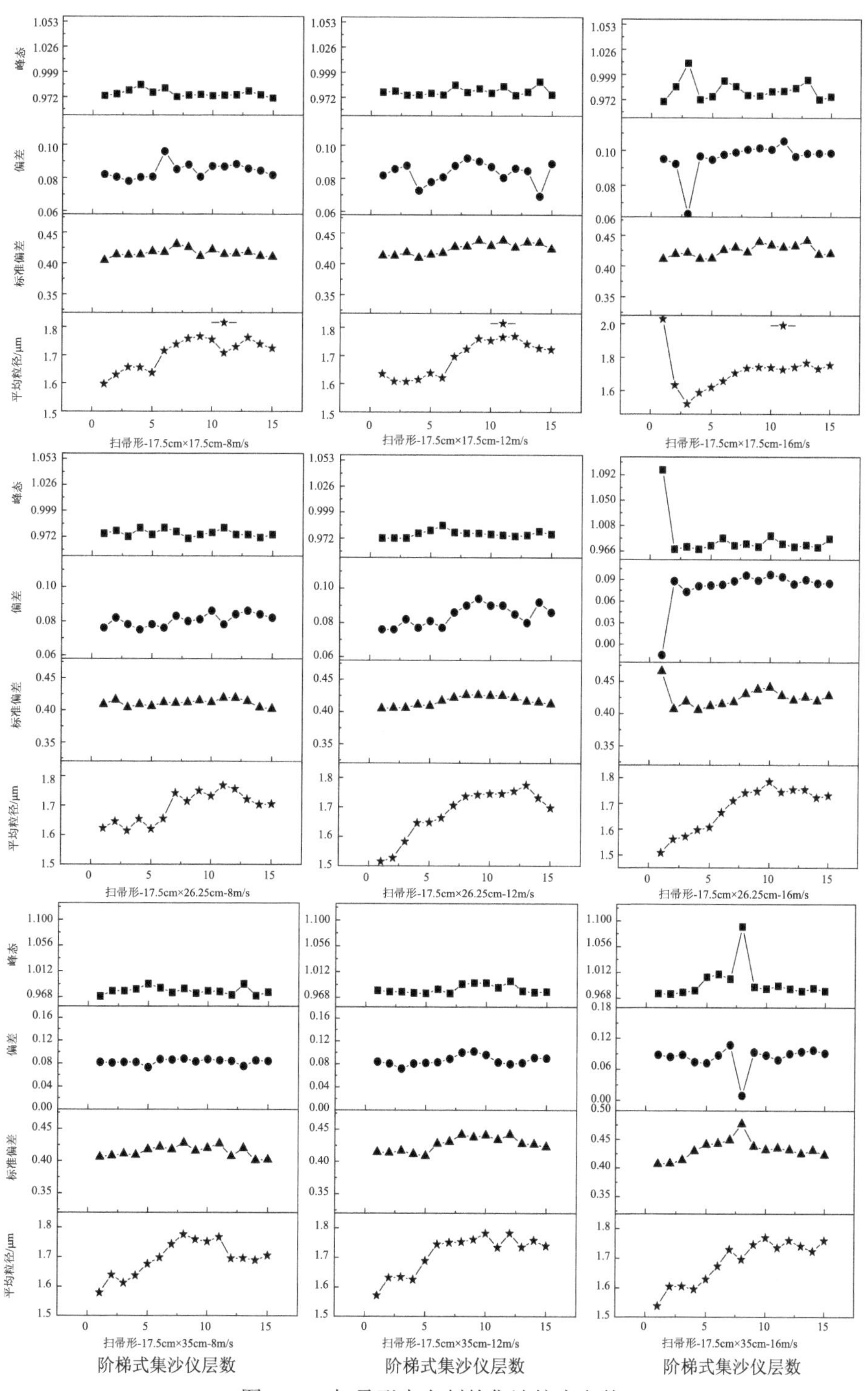

图 4-22　扫帚形大白刺的集沙粒度参数

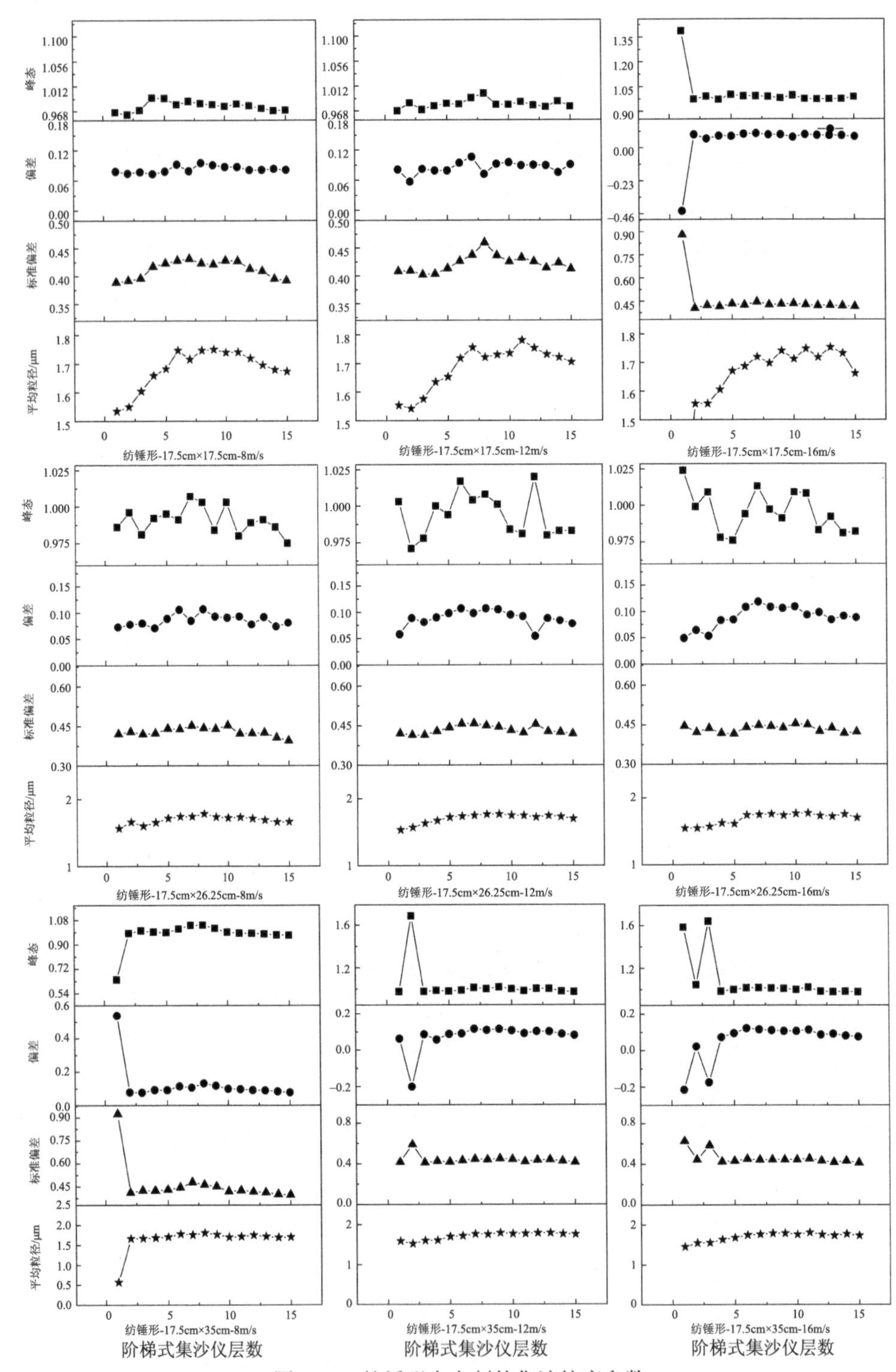

图 4-23　纺锤形大白刺的集沙粒度参数

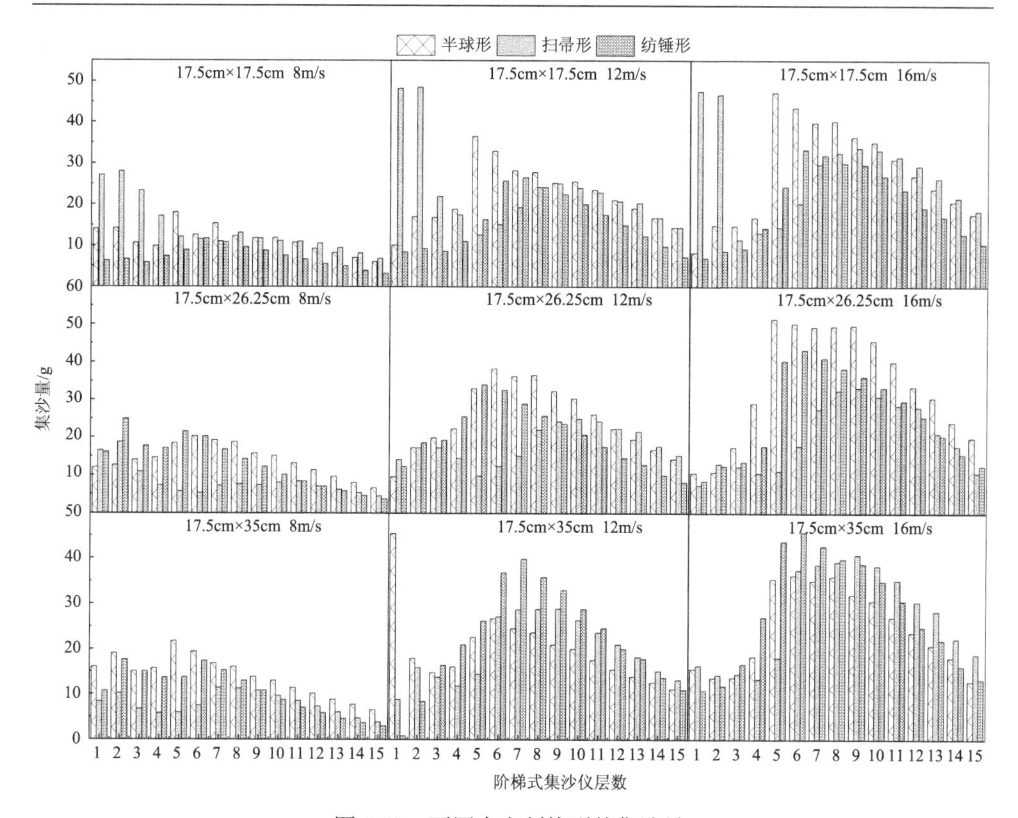

图 4-24 不同大白刺构型的集沙量

行距内不同大白刺构型随着集沙高度的增加集沙量均呈现先增加后降低的变化趋势。17.5cm×17.5cm 株行距内扫帚形大白刺在集沙高度 1～2 层（2～4cm）的集沙量较其他大白刺构型达到最大值。同时，不同大白刺构型的集沙量在 5 层（10cm）以上的集沙高度明显增加。

为了继续探清不同大白刺构型的固沙效果，对不同集沙高度内的集沙量进行平均处理。由图 4-25 不同大白刺构型的平均集沙量可知，不同风速下 17.5cm×17.5cm 株行距内纺锤形大白刺的平均集沙量最少，而扫帚形和半球形大白刺的平均集沙量相差较少。同时，17.5cm×26.25cm 株行距内扫帚形大白刺的平均集沙量最少，其次是纺锤形和半球形。12m/s 和 16m/s 风速下 17.5cm×35cm 株行距内不同大白刺构型间的平均集沙量差异较小，但是 8m/s 风速下扫帚形大白刺的平均集沙量达到最低值，其次是纺锤形和半球形。

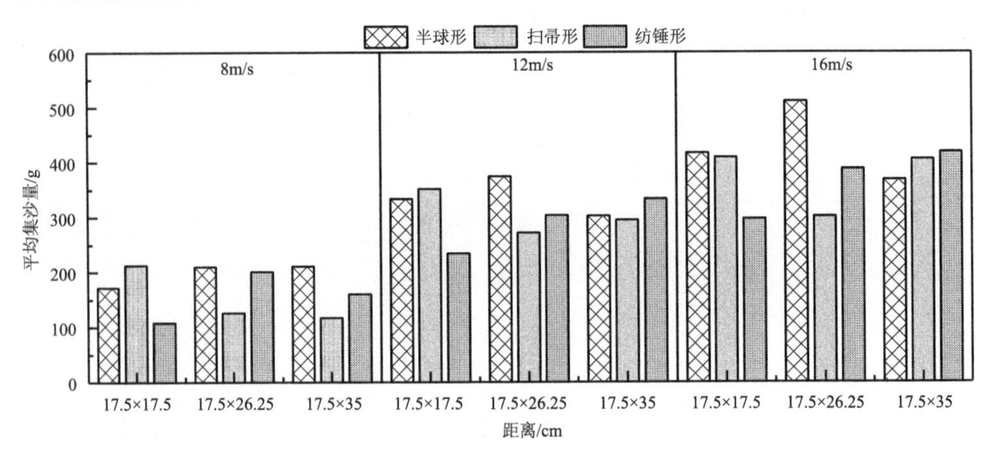

图 4-25　不同大白刺构型的平均集沙量

5 灌丛空间构型对沙堆形态的影响

四合木灌丛地处鄂尔多斯高原草原化荒漠到荒漠的过渡带，研究区域内气候干旱，风沙活动强烈。而四合木作为当地典型的灌丛植物种，在多年的生存和发展过程中逐渐形成了适应当地风沙环境及干旱特征的特殊冠型，四合木作为古地中海孑遗植物种在该地区生长了数亿年，其冠层下形成的灌丛沙堆大小各异，不同的沙堆体积也代表着不同的堆积阶段。目前，对于四合木灌丛的冠层结构与其所形成沙堆之间的关系仍不清楚，灌丛自身的枝系特征随着冠层规模的大小所发生的变化还不明确。基于此，本研究通过对冠层结构大小进行分类，并对灌丛整体构型与沙堆的形态指标进行线性拟合，定量分析了不同规模四合木灌丛的枝系构型特征，并通过逐步回归和通径分析阐明了影响灌丛扩张的主要枝系构型，利用相关分析最终揭示了四合木关键枝系构型与灌丛沙堆体积的数量关系，为下一步分析灌丛沙堆成因提供了理论依据。

5.1 灌丛整体形态与其沙堆形态的关系

5.1.1 灌丛及沙堆发育特征

5.1.1.1 四合木灌丛发育特征

四合木灌丛发育特征见图 5-1，灌丛高度与灌丛长轴、短轴呈较好的线性拟合关系。灌丛高度和灌丛长轴的拟合方程为 $y=0.1344x+19.03$，R^2 为 0.7513。灌丛高度与灌丛短轴之间的拟合方程为 $y=0.1477x+19.227$，R^2 为 0.7826。由图 5-1 可知，四合木灌丛长轴和短轴生长量均高于灌丛高度，而灌丛水平方向生长速率则要大于垂直方向。

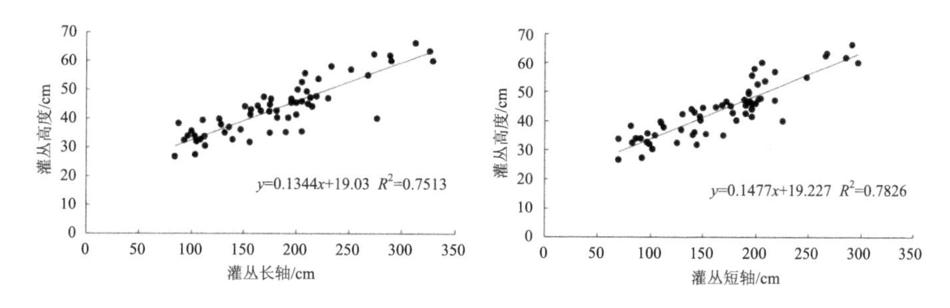

图 5-1 四合木灌丛发育特征

5.1.1.2　四合木灌丛沙堆发育特征

如图 5-2 所示，四合木灌丛沙堆高度与沙堆的长轴、短轴均存在良好的线性拟合关系。其中，沙堆高度与长轴的拟合方程为 y=0.1192x+6.3025, R^2 为 0.6523；沙堆高度与短轴的拟合方程为 y=0.128x+7.0979，R^2 为 0.5904。由图 5-2 可知，与沙堆高度相比，四合木灌丛沙堆长轴和短轴生长量显著增加，且其水平方向生长速率大于垂直方向生长速率。该特点与四合木灌丛的发育特征相似，均呈现低矮匍匐的生长策略和发育规律。

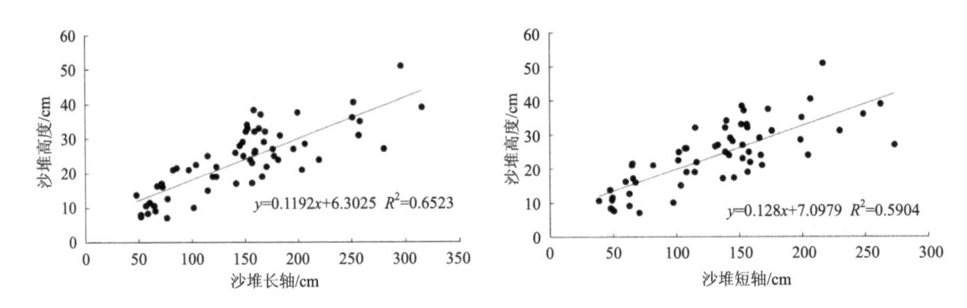

图 5-2　四合木灌丛沙堆发育特征

5.1.2　灌丛冠层形态与其沙堆形态参数的关系

四合木灌丛的冠层面积与灌丛沙堆的底面积和体积均具有较好的线性拟合关系，如图 5-3 所示，灌丛沙堆底面积与冠层面积的拟合方程为 y=0.831x–4000.9，R^2 为 0.9382。灌丛沙堆体积与冠层面积的拟合方程为 y=19.991x–174 951，R^2 为 0.8056。从结果可知，四合木灌丛的生长显著影响了冠层下沙堆的形成过程，冠层的整体构型与沙堆形态之间具有明显的正相关关系。

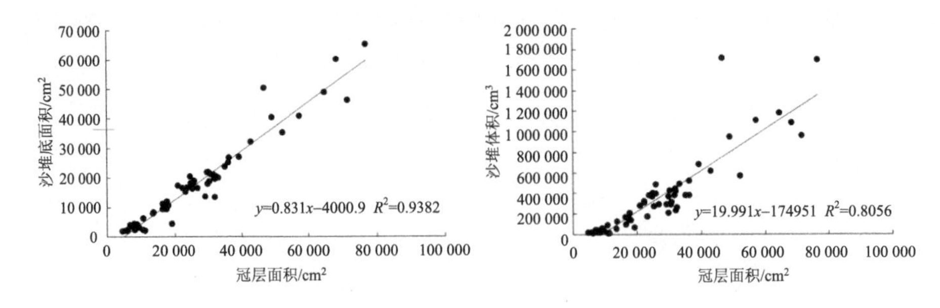

图 5-3　四合木冠层面积与沙堆形态参数的回归分析

5.2　灌丛分类及其与沙堆形态参数的关系

5.2.1　灌丛分类及对应沙堆形态参数

本研究对样地内选取的标准四合木灌丛及沙堆形态参数进行了统计分析，以调查植被的冠幅和高度构建的体量指数（SSI）为灌丛大小分类依据，该分类具有准确性和可操作性。如表 5-1 所示，通过灌丛体量指数将研究区的四合木灌丛分为小灌丛（0.73≥SSI＞0.12）、中灌丛（1.39≥SSI＞0.73）和大灌丛（4.74≥SSI＞1.46）。通过对样地内四合木灌丛尺寸和沙堆尺寸进行调查发现，从小灌丛到大灌丛，各项参数之间均存在明显的差异。小灌丛的长轴（L_p）均值为 116.75cm、短轴（W_p）均值为 104.11cm、高度（H_p）均值为 34.50cm。中灌丛的长轴均值为 182.90cm、短轴均值为 169.15cm、高度均值为 42.52cm。较小灌丛分别增加了 56.66%、62.47%和 23.25%。大灌丛的长轴均值为 248.88cm、短轴均值为 224.75cm、高度均值为 53.84cm，较中灌丛分别增加了 36.07%、32.87%和 26.62%。四合木灌丛沙堆对应 SSI，小沙堆的长轴（L_d）、短轴（W_d）和高度（H_d）均值分别为 78.40cm、70.28cm 和 13.91cm。中沙堆的长轴均值为 150.81cm、短轴均值为 134.09cm、高度均值为 26.53cm，较小沙堆分别增加了 92.36%、90.78%和 90.73%。大沙堆的长轴均值为 212.53cm、短轴均值为 188.28cm、高度均值为 31.13cm，较中沙堆分别增加了 40.93%、40.41%和 17.34%。小沙堆的底面积（S_d）均值为 4734.64cm^2、体积（V_d）均值为 50 184.72cm^3。中沙堆的底面积均值为 16 202.84cm^2、体积均

表 5-1　四合木灌丛与沙堆形态参数

灌丛规模		L_p/cm	W_p/cm	H_p/cm	L_d/cm	W_d/cm	H_d/cm	S_d/cm²	V_d/cm³	SSI
小	最小值	84.70	69.90	26.67	48.50	38.60	7.00	1819.87	10 466.48	0.12
	最大值	155.50	144.00	44.07	123.00	116.00	22.50	11 200.38	164 272.24	0.73
	平均值	116.75	104.11	34.50	78.40	70.28	13.91	4734.64	50 184.72	0.35
	标准差	21.30	22.40	4.19	23.58	24.13	5.19	3092.10	46 630.00	0.16
中	最小值	156.00	130.00	35.00	85.60	65.70	17.00	4414.78	63 572.79	0.73
	最大值	211.00	202.00	47.33	196.00	166.00	38.30	21 953.31	484 480.48	1.39
	平均值	182.90	169.15	42.52	150.81	134.09	26.53	16 202.84	291 155.15	1.04
	标准差	16.20	21.81	3.81	23.42	23.82	5.64	4450.20	108 290.00	0.23
大	最小值	201.00	189.00	40.00	157.00	153.00	19.00	13 355.21	231 490.22	1.46
	最大值	329.00	297.00	66.33	316.00	274.00	40.50	65 239.78	1714 352.08	4.74
	平均值	248.88	224.75	53.84	212.53	188.28	31.13	32 852.95	716 638.15	2.49
	标准差	43.29	36.55	7.28	50.51	42.64	7.77	14 981.70	448 470.00	1.13

值为 291 155.15cm^3，较小沙堆分别增加了 2.42 倍和 4.80 倍。大沙堆的底面积均值为 32 852.95cm^2、体积均值为 716 638.15cm^3，较中沙堆分别增加了 1.03 倍和 1.46 倍。依据 SSI 对应 3 种体量四合木灌丛和沙堆形态的变异程度，中灌丛和所形成的沙堆相比小灌丛和所形成的沙堆的 SSI 增幅较大，大灌丛和所形成的沙堆相比中灌丛和所形成的沙堆的 SSI 增幅相对较小。

5.2.2　灌丛与沙堆形态参数的关系

不同体量的四合木灌丛与其沙堆形态参数的相关性分析结果如表 5-2 所示，3 种大小的灌丛参数与沙堆的形态参数之间整体呈现较好的相关性。小灌丛的长轴、

表 5-2　不同体量的四合木灌丛与其沙堆形态参数相关性分析

形态参数		L_p	W_p	H_p	L_d	W_d	H_d	S_d	V_d
小	L_p	1							
	W_p	0.911^{**}	1						
	H_p	0.41	0.439	1					
	L_d	0.803^{**}	0.844^{**}	0.22	1				
	W_d	0.819^{**}	0.857^{**}	0.15	0.966^{**}	1			
	H_d	0.395	0.454^{*}	−0.076	0.650^{**}	0.609^{**}	1		
	S_d	0.835^{**}	0.868^{**}	0.195	0.982^{**}	0.988^{**}	0.618^{**}	1	
	V_d	0.762^{**}	0.796^{**}	0.147	0.925^{**}	0.919^{**}	0.805^{**}	0.942^{**}	1
中	L_p	1							
	W_p	0.316	1						
	H_p	−0.06	0.463^{*}	1					
	L_d	0.714^{**}	0.481^{*}	−0.082	1				
	W_d	0.503^{*}	0.612^{**}	−0.022	0.792^{**}	1			
	H_d	0.136	0.157	0.248	0.296	0.273	1		
	S_d	0.647^{**}	0.614^{**}	−0.03	0.930^{**}	0.949^{**}	0.288	1	
	V_d	0.471^{*}	0.495^{*}	0.112	0.768^{**}	0.777^{**}	0.777^{**}	0.820^{**}	1
大	L_p	1							
	W_p	0.878^{**}	1						
	H_p	0.662^{**}	0.677^{**}	1					
	L_d	0.961^{**}	0.778^{**}	0.591^{**}	1				
	W_d	0.942^{**}	0.862^{**}	0.619^{**}	0.898^{**}	1			
	H_d	0.429	0.276	0.119	0.555^{*}	0.377	1		
	S_d	0.977^{**}	0.844^{**}	0.629^{**}	0.973^{**}	0.967^{**}	0.474^{*}	1	
	V_d	0.868^{**}	0.696^{**}	0.522^{*}	0.944^{**}	0.829^{**}	0.763^{**}	0.915^{**}	1

**表示在 0.01 水平（双侧）上显著相关，*表示在 0.05 水平（双侧）上显著相关

短轴与沙堆的长轴、短轴均呈极显著正相关关系（$P<0.01$），相关系数分别为0.803和0.857。小灌丛的长轴、短轴与沙堆底面积呈极显著正相关关系（$P<0.01$），相关系数分别为0.835和0.868。小灌丛的长轴、短轴与沙堆体积也呈极显著正相关关系（$P<0.01$），其相关系数分别为0.762和0.796。中灌丛的长轴、短轴与沙堆长轴、短轴均呈极显著正相关关系（$P<0.01$），相关系数分别为0.714和0.612。

中灌丛的长轴、短轴与沙堆底面积呈极显著的正相关关系（$P<0.01$），相关系数分别为0.647和0.614。中灌丛的长轴、短轴与沙堆体积呈显著正相关关系（$P<0.05$），相关系数分别为0.471和0.495。中灌丛与其灌丛沙堆形态参数之间的相关系数比小灌丛和其沙堆之间的相关系数小。

大灌丛的长轴和短轴与沙堆的长轴和短轴均呈现极显著正相关关系（$P<0.01$），相关系数分别为0.961和0.862。大灌丛的长轴和短轴与沙堆的底面积均呈极显著的正相关关系（$P<0.01$），相关系数分别为0.977和0.844。大灌丛的长轴和短轴与沙堆体积均呈显著的正相关关系（$P<0.01$），相关系数分别为0.868和0.696。中灌丛形态参数与灌丛沙堆的相关系数小于大灌丛和沙堆的相关系数。

从结果看出，灌丛的发育过程伴随着复杂的堆积过程，先期发育过程中对沙尘的拦蓄使沉积物迅速在冠层下积累，当灌丛发育到一定阶段后沉积物堆积的速率减慢，但仍呈现堆积过程，当灌丛发展到较大的体量后，灌丛沙堆达到较为稳定的阶段，这时二者之间的关系达到最显著的正相关关系。

5.2.3　灌丛主风向侧影构型与沙堆形态的关系

5.2.3.1　主风向侧影面积变化规律

表5-3为不同体量四合木灌丛分层侧影面积和总侧影面积的变化规律。测量及分析过程中发现少量灌丛高度大于50cm，但数量较少，无法参与分析，因此本研究主要对0～10cm、10～30cm、30～50cm高度的分层侧影进行对比分析。研究发现，体量不同的四合木灌丛的分层侧影面积与总侧影面积总体上呈现出大灌丛＞中灌丛＞小灌丛的特点。在0～10cm高度上，大灌丛与其他两种体量灌丛的分层侧影面积存在显著性差异（$P<0.05$），小灌丛与中灌丛分层侧影面积间无显著性差异（$P>0.05$）。在10～30cm高度上，大灌丛和其他两种体量的灌丛分层侧影面积存在显著性差异（$P<0.05$），中灌丛与小灌丛分层侧影面积间存在显著性差异（$P<0.05$）。大灌丛30～50cm高度的分层侧影面积显著大于中灌丛和小灌丛的30～50cm高度的分层侧影面积。30～50cm高度的中灌丛与小灌丛间的分层侧影面积也存在显著性差异（$P<0.05$）。大、中、小灌丛之间的总侧影面积均呈现显著性差异（$P<0.05$）。总体而言，随着灌丛高度的增加，3种灌丛体量之间的分层侧影面积差异逐渐呈现显著性。

表 5-3　不同体量灌丛分层侧影面积和总侧影面积

体量	分层侧影面积/cm²			总侧影面积/cm²
	0～10cm	10～30cm	30～50cm	
小灌丛	987.56±240.32b	2379.45±420.16c	1594.41±724.11c	5106.36±1293.78c
中灌丛	1277.99±280.36b	3086.12±389.09b	2367.63±547.98b	7026.65±1115.19b
大灌丛	1620.52±491.37a	3831.03±1022.44a	3189.67±1225.67a	9317.09±3032.42a

注：同列不同小写字母表示在 0.05 水平差异显著，下同

5.2.3.2　主风向分层侧影面积与沙堆形态的关系

根据上述分层侧影面积和总侧影面积的分析结果发现，不同体量灌丛对应有不同大小的分层侧影面积，而这种关系对沙堆形成的影响还不明确。基于此，本研究对四合木灌丛分层侧影面积、总面积与沙堆底面积和体积进行了相关性研究。图 5-4 为各指标之间的相关性分析热图。结果表明，灌丛 0~10cm 高度层的侧影面积与沙堆底面积和沙堆体积之间均存在显著正相关关系（P＜0.01），相关系数分别为 0.71 和 0.73。灌丛 10~30cm 高度层的侧影面积与沙堆底面积和体积之间也呈现显著的正相关关系（P＜0.01），相关系数分别为 0.82 和 0.81。灌丛 30~50cm 高度层的侧影面积与沙堆底面积和体积之间同样存在显著正相关关系（P＜0.01），

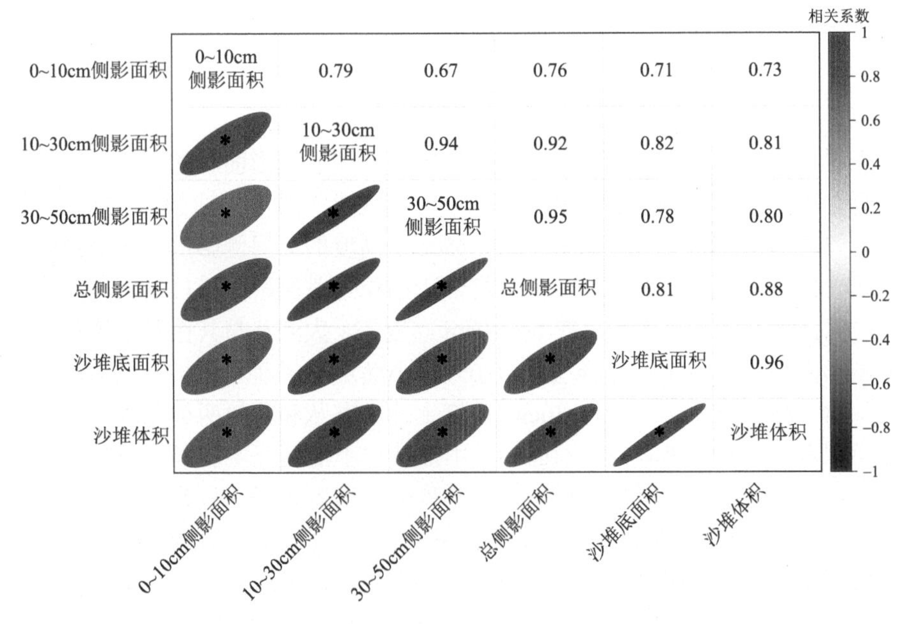

图 5-4　灌丛分层侧影面积与灌丛沙堆形态的相关关系

* $P<0.01$

相关系数分别为 0.78 和 0.80。从结果可以发现，灌丛 10～30cm 高度层的侧影面积与灌丛沙堆形态指标之间的关系最强，该层是影响沙堆形成的关键灌丛高度层。同样，灌丛整体的侧影面积与灌丛沙堆的底面积和体积也呈现极显著的正相关关系（$P<0.01$），相关系数分别为 0.81 和 0.88。

5.3 灌丛枝系构型对冠层面积的影响

通径分析作为一种传统的多元统计方法，其通过对自变量与因变量之间的表面直接相关性进行分解，从而得出自变量对因变量的直接重要作用和间接重要作用。这一过程也为下一步对因变量的影响决策提供了可靠依据。

本研究建立了灌丛枝系构型和冠层面积之间的逐步回归方程，通过逐步回归方法初步筛选出对冠层面积的变化产生重要作用的枝系构型指标，再利用通径分析进一步量化被筛选出的枝系构型各自对冠层面积的直接作用和间接作用，进而明确枝系构型对四合木灌丛沙堆形成的影响。

5.3.1 灌丛冠层面积的正态性检验

表 5-4 为四合木灌丛冠层面积的正态性检验，试验样本数较大，因此选择 S-W 测试结果对冠层面积进行检验。统计量为 0.966，显著水平 P 为 0.425，该值大于 0.05，因变量冠层面积服从正态分布，可以进行回归分析。

表 5-4 四合木冠层面积正态性检验

项目	K-S			S-W		
	统计量	*df*	*P*	统计量	*df*	*P*
冠层面积	0.097	60	0.200*	0.966	60	0.425

注：K-S 表示 Kolmogorov-Smirnov（a）非参数检验；S-W 表示 Shapiro-Wilk 检验；*表示在 0.05 水平显著相关

5.3.2 灌丛枝系构型与冠层面积的相关性分析

四合木灌丛枝系构型与其冠层面积的相关性分析结果如表 5-5 所示。结果发现，四合木灌丛各级分枝长度与对应枝级的分枝角度之间均存在极显著的正相关关系（$P<0.01$）。其中 1 级分枝长度与 1 级枝分枝角度的相关系数为 0.483；2 级分枝长度与 2 级枝分枝角度的相关系数为 0.499；3 级分枝长度与 3 级枝分枝角度的相关系数为 0.710；4 级分枝长度与 4 级枝分枝角度之间的相关系数为 0.610。

表 5-5　四合木枝系构型与其冠层面积的相关性分析

指标	OBR	$SBR_{1:2}$	$SBR_{2:3}$	$SBR_{3:4}$	$RBD_{2:1}$	$RBD_{3:2}$	$RBD_{4:3}$	1 级枝分枝角度	2 级枝分枝角度	3 级枝分枝角度	4 级枝分枝角度	1 级分枝长度	2 级分枝长度	3 级分枝长度	4 级分枝长度	冠层面积
OBR	1															
$SBR_{1:2}$	0.21	1														
$SBR_{2:3}$	0.166	0.078	1													
$SBR_{3:4}$	0.072	−0.352	0.081	1												
$RBD_{2:1}$	0.436^{*}	0.062	0.345	−0.198	1											
$RBD_{3:2}$	−0.108	-0.430^{*}	0.144	0.853^{**}	−0.239	1										
$RBD_{4:3}$	0.034	0.108	−0.077	-0.370^{*}	0.142	-0.546^{**}	1									
1 级枝分枝角度	0.137	−0.084	0.366^{*}	0.424^{*}	0.204	0.502^{**}	−0.185	1								
2 级枝分枝角度	0.199	−0.263	0.313	0.663^{**}	0.068	0.679^{**}	−0.305	0.626^{**}	1							
3 级枝分枝角度	0.033	−0.17	0.037	0.806^{**}	−0.276	0.783^{**}	−0.327	0.578^{**}	0.751^{**}	1						
4 级枝分枝角度	−0.039	−0.258	0.006	0.548^{**}	−0.124	0.518^{**}	−0.239	0.306	0.588^{**}	0.677^{**}	1					
1 级分枝长度	−0.038	−0.128	0.151	0.254	−0.044	0.353	−0.234	0.483^{**}	0.474^{**}	0.428^{*}	0.188	1				
2 级分枝长度	−0.049	-0.527^{**}	0.145	0.531^{**}	−0.196	0.663^{**}	−0.309	0.291	0.499^{**}	0.491^{**}	0.225	0.511^{**}	1			
3 级分枝长度	0.079	−0.251	0.121	0.804^{**}	−0.293	0.731^{**}	−0.281	0.343	0.603^{**}	0.710^{**}	0.358	0.27	0.559^{**}	1		
4 级分枝长度	0.039	-0.388^{*}	0.052	0.846^{**}	−0.264	0.849^{**}	−0.334	0.433^{*}	0.631^{**}	0.830^{**}	0.610^{**}	0.304	0.568^{**}	0.854^{**}	1	
冠层面积	0.091	−0.36	0.015	0.910^{**}	−0.217	0.894^{**}	-0.456^{*}	0.500^{**}	0.692^{**}	0.889^{**}	0.575^{**}	0.343	0.592^{**}	0.787^{**}	0.911^{**}	1

*表示在 0.05 水平显著相关，**表示在 0.01 水平显著相关

从相关性分析中发现，$SBR_{3:4}$与3级分枝长度表现出极显著的正相关关系（$P<0.01$），其相关系数为0.804。$SBR_{3:4}$与3级枝分枝角度同样具有极显著正相关关系（$P<0.01$），其相关系数为0.806。$SBR_{3:4}$与4级分枝的长度和角度具有极显著正相关关系（$P<0.01$），其相关系数分别为0.846和0.548。四合木灌丛的$RBD_{4:3}$与其2级分枝的长度和角度均具有极显著的正相关关系（$P<0.01$），相关系数分别为0.663和0.679。四合木灌丛的$RBD_{4:3}$与3级分枝的长度和角度均具有极显著正相关关系（$P<0.01$），其相关系数分别为0.731和0.783。$SBR_{3:4}$与冠层面积具有极显著的正相关关系（$P<0.01$），相关系数为0.910。$RBD_{4:3}$与冠层面积具有极显著的正相关关系（$P<0.01$），相关系数为0.894。四合木灌丛各级枝分枝角度与其冠层面积均具有极显著正相关关系（$P<0.01$），1级枝分枝角度与冠层面积的相关系数为0.500，2级枝分枝角度与冠层面积的相关系数为0.692，3级枝分枝角度与冠层面积的相关系数为0.889，4级枝分枝角度与冠层面积的相关系数为0.575。2、3、4级分枝长度与四合木灌丛冠层面积之间也存在极显著正相关关系（$P<0.01$），其相关系数分别为0.592、0.787和0.911。由此可见，冠层内部靠近沙堆表面的分枝率和枝径比对冠层面积的影响比其他枝级更为明显。各级枝分枝角度与冠层面积之间的关系也呈现出一定规律，即从1级分枝到3级分枝与冠层面积的相关性逐渐增强。由外向内的枝级长度与冠层面积之间同样表现为相关性逐渐增强。由此可以初步得出结论：贴近地表的枝系构型变化对灌丛沙堆的形成作用更为明显。

5.3.3 灌丛枝系构型与冠层面积的逐步回归分析

如表5-6所示，通过逐步回归分析，将所测得的四合木灌丛枝系构型指标进行了剔除和筛选。随着自变量被逐步引入回归方程，回归方程的相关系数R和决定系数R^2逐渐增加。剩余因子e=0.25，该值较小说明所筛选的枝系构型指标对四合木冠层面积的影响考虑较为全面，与冠层面积的拟合度较好。模型汇总表5-7中共筛选出4项枝系构型指标，分别为4级分枝长度（x_1）、$SBR_{3:4}$（x_2）、3级枝分枝角度（x_3）和$RBD_{4:3}$（x_4）。以上述x_1～x_4为自变量，以四合木冠层面积（y）为因变量，结果如表5-7所示。最终建立了四合木灌丛枝系构型与其冠层面积的最优多元回归方程$y=1451.414x_1+3507.166x_2+411.195x_3-1650.54x_4-25\ 411.515$，$R^2$为0.935。方程的意义为：当4个变量中的其他3个取值固定在试验范围内的某一水平时，4级分枝长度（x_1）每增加1cm，冠层面积（y）增加1451.414cm^2；$SBR_{3:4}$（x_2）每增加1，冠层面积（y）增加3507.166cm^2；3级枝分枝角度（x_3）每增加1°，冠层面积（y）增加411.195cm^2；$RBD_{4:3}$（x_4）每增加1，冠层面积（y）减小1650.54cm^2。从决定系数R^2=0.935来看，4个变量4级分枝长度（x_1）、$SBR_{3:4}$（x_2）、3级枝分枝角度（x_3）和$RBD_{4:3}$（x_4）对冠层面积（y）的影响达到93.5%以上。各自变量及因变量的显著性检验结果均小于 0.05，具有统计学意义。

表 5-6 四合木灌丛枝系构型与其冠层面积的最优多元回归方程

模型	R	R^2	调整 R^2	标准估计的误差
1	0.911a	0.830	0.824	4306.73
2	0.948b	0.899	0.891	3385.31
3	0.961c	0.923	0.914	3007.91
4	0.967d	0.935	0.925	2808.66

注：预测变量 a 包括（常量）、4 级枝长度；预测变量 b 包括（常量）、4 级枝长度、$SBR_{3:4}$；预测变量 c 包括（常量）、4 级枝长度、$SBR_{3:4}$、3 级分枝角度；预测变量 d 包括（常量）、4 级枝长度、$SBR_{3:4}$、3 级分枝角度、$RBD_{4:3}$

表 5-7 系数 *a*

模型		非标准化系数		标准系数	t	P
		B	标准误差	试用版		
1	（常量）	–16 161.437	3556.632		–4.544	0
	4 级分枝长度（x_1）	3966.587	339.645	0.911	11.679	0
2	（常量）	–19 896.013	2928.712		–6.793	0
	4 级分枝长度（x_1）	2153.579	500.733	0.495	4.301	0
	$SBR_{3:4}$（x_2）	4936.657	1153.484	0.492	4.28	0
3	（常量）	–31 383.815	4781.731		–6.563	0
	4 级分枝长度（x_1）	1473.181	504.381	0.338	2.921	0.007
	$SBR_{3:4}$（x_2）	3851.18	1092.746	0.384	3.524	0.002
	3 级枝分枝角度（x_3）	421.857	147.317	0.298	2.864	0.008
4	（常量）	–25 411.515	5228.422		–4.86	0
	4 级分枝长度（x_1）	1451.414	471.074	0.333	3.081	0.005
	$SBR_{3:4}$（x_2）	3507.166	1032.322	0.35	3.397	0.002
	3 级枝分枝角度（x_3）	411.195	137.644	0.291	2.987	0.006
	$RBD_{4:3}$（x_4）	–1650.54	751.815	–0.12	–2.195	0.038

注：a 为因变量冠层面积；B 为 betain 的缩写，代表回归系数；t 为回归系数的显著性检验；P 为 0.05 的显著性水平

5.3.4 灌丛枝系构型与冠层面积的通径分析

表 5-8 为四合木枝系构型与其冠层面积的通径分析，4 级分枝长度（x_1）的直接通径系数为 0.333，对四合木冠层面积（y）的直接作用为正向影响。4 级分枝长度（x_1）通过 $SBR_{3:4}$（x_2）、3 级枝分枝角度（x_3）和 $RBD_{4:3}$（x_4）对四合木冠

层面积（y）的间接作用均为正向，x_2～x_4 对四合木冠层面积（y）的间接通径系数分别为 0.2961、0.241 53 和 0.040 08。$SBR_{3:4}$（x_2）的直接通径系数为 0.35，对四合木冠层面积（y）的直接作用为正向影响。$SBR_{3:4}$（x_2）通过 4 级分枝长度（x_1）、3 级枝分枝角度（x_3）和 $RBD_{4:3}$（x_4）对四合木冠层面积（y）的间接作用均为正向，x_1、x_3 和 x_4 的间接通径系数分别为 0.281 718、0.233 964 和 0.0444。3 级枝分枝角度（x_3）的直接通径系数为 0.291，对四合木冠层面积（y）的直接作用为正向影响。3 级枝分枝角度（x_3）通过 4 级分枝长度（x_1）、$SBR_{3:4}$（x_2）和 $RBD_{4:3}$（x_4）对四合木冠层面积（y）的间接作用均为正向，x_1、x_2 和 x_4 的间接通径系数分别为 0.276 39、0.2814 和 0.039 24。$RBD_{4:3}$（x_4）的直接通径系数为–0.12，对四合木冠层面积（y）的直接作用为负向影响。$RBD_{4:3}$（x_4）通过 4 级分枝长度（x_1）、$SBR_{3:4}$（x_2）、和 3 级枝分枝角度（x_3）对四合木冠层面积（y）的间接作用均为负向，x_1、x_2 和 x_3 的间接通径系数分别为–0.111 22、–0.1295 和–0.095 157。决策系数是通径分析中的决策性指标，利用决策系数可以将自变量对响应变量的综合作用进行排序，从而确定决策变量和限制变量。通过对筛选的枝系构型的决策系数进行计算得出各项构型指标对冠层面积（y）综合作用的贡献程度。由表 2-5 可知，$SBR_{3:4}$（x_2）对于冠层面积（y）的决策系数为 0.5154。$SBR_{3:4}$（x_2）对于冠层面积（y）起到最大的增进作用。4 级分枝长度（x_1）对于冠层面积（y）的决策系数为 0.495 837，4 级分枝长度（x_1）对于冠层面积（y）起到增进作用，其增进效果相比 $SBR_{3:4}$（x_2）较弱。3 级枝分枝角度（x_3）对冠层面积（y）的决策系数为 0.432 717，3 级枝分枝角度（x_3）对冠层面积（y）起到增进作用。$RBD_{4:3}$（x_4）对于冠层面积（y）的决策系数为 0.095 04，$RBD_{4:3}$（x_4）对于冠层面积（y）同样起到增进作用。通过对各自变量的决策系数进行排序，最终明确各枝系构型自变量对冠层面积（y）的作用的大小关系为 $SBR_{3:4}$（x_2）＞4 级分枝长度（x_1）＞3 级枝分枝角度（x_3）＞$RBD_{4:3}$（x_4）。通径分析的结果表明，$SBR_{3:4}$ 对四合木冠

表 5-8 四合木枝系构型与其冠层面积的通径分析

自变量	与 y 的简单相关系数	直接通径系数	间接通径系数				决策系数
			4 级分枝长度（x_1）	$SBR_{3:4}$（x_2）	3 级枝分枝角度（x_3）	$RBD_{4:3}$（x_4）	
4 级分枝长度（x_1）	0.911	0.333		0.2961	0.241 53	0.040 08	0.495 837
$SBR_{3:4}$（x_2）	0.91	0.35	0.281 718		0.233 964	0.0444	0.5145
3 级枝分枝角度（x_3）	0.889	0.291	0.276 39	0.2814		0.039 24	0.432 717
$RBD_{4:3}$（x_4）	–0.456	–0.12	–0.111 22	–0.1295	–0.095 157		0.095 04

层面积的影响是直接的，其贡献率较其他筛选出的指标更高。这也说明贴近地表的灌丛分枝率对冠层面积的影响较大，该部位的分枝率增加对于灌丛沙堆表层的积沙作用也是直接的。靠近沙堆表面的 4 级分枝长度作为四合木灌丛扩张能力较强的部分对于冠层面积也起到明显的增进作用，这一级分枝长度的增加也为灌丛沉积物的积沙成丘起到了关键作用。3 级枝分枝角度作为灌丛沙堆表层第一级枝条之间的分枝角度，其变化对于冠层面积也起到重要的决定作用。$RBD_{4:3}$对四合木冠层面积的变化也产生了影响，但相较其他几个枝系构型贡献率较低。

6 灌丛空间构型对沙堆土壤养分异质性的作用机制

为了适应干旱环境，荒漠植物选择增加根系的连接长度以扩大水分获取范围，最终满足植物地上部分生长需求。研究还发现根系多分布于 50～100cm 土层，且以水平根为主，垂直根的比例远小于水平根。而许皓和李彦（2005）对新疆古尔班通古特沙漠中的多枝柽柳进行的研究发现，根系分布集中于 2.4～3.1m，以垂直根为主。张宇清等（2002）对黄土高原埂坎立地条件下的柽柳（*Tamarix chinensis*）进行的研究发现，柽柳根系可达 7.57m。不同地区的植物根系呈现出不同分布方式，这种差异与当地土壤水分条件有着密切联系，地下水埋深直接影响着植物根系分布模式，植物根系更倾向于向水分充足的土层生长。李锋瑞和刘继亮（2008）研究发现，植物根系密度以及生物量跟随土壤土层水分变化而变化，是植物适应干旱胁迫环境的策略。郝兴明等（2009）研究发现，塔里木河下游胡杨（*Populus euphratica*）根系具有保持水分的能力，保持的水分可再次促进根系生长发育，在一定程度上与土壤水分形成一种互馈关系。已有研究发现，根系的生长以及伸长受土壤紧实度影响，即在紧实的土壤中根系生长缓慢。Bengough 等（1994）研究发现，增加豌豆（*Pisum sativum*）根的阻力使根系产生胁迫反应，此时根系的伸长生长速度约为原生长速度的 50%，当根系阻力解除后，根系生长速度略有恢复。同时，也有研究发现根系受阻力后生长表现为短粗。Bengough 等（1997）研究发现，受压力的豌豆根系距根尖 2mm 和 10mm 处直径增大。已有研究发现了土壤物理性质对植物根系生长的影响，但这种影响受遗传以及环境条件等多方面因素影响，对于不同生长阶段荒漠灌丛，特别是对其不定根系的影响机制仍需进一步探究。

植物的空间构型受遗传以及土壤环境等多种因素影响，其中土壤养分是影响灌丛根系构型的关键性因子，根系构型也直接影响着植物对土壤营养物质的竞争能力。为了适应土壤养分状况，植物根系通常表现出极高的可塑性。杨小林等（2008）研究发现，为了适应塔克拉玛干腹地贫瘠的土壤，不同植物在根系构型方面表现出了不同的适应方式，柽柳表现为通过增加根系次级分支，扩大根系分布范围来适应贫瘠胁迫环境，而沙拐枣（*Calligonum mongolicum*）和罗布麻（*Apocynum venetum*）则是通过降低根系分支结构，加速根系延伸生长，以达到扩大资源利用范围，最终更有效地从胁迫环境中汲取养分。Glimskr（2000）通过人工控制手段对 5 种植物根系的构型特征进行了分析，发现限制营养物质摄入会促使植物根系构型发生变化，氮的限制导致夏枯草（*Prunella vulgaris*）根系连接长度增加，同时也使夏枯草和短序脆兰（*Acampe papillosa*）的根系分支结构更趋近于“人”字形。马海天才等（2018）以川西北的 4 种灌丛为研究对象，发现土壤有机碳和全氮含量与灌丛根系形态特征参数显著正相关，灌丛根系可有效保留土壤养分。吴静等（2022）对西南喀斯特石漠环境中 4 种适生植物的细根构型及根际土养分进行了相关性分析，发现根际土中与磷相关的所有计量比均为影响细根构型的重要因子。研究发现，土壤养分对灌丛根系生长会产生影响，根系构型与土壤碳、氮、磷等元素存在密切联系，但目前相关研究较少，且影响不定根构型变化的因素复杂。已有研究缺乏对各地区及环境条件的针对性，同时，关于根系构型与土壤养分关系的研究暂无灌丛不定根方面，因此有待加强相关方向研究。

6.1 灌丛枝系构型与“肥岛”效应的耦合关系

6.1.1 四合木灌丛发育对沙堆土壤养分含量的影响

6.1.1.1 灌丛沙堆土壤养分含量与冠层指数的关系

图 6-1 是不同体量的灌丛沙堆土壤有机碳含量与冠层指数的拟合关系。土壤有机碳含量与冠层指数的拟合曲线斜率直接体现灌丛沙堆土壤有机碳的富集程度。结果显示，在 0～10cm 土层不同体量的灌丛沙堆中，土壤有机碳含量均随冠层指数的增加而减少，即距灌丛中心距离越远土壤有机碳含量越低。3 种体量的灌丛沙堆土壤有机碳含量与冠层指数拟合曲线的斜率均呈现中灌丛＞大灌丛＞小灌丛。这 3 种体量的灌丛沙堆土壤有机碳含量与冠层指数拟合曲线的斜率分别为–0.741、–0.6487 和–0.4035。R^2分别为 0.6983、0.2052 和 0.5812（表 6-1）。

表 6-1 灌丛沙堆土壤有机碳含量与冠层指数（CI）之间的拟合方程和 R^2

土层深度	小灌丛	中灌丛		大灌丛	
0～10cm	$y=-0.4035x+2.7428$ $R^2=0.5812$	$y=-0.741x+3.0669$	$R^2=0.6983$	$y=-0.6487x+2.3253$	$R^2=0.2052$
10～20cm	$y=-0.3321x+2.5724$ $R^2=0.6539$	$y=-0.435x+2.741$	$R^2=0.7578$	$y=-0.3661x+2.7161$	$R^2=0.2895$
20～30cm	$y=-0.3071x+2.3869$ $R^2=0.6677$	$y=-0.3844x+2.4906$	$R^2=0.6758$	$y=-0.5586x+2.7544$	$R^2=0.7653$

10～20cm 土层不同体量的灌丛沙堆土壤有机碳含量都显示出随着冠层指数的增加而降低，同样表现为距灌丛中心距离越远土壤有机碳含量越低。3 种体量灌丛沙堆土壤有机碳含量与冠层指数的斜率大小趋势也表现为中灌丛＞大灌丛＞小灌丛。3 种体量灌丛沙堆土壤有机碳含量与冠层指数拟合曲线的斜率分别为

–0.435、–0.3661 和–0.3321。R^2分别为 0.7578、0.2895 和 0.6539（表 6-1）。在 10～20cm 土层中，3 种体量不同的灌丛沙堆土壤有机碳含量与冠层指数拟合曲线的斜率相比于表层均呈减小趋势。

20～30cm 土层不同体量灌丛沙堆土壤有机碳含量也均随冠层指数的增大而降低，也呈现为距灌丛中心越远土壤有机碳含量越低的趋势。3 种体量灌丛沙堆土壤有机碳含量与冠层指数拟合曲线的斜率大小呈现大灌丛＞中灌丛＞小灌丛。3 种体量的灌丛沙堆土壤有机碳含量和冠层指数拟合曲线的斜率分别为–0.5586、–0.3844 和–0.3071。R^2分别为 0.7653、0.6758 和 0.6677（表 6-1）。大灌丛沙堆 20～30cm 土层的土壤有机碳含量与冠层指数拟合曲线的斜率相比 10～20cm 土层有明显增加。

总体而言，土壤有机碳含量和冠层指数的拟合关系初步表明，土壤有机碳在不同体量灌丛沙堆中均形成了有效富集，并且在灌丛沙堆不断发育过程中富集程度有所增强。特别是随着土层深度的增加，这种富集程度会随着灌丛沙堆体量的增加更加明显。

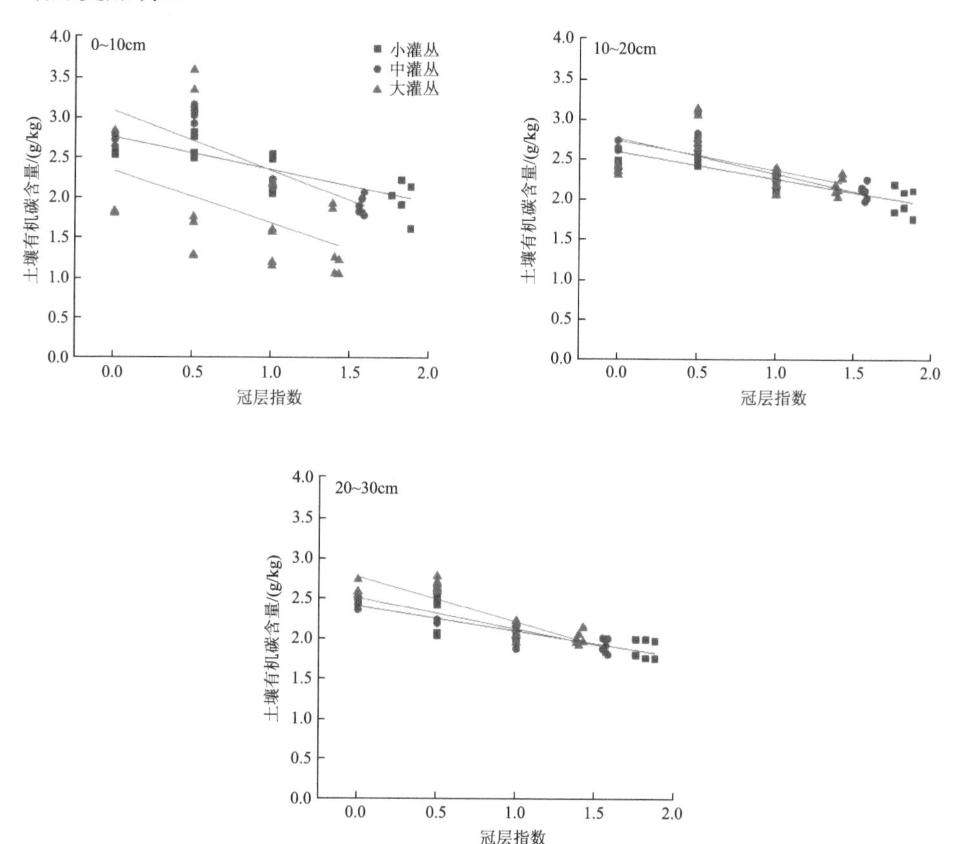

图 6-1 灌丛沙堆土壤有机碳含量与冠层指数的拟合关系

6.1.1.2　灌丛沙堆土壤碱解氮含量与冠层指数的关系

图 6-2 是不同体量灌丛沙堆中的土壤碱解氮含量与冠层指数的拟合关系。结果显示，0～10cm 土层不同体量灌丛沙堆的土壤碱解氮含量随着冠层指数的增加而降低，即距灌丛中心越远碱解氮含量越低。3 种体量的灌丛沙堆土壤碱解氮含量与冠层指数拟合曲线的斜率大小表现为大灌丛＞中灌丛＞小灌丛。3 种体量的灌丛沙堆土壤碱解氮含量与冠层指数拟合曲线的斜率分别为–7.9255、–6.3137 和–3.7626。R^2分别为 0.4695、0.7461 和 0.9017（表 6-2）。

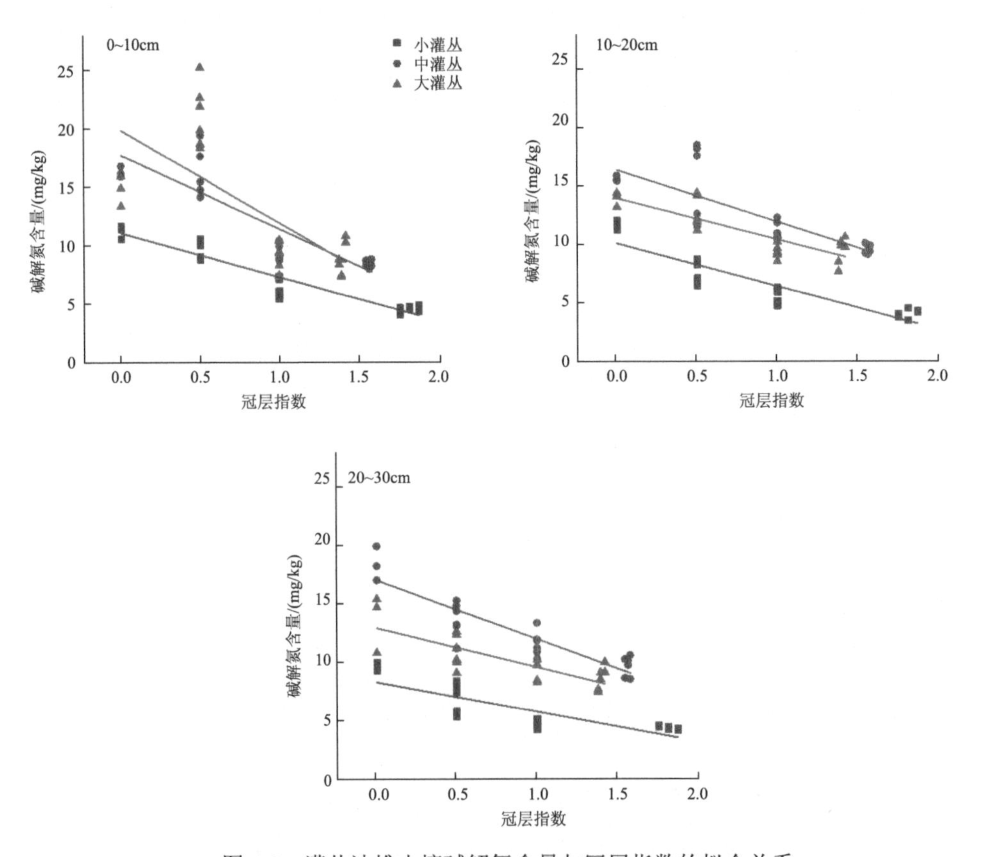

图 6-2　灌丛沙堆土壤碱解氮含量与冠层指数的拟合关系

在 10～20cm 土层不同体量灌丛沙堆中，土壤碱解氮含量随冠层指数的增加而减少，也表现为距灌丛中心越远土壤碱解氮含量越低的趋势。3 种体量的灌丛沙堆土壤碱解氮含量与冠层指数拟合曲线的斜率大小表现为中灌丛＞小灌丛＞大灌丛。3 种体量的灌丛沙堆土壤碱解氮含量与冠层指数拟合曲线的斜率分别为–4.2812、–3.5411 和–3.4066。R^2分别为 0.6314、0.8238 和 0.7034（表 6-2）。10～

20cm 土层 3 种体量的灌丛沙堆土壤碱解氮含量与冠层指数拟合曲线的斜率相比于表层也均有减小。

表 6-2 灌丛沙堆土壤碱解氮含量与冠层指数之间的拟合方程和 R^2

土层深度	小灌丛		中灌丛		大灌丛	
0～10cm	y=–3.7626x+11	R^2=0.9017	y= –6.3137x+17.677	R^2=0.7461	y= –7.9255x+19.798	R^2=0.4695
10～20cm	y=–3.5411x+9.6871	R^2=0.8238	y= –4.2812x+15.751	R^2=0.6314	y= –3.4066x+13.409	R^2=0.7034
20～30cm	y=–2.4398x+7.9543	R^2=0.6813	y= –4.8556x+16.381	R^2=0.8045	y= –3.2482x+12.434	R^2=0.6058

在不同体量的灌丛沙堆中，20～30cm 土层土壤碱解氮含量都随冠层指数的增加而降低，表现为从灌丛中心向外土壤碱解氮含量减少的趋势。3 种体量的灌丛沙堆土壤碱解氮含量与冠层指数拟合曲线的斜率大小表现为中灌丛＞大灌丛＞小灌丛。3 种体量灌丛沙堆土壤碱解氮含量与冠层指数拟合曲线的斜率分别为–4.8556、–3.2482 和–2.4398。R^2分别为 0.8045、0.6058 和 0.6813（表 6-2）。与 10～20cm 土层相比 20～30cm 土层中中灌丛沙堆土壤碱解氮含量与冠层指数拟合曲线的斜率有所增加。

总体而言，土壤碱解氮含量和冠层指数的拟合关系初步表明，土壤碱解氮含量在不同体量灌丛沙堆中也均形成了有效富集，并且在灌丛沙堆不断发育过程中富集程度有所增强。与土壤有机碳不同的是，土壤碱解氮的含量随着土层深度的增加富集程度不断减小，表层的富集程度最为明显。

6.1.1.3 灌丛沙堆土壤速效磷含量与冠层指数的关系

图 6-3 是不同体量的灌丛沙堆土壤速效磷含量与冠层指数之间的拟合关系。结果显示，在不同体量灌丛沙堆中，0～10cm 土层的土壤速效磷含量随冠层指数的增加而降低，即呈现从灌丛中心向外土壤速效磷含量减少的趋势。3 种体量的灌丛沙堆土壤速效磷含量与冠层指数拟合曲线的斜率表现为大灌丛＞中灌丛＞小灌丛。3 种体量的灌丛沙堆土壤速效磷含量与冠层指数拟合曲线的斜率分别为–9.8827、–7.0845 和–4.6932。R^2分别为 0.6971、0.5473 和 0.7373（表 6-3）。

在 10～20cm 土层中，不同体量的灌丛沙堆土壤速效磷含量随冠层指数的增加而降低，同样呈现从灌丛中心向外土壤速效磷含量减少的趋势。3 种体量的灌丛沙堆土壤速效磷含量与冠层指数拟合曲线的斜率表现为大灌丛＞中灌丛＞小灌丛。3 种体量灌丛沙堆土壤速效磷含量与冠层指数拟合曲线的斜率分别为–7.6862、–6.4132 和–4.4276。R^2分别为 0.9116、0.8362 和 0.7313（表 6-3）。10～20cm 土层的 3 种体量灌丛沙堆土壤速效磷含量与冠层指数拟合曲线的斜率比 0～10cm 土层有所减小。

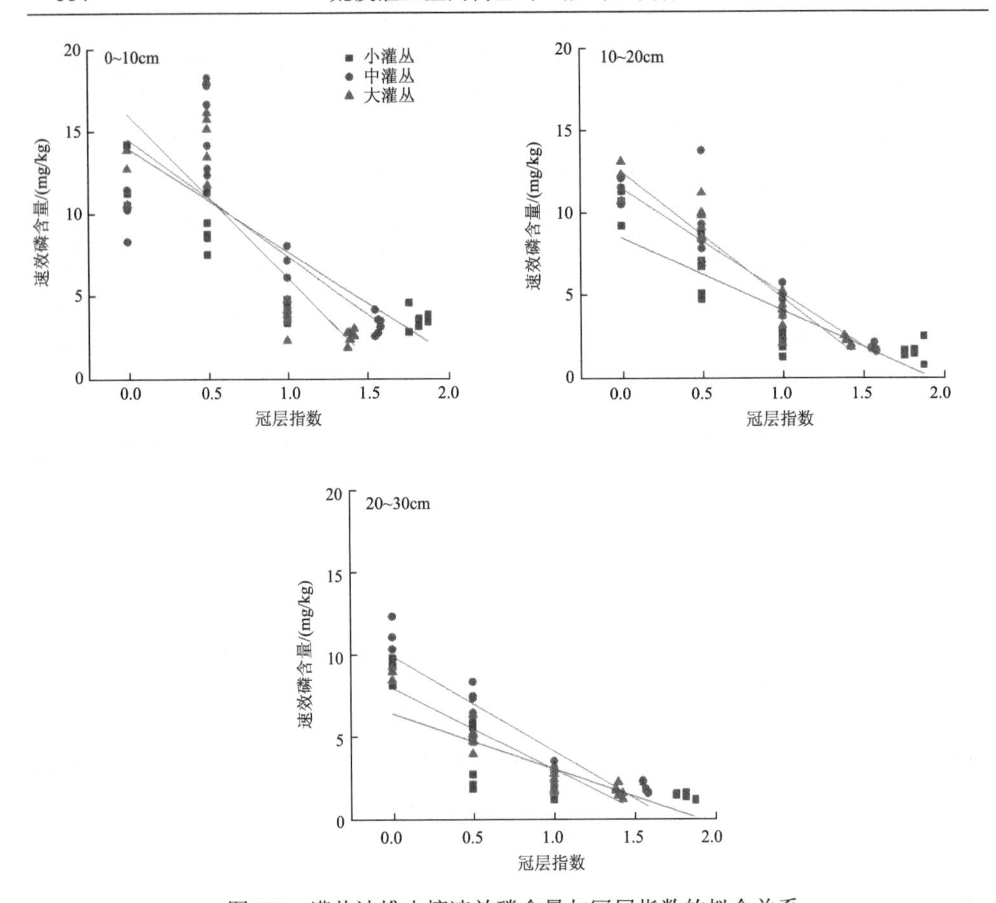

图 6-3　灌丛沙堆土壤速效磷含量与冠层指数的拟合关系

表 6-3　灌丛沙堆土壤速效磷含量与冠层指数之间的拟合方程和 R^2

土层深度	小灌丛	中灌丛	大灌丛
0～10cm	$y=-4.6932x+11.116$ $R^2=0.7373$	$y=-7.0845x+14.577$　$R^2=0.5473$	$y=-9.8827x+16.087$　$R^2=0.6971$
10～20cm	$y=-4.4276x+8.5864$ $R^2=0.7313$	$y=-6.4132x+11.595$　$R^2=0.8362$	$y=-7.6862x+12.607$　$R^2=0.9116$
20～30cm	$y=-3.358x+6.4756$ $R^2=0.5952$	$y=-5.7667x+9.9713$　$R^2=0.8502$	$y=-4.9137x+8.0089$　$R^2=0.8932$

在 20～30cm 土层中，不同体量的灌丛沙堆土壤速效磷含量随冠层指数的增加而降低，呈现出距灌丛中心越远含量越低的趋势。3 种体量的灌丛沙堆土壤速效磷含量与冠层指数拟合曲线的斜率表现为中灌丛＞大灌丛＞小灌丛。3 种体量灌丛沙堆土壤速效磷含量与冠层指数拟合曲线的斜率分别为–5.7667、–4.9137 和–3.358。

R^2分别为 0.8502、0.8932 和 0.5952（表 6-3）。与 10～20cm 土层相比，20～30cm 土层的 3 种体量灌丛沙堆土壤碱解氮含量与冠层指数拟合曲线的斜率有所减小。

整体来看，土壤速效磷含量和冠层指数的拟合关系初步显示，不同体量灌丛沙堆中的土壤速效磷含量均形成了有效富集，且随着灌丛沙堆的不断发育，富集程度增强。土壤速效磷随着土层深度的增加富集程度不断减小，表层的富集程度最为明显。这一规律与碱解氮的变化规律基本一致。

6.1.1.4　灌丛沙堆土壤速效钾含量与冠层指数的关系

图 6-4 是不同体量的灌丛沙堆土壤速效钾含量与冠层指数的拟合曲线。结果显示，在 0～10cm 土层中不同体量的灌丛沙堆土壤速效钾含量随冠层指数的增加而降低，即距灌丛中心越远土壤速效钾含量越低。3 种体量的灌丛沙堆表层土壤速效钾含量与冠层指数拟合曲线的斜率表现为大灌丛＞小灌丛＞中灌丛。这 3 种体量灌丛沙堆表层的土壤速效钾含量与冠层指数拟合曲线的斜率依次为–22.517、–10.686 和–7.7032。R^2分别为 0.6673、0.3313 和 0.2353（表 6-4）。

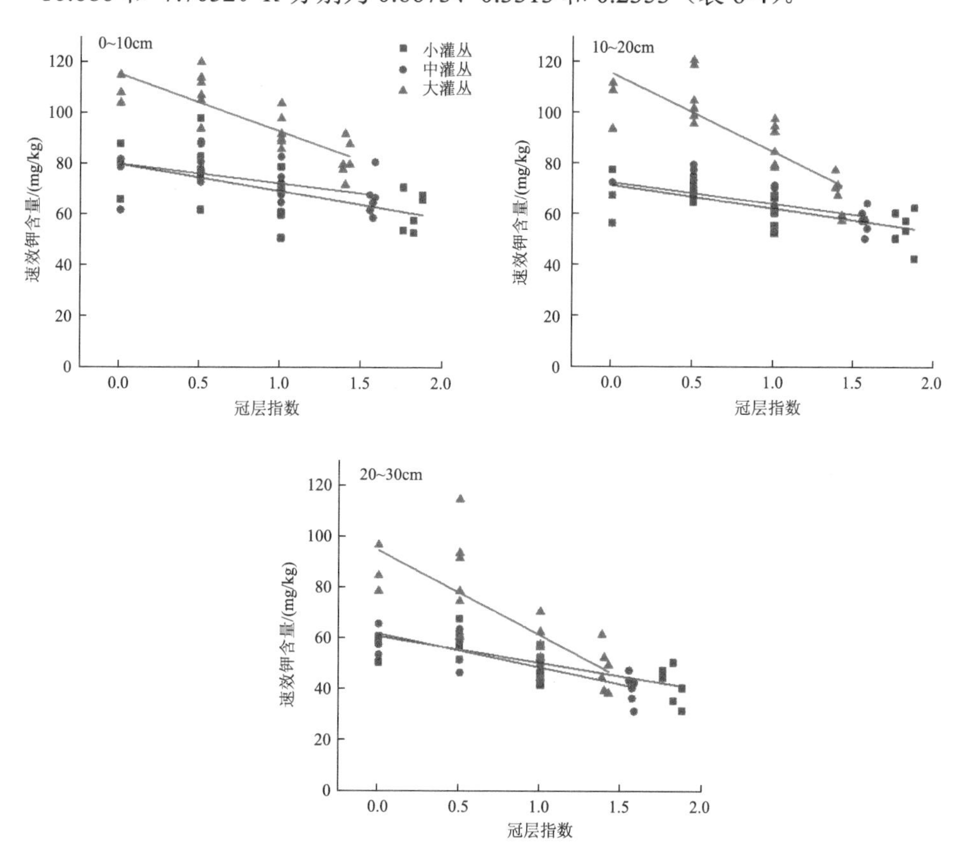

图 6-4　灌丛沙堆土壤速效钾含量与冠层指数的拟合关系

表 6-4 灌丛沙堆土壤速效钾含量与冠层指数之间的拟合方程和 R^2

土层深度	小灌丛	中灌丛		大灌丛	
0～10cm	$y=-10.686x+79.988$ $R^2=0.3313$	$y=-7.7032x+80.177$	$R^2=0.2353$	$y=-22.517x+115.23$	$R^2=0.6673$
10～20cm	$y=-9.1422x+71.81$ $R^2=0.4447$	$y=-8.3857x+72.966$	$R^2=0.3244$	$y=-30.783x+115.7$	$R^2=0.6829$
20～30cm	$y=-10.354x+61.102$ $R^2=0.5439$	$y=-13.14x+62.179$	$R^2=0.6233$	$y=-33.324x+94.904$	$R^2=0.6213$

10～20cm 土层不同体量灌丛沙堆的土壤速效钾含量随冠层指数的增加而降低，也表现为距灌丛中心越远土壤速效钾含量越低。3 种体量的灌丛沙堆土壤速效钾含量与冠层指数拟合曲线的斜率表现为大灌丛＞小灌丛＞中灌丛。3 种体量的灌丛沙堆土壤速效钾含量与冠层指数拟合曲线的斜率分别为–30.783、–9.1422 和–8.3857。R^2分别为 0.6829、0.4447 和 0.3244（表 6-4）。相较于表层，10～20cm 土层的大灌丛与中灌丛沙堆土壤速效钾含量与冠层指数拟合曲线的斜率均有所增大。

20～30cm 土层中，不同体量的灌丛沙堆土壤速效钾含量随冠层指数的增加而降低，也表现为距灌丛中心越远土壤速效钾含量越低。3 种体量的灌丛沙堆土壤速效钾含量与冠层指数拟合曲线的斜率表现为大灌丛＞中灌丛＞小灌丛，土壤速效钾含量与冠层指数拟合曲线的斜率分别为–33.324、–13.14 和–10.354。R^2分别为 0.6213、0.6233 和 0.5439（表 6-4）。与 10～20cm 土层相比，20～30cm 土层中 3 种体量的灌丛沙堆土壤速效钾含量与冠层指数拟合曲线的斜率都有所增大。

拟合关系初步表明，土壤速效钾含量在不同体量灌丛沙堆中也均形成了有效富集，且随灌丛沙堆的发育富集程度有所增强。与碱解氮和速效磷不同的是，中灌丛和大灌丛土壤速效钾的含量随着土层深度的增加富集程度不断增加。

6.1.1.5 灌丛沙堆土壤养分的富集过程

图 6-5 为不同体量灌丛沙堆土壤养分含量差值图。通过克里金插值法形成的不同体量灌丛沙堆的土壤养分含量分布图可以清晰地得到土壤养分的富集状态。并且可根据不同体量灌丛沙堆的土壤养分含量插值图变化得出沙堆不同发育阶段土壤养分含量分布的动态变化过程。

图 6-5a_1～a_3 为不同体量灌丛沙堆土壤有机碳含量的变化规律。其中，图 6-5a_1 为小灌丛沙堆土壤有机碳含量的分布特征。由图可知，四合木小灌丛沙堆的土壤有机碳含量在沙堆顶部开始增加，并且在背风坡的顶部到腰部开始出现富集状态，但总体富集效果较差。在背风坡腰部，0～10cm 土层有机碳含量为沙堆顶部的 112.96%；10～20cm 土层有机碳含量为沙堆顶部的 110.31%；20～30cm 土层有机

碳含量为沙堆顶部的 100.97%。图 6-5a_2 为中灌丛沙堆土壤有机碳含量的分布特征，可以看出灌丛沙堆上部土壤有机碳呈富集状态，该阶段土壤有机碳表现出开始从顶部向两侧腰部富集的变化规律，背风坡的土壤有机碳富集程度较迎风坡更高。0～10cm 土层中，背风坡腰部的有机碳含量为沙堆顶部的 115.89%；10～20cm 土层中，背风坡腰部有机碳含量为沙堆顶部的 105.00%；20～30cm 土层中，背风坡腰部土层有机碳含量为沙堆顶部的 108.13%。图 6-5a_3 为大灌丛沙堆土壤有机碳的分布特征，结果发现，土壤有机碳已经在表层顶部和沙堆两侧腰部发生了富集，在含量增加的同时富集深度也逐渐加深。并且背风坡一侧的富集深度相比迎风侧有所增加，其中，迎风侧腰部的 0～10cm 土层土壤有机碳含量为背风侧腰部的 93.46%。

图 6-5b_1～b_3 为不同体量灌丛沙堆土壤碱解氮含量的变化规律。其中图 6-5b_1 为小灌丛沙堆土壤碱解氮含量的分布特征，由图可知，四合木小灌丛沙堆的土壤碱解氮含量在沙堆顶部开始增加，相比小灌丛沙堆的土壤有机碳，土壤碱解氮含量的富集程度较低，仅在灌丛沙堆顶部的表层碱解氮含量有所增加，迎风坡底部、迎风坡腰部、背风坡腰部、背风坡底部的 0～10cm 土层碱解氮含量分别为沙堆顶部的 64.47%、79.19%、91.77%和 51.66%。图 6-5b_2 为中灌丛沙堆土壤碱解氮含量的分布特征，图中同样表现出了明显的土壤碱解氮的富集状态，并且从顶部到背风坡的腰部产生了富集效果，相比小灌丛沙堆土壤碱解氮含量的变化，中灌丛沙堆土壤碱解氮的富集深度明显提升。迎风坡底部、迎风坡腰部、背风坡腰部、背风坡底部的 20～30cm 土层碱解氮含量分别为沙堆顶部的 60.28%、69.96%、78.41%和 65.41%。图 6-5b_3 为大灌丛沙堆土壤碱解氮含量的分布特征，结果表明，土壤碱解氮含量整体增加，其中在大灌丛沙堆两侧腰部的富集特征尤为明显，并且与其他部位土壤碱解氮含量差异较大，其中背风坡腰部的表层土壤碱解氮含量为沙堆顶部的 1.09 倍。

图 6-5c_1～c_3 为不同体量灌丛沙堆土壤速效磷含量的变化规律。其中图 6-5c_1 为小灌丛沙堆土壤速效磷含量的分布特征，由图可知，四合木小灌丛沙堆的土壤速效磷含量在沙堆顶部开始增加，并扩大至沙堆两侧腰部。速效磷含量在小灌丛沙堆顶部的分布与其他部位差异明显，随着土层深度的增加呈现差异逐渐减小的趋势，并且这种变化规律在沙堆中呈现灌丛迎风侧和背风侧的对称性。0～10cm 土层中，迎风坡腰部与背风坡腰部速效磷含量分别为 9.20mg/kg 和 9.89mg/kg。图 6-5c_2 为中灌丛沙堆土壤速效磷含量的分布特征，图中同样表现出了明显的土壤速效磷的富集状态，从沙堆顶部到两侧腰部同时产生了富集效果，其中背风坡一侧的土壤速效磷含量较迎风侧的含量明显增加。0～10cm 土层中，迎风坡腰部速效磷含量是背风坡腰部的 74.57%。图 6-5c_3 为大灌丛沙堆土壤速效磷含量的分布特征，结果表明，大灌丛沙堆的顶部和两侧同时发生了土壤速效磷含量的富集，背风侧相比迎风侧富集程度更高，但迎风侧的速效磷含量同样产生了较大提升。

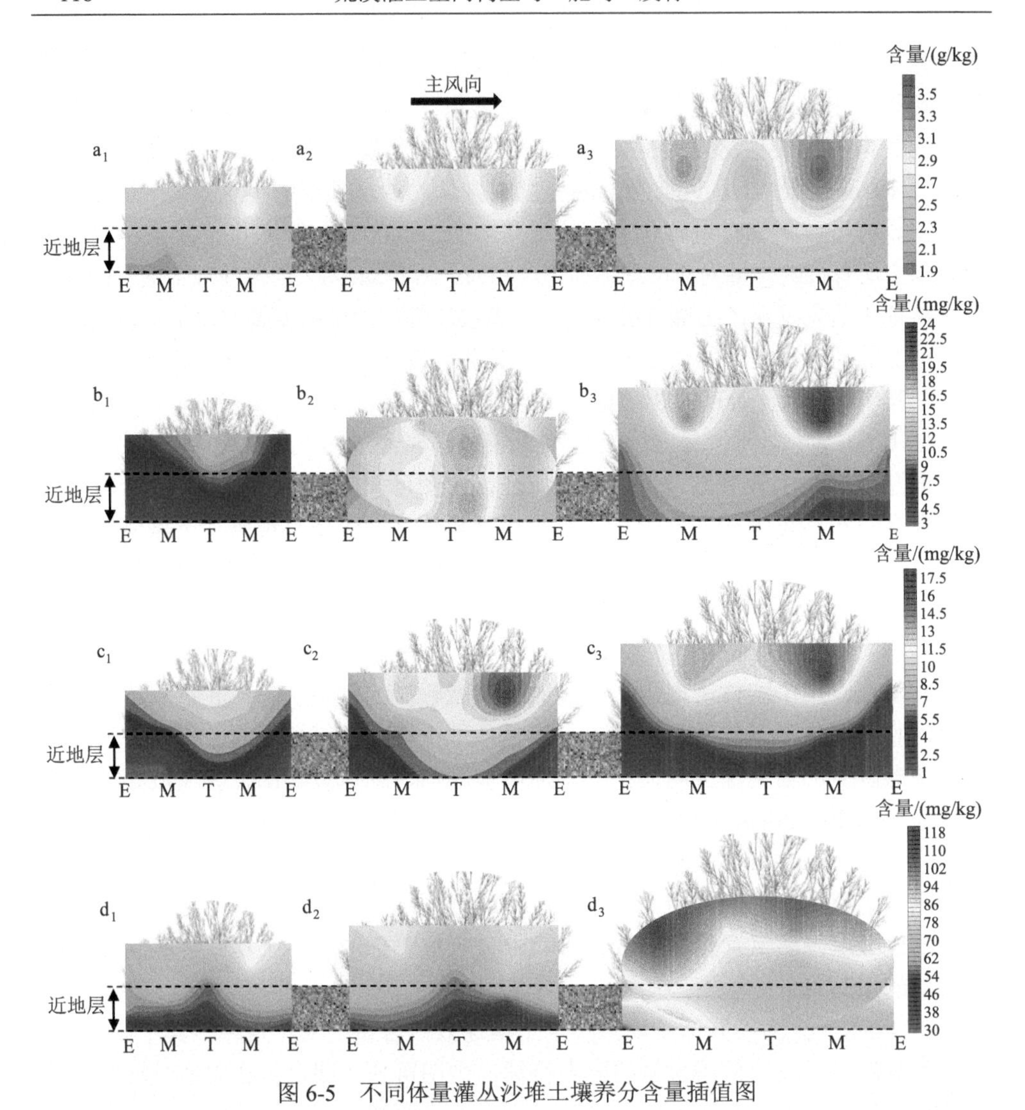

图 6-5　不同体量灌丛沙堆土壤养分含量插值图

a_1、a_2、a_3分别为小、中、大灌丛沙堆土壤有机碳含量；b_1、b_2、b_3分别为小、中、大灌丛沙堆土壤碱解氮含量；c_1、c_2、c_3分别为小、中、大灌丛沙堆土壤速效磷含量；d_1、d_2、d_3分别为小、中、大灌丛沙堆土壤速效钾含量；E、M、T 分别表示灌丛沙堆底部、腰部和顶部

图 6-5d_1～d_3为不同体量灌丛沙堆土壤速效钾含量的变化规律。其中图 6-5 d_1为小灌丛沙堆土壤速效钾含量的分布特征，由图可知，四合木小灌丛沙堆的土壤速效钾含量在背风侧的腰部开始增加，但未产生有效的富集效果。迎风坡腰部表层土壤速效钾含量为背风坡腰部的83.59%。图 6-5d_2为中灌丛沙堆土壤速效钾含量的分布特征，结果表明，土壤速效钾含量在灌丛沙堆两侧表层开始发生富集，但整体与其他土壤养分指标相比富集程度较低。图 6-5c_3为大灌丛沙堆土壤速效钾含量

的分布特征，由图可知，大灌丛的速效钾含量整体呈现了较大的富集，并且呈现均匀性富集状态。大灌丛沙堆土壤速效钾含量相比中灌丛沙堆有了明显提升。以表层为例，迎风坡底部和背风坡底部速效钾含量分别为沙堆顶部的 81.65%和 89.29%。

总体而言，土壤养分在不同体量的灌丛中均呈现出不同程度的富集状态，并且富集程度在中灌丛沙堆和大灌丛沙堆中更加明显。四合木灌丛沙堆存在明显的“肥岛”效应，并且随着灌丛沙堆体量的增加“肥岛”效应逐渐增强。

6.1.1.6 不同体量灌丛对沙堆土壤体积含水量的影响

小灌丛沙堆土壤体积含水量的分布特征如图 6-6 所示。小灌丛沙堆不同部位的土壤体积含水量呈现出 10～20cm＞20～30cm＞0～10cm 的趋势。0～10cm 土层中不同部位小灌丛沙堆体积含水量表现出 T＞M2＞M4＞E4＞E2＞O4＞O2 的趋势，灌丛沙堆顶部体积含水量最大，为 0.0153m^3/m^3，灌丛沙堆迎风侧外部体积含水量最小，为 0.0017m^3/m^3。10～20cm 土层中不同部位的小灌丛沙堆体积含水量呈现出 T＞M2＞M4＞E4＞E2＞O2＞O4 的趋势，体积含水量最大为灌丛沙堆顶部，为 0.0633m^3/m^3，体积含水量最小为灌丛沙堆迎风侧外部，为 0.0270m^3/m^3。20～30cm 土层小灌丛沙堆不同部位的体积含水量大小呈现出 T＞M2＞M4＞E4＞O4＞O2＞E2 的趋势，灌丛沙堆顶部体积含水量最大，为 0.0536m^3/m^3，体积含水量最小为灌丛沙堆迎风侧底部，为 0.0177m^3/m^3。整体来看，小灌丛沙堆各层呈现出距灌丛沙堆中心距离越远土壤体积含水量越少的趋势。

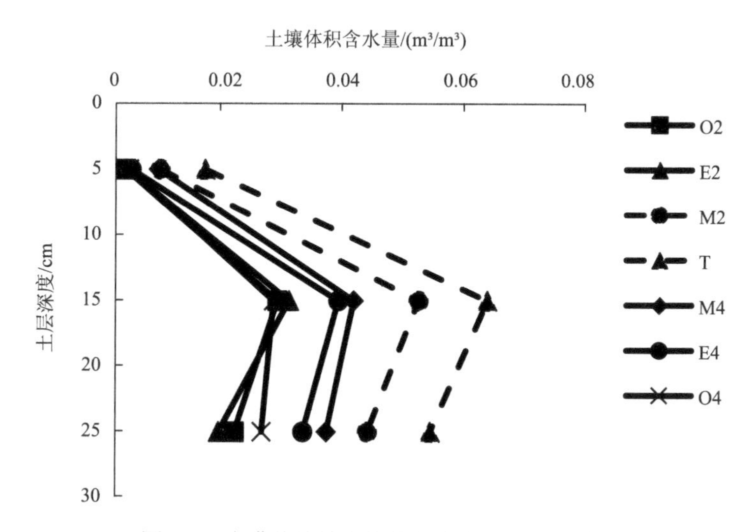

图 6-6 小灌丛沙堆土壤体积含水量的分布特征

M2、E2、O2 分别为迎风侧腰部、底部和外部；M4、E4、O4 分别为背风侧腰部、底部和外部；T 为灌丛沙堆顶部；下同中灌丛沙堆土壤体积含水量的分布特征如图 6-7 所示，中灌丛沙堆不同部位的土壤体积含水量呈现出 20～30cm＞10～20cm＞0～10cm 的趋势。在 0～10cm 土层中不同部位中灌丛沙堆体积含水量呈现出 T＞M4＞E4＞M2＞E2＞O4＞O2 的趋势，灌丛沙堆顶部体积含水量最大，为 0.0290m^3/m^3，灌丛沙堆迎风侧外部体积含水量最小，为 0.0060m^3/m^3。10～20cm 土层中不同部位的中灌丛沙堆体积含水量呈现出 T＞M2＞E2＞M4＞E4＞O4＞O2 的趋势，其中体积含水量最大为灌丛沙堆顶部，为 0.0647m^3/m^3，层体积含水量最小为灌丛沙堆迎风侧外部，为 0.0283m^3/m^3。20～30cm 土层中灌丛沙堆不同部位的体积含水量呈现出 T＞M4＞M2＞E4＞E2＞O2＞O4 的趋势，灌丛沙堆顶部体积含水量最大，为 0.0580m^3/m^3，体积含水量最小为灌丛沙堆背风侧底部，为 0.0297m^3/m^3。整体来看，中灌丛沙堆各层同样呈现出距灌丛沙堆中心距离越远土壤体积含水量越少的趋势。

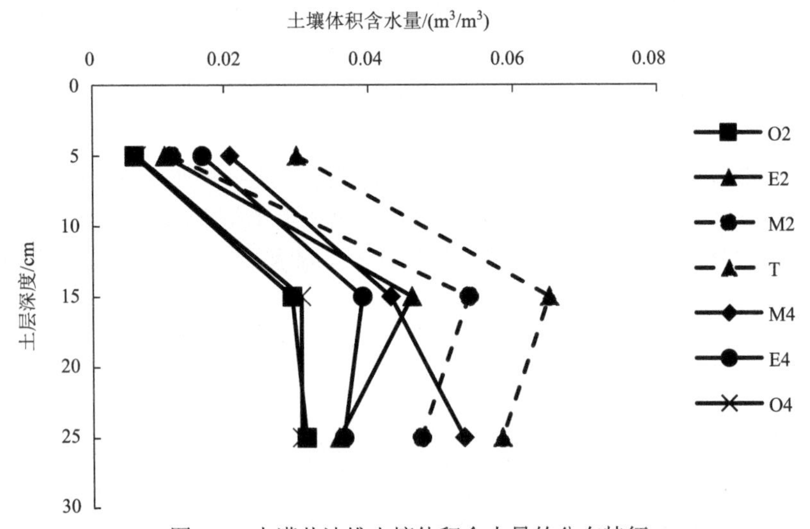

图 6-7　中灌丛沙堆土壤体积含水量的分布特征

大灌丛沙堆土壤体积含水量的分布特征如图 6-8 所示，大灌丛沙堆不同部位的土壤体积含水量也均呈现出 20～30cm＞10～20cm＞0～10cm 的趋势。在 0～10cm 土层中不同部位大灌丛沙堆体积含水量呈现出 T＞M4＞E4＞M2＞E2＞O4＞O2 的趋势，灌丛沙堆顶部体积含水量最大，为 0.0333m^3/m^3，灌丛沙堆迎风侧外部体积含水量最小，为 0.0093m^3/m^3。10～20cm 土层中不同部位的大灌丛沙堆体积含水量呈现出 T＞M4＞M2＞E4＞E2＞O4＞O2 的趋势，其中体积含水量最大为灌丛沙堆顶部，为 0.0880m^3/m^3，体积含水量最小为灌丛沙堆迎风侧外部，为 0.0300m^3/m^3。20～30cm 土层中大灌丛沙堆不同部位的体积含水量大小呈现出 T＞M4＞M2＞E4＞E2＞O2＞O4 的趋势，灌丛沙堆顶部体积含水量最大，为 0.0857m^3/m^3，体积含水量最小为灌丛沙堆背风侧外部，为 0.0310m^3/m^3。整体来看，大灌丛沙堆各层同样呈现出距灌丛沙堆中心距离越远土壤体积含水量越少的趋势。

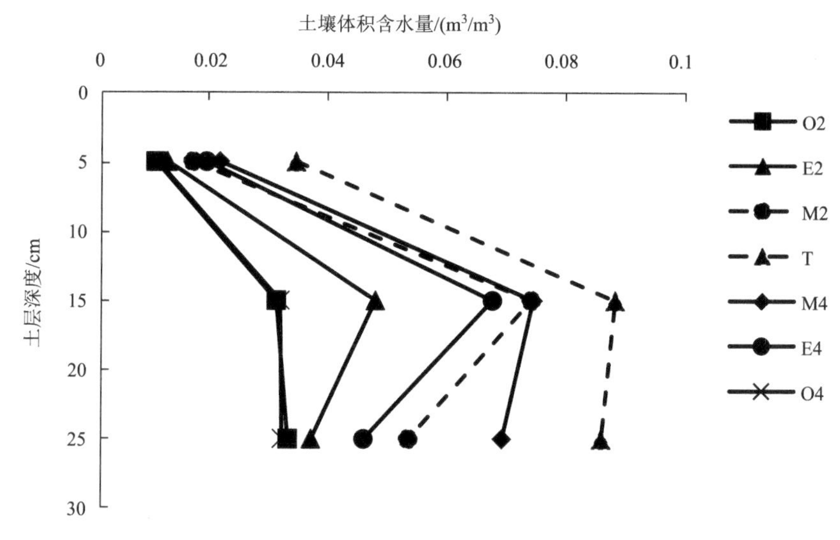

图 6-8　大灌丛沙堆土壤体积含水量的分布特征

从图 6-6 至图 6-8 中可知，随着灌丛沙堆体量的增加，不同部位及土层深度对应的土壤体积含水量整体呈现增加的趋势。

在四合木生长的荒漠草原-荒漠过渡带，沉积物中小于 50μm 的细颗粒显著减少，100～250μm 的粗颗粒显著增加。在先期土壤质地和敏感组分的研究分析中也发现灌丛沙堆各部位沉积物中的主要粒径集中于细砂组分。因此，本研究集中对 100～250μm 和小于 100μm 的沉积物组分与土壤养分含量的关系进行研究，与此同时，为了明确四合木灌丛沙堆的土壤水分特征对养分含量的影响，本研究利用冗余分析对关键沉积物组分、土壤体积含水量（VWC）和土壤养分进行了相关分析（图 6-9）。结果表明，100～250μm 的沉积物组分与土壤养分均呈现正相关

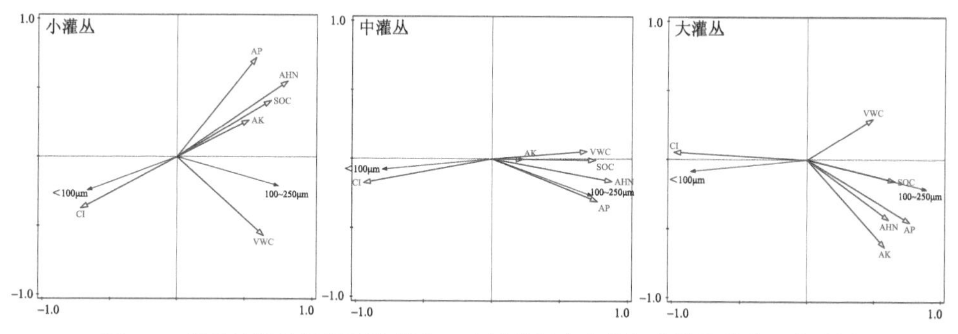

图 6-9　灌丛沙堆关键沉积物组分、土壤体积含水量与土壤养分的冗余分析

SOC 为土壤有机碳，AHN 为碱解氮，AP 为速效磷，AK 为速效钾，VWC 为土壤体积含水量，CI 为冠层指数

关系，并且随灌丛沙堆体量的增加正向关系逐渐增强，而更小的细粒物质含量与养分含量呈现负相关关系。灌丛沙堆土壤体积含水量与土壤有机碳（SOC）和碱解氮（AHN）含量整体也呈现正相关关系。总体而言，灌丛沉积物中的细砂组分和土壤水分含量对于灌丛沙堆内部的养分含量分布具有重要影响。

6.1.2　柽柳灌丛发育对沙堆土壤养分含量的影响

如图 6-10 所示，柽柳灌丛生长过程中，速效磷含量大部分处于极缺乏水平（≤3.0mg/kg），仅小灌丛 0～10cm 土层部分速效磷含量处于缺乏水平（5.0～10mg/kg）。柽柳灌丛生长过程中速效钾含量大部分处于中等水平（100～150mg/kg）。

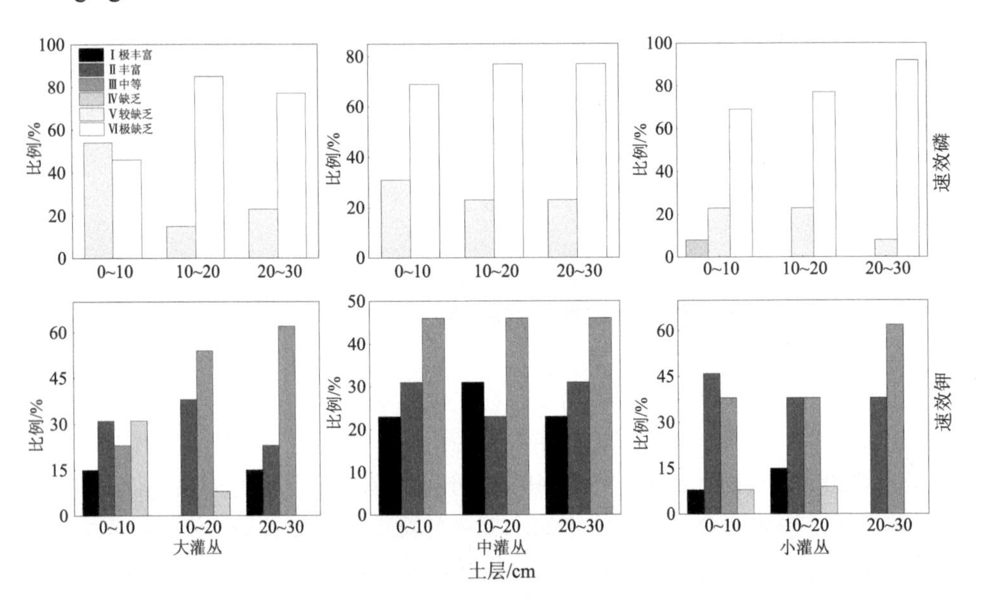

图 6-10　不同土层土壤速效磷与速效钾等级频率分布

6.1.2.1　有机质分布特征

如图 6-11 所示，由灌丛沙堆顶端至灌丛空地，土壤中有机质的含量由高到低依次下降，并呈现出同心圆的趋势。0～20cm 土层沙堆 N 方向等值线分布较密集，S 方向稀疏。土壤有机质含量呈随土层深度增加而减少的趋势，沙堆顶部 0～30cm 的土壤有机质含量分别为 3.40g/kg（0～10cm）、3.23g/kg（10～20cm）、4.60g/kg（20～30cm），其中土壤有机质含量在 0～10cm 土层分布较为分散，且有机质含量在背风侧沙堆的中部、底部和灌丛空地高于迎风侧。10～20cm 土层与 0～10cm 土层有机质含量分布规律一致，N-S 方向上，0～10cm 土层沙堆顶部、沙堆中部、沙堆底部、灌丛空地有机质含量均高于 10～20cm 土层，20～30cm 土层沙堆区域（沙堆顶部、沙堆中部、沙堆底部）有机质含量高于灌丛空地。

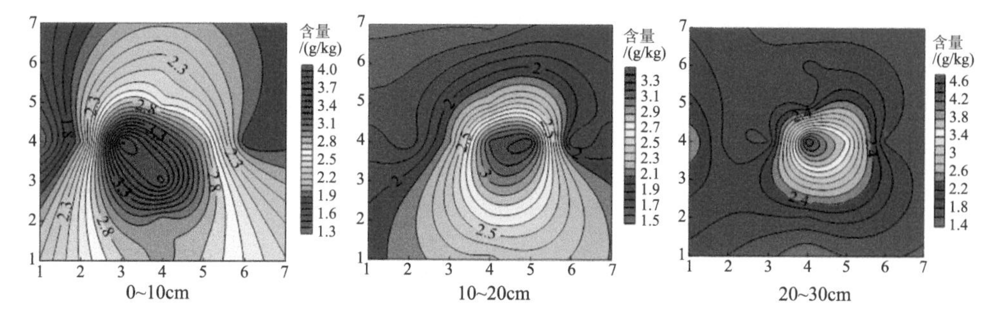

图 6-11 大灌丛沙堆有机质含量分布情况

E、W、S、N 表示东、西、南、北 4 个方向，O 为灌丛空地，E 为沙堆边缘，M 为沙堆中部，T 为沙堆顶部；纵坐标 1～7 分别表示 S-O、S-E、S-M、T、N-M、N-E、N-O；横坐标 1～7 分别表示 W-O、W-E、W-M、T、E-M、E-E、E-O；下同

中灌丛沙堆各层的有机质含量分布如图 6-12 所示，有机质含量由中灌丛沙堆顶部到灌丛空地呈同心圆形分布，由里向外含量逐渐递减。0～30cm 土层中中灌丛沙堆土壤有机质含量的最大值位于 S 方向的 M 部，其有机质含量分别为 5.77g/kg（0～10cm）、5.84g/kg（10～20cm）、5.47g/kg（20～30cm），在 0～30cm 土层中各沙堆有机质含量均高于灌丛空地，且有机质含量在背风侧沙堆中部、底部和灌丛空地高于迎风侧。

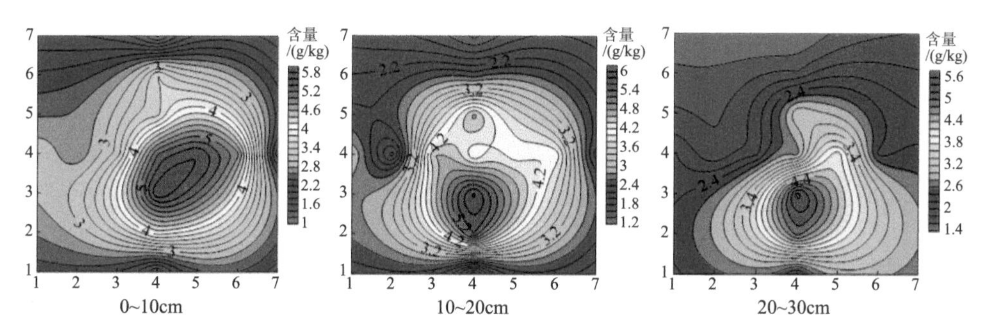

图 6-12 中灌丛沙堆有机质含量分布情况

由图 6-13 可知，小灌丛沙堆有机质含量分布情况较复杂，0～10cm 土层沙堆顶部有机质含量最高，沙堆顶部、沙堆中部有机质含量高于沙堆边缘、灌丛空地。在 0～20cm 土层中，土壤有机质含量最大均为灌丛顶部，其有机质含量分别为 4.73g/kg（0～10cm）、3.37g/kg（10～20cm），且 0～20cm 土层土壤有机质含量表现出沙堆顶部＞沙堆中部＞沙堆底部＞灌丛空地。小灌丛 20～30cm 土层有机质

含量分布不具有明显的规律性。

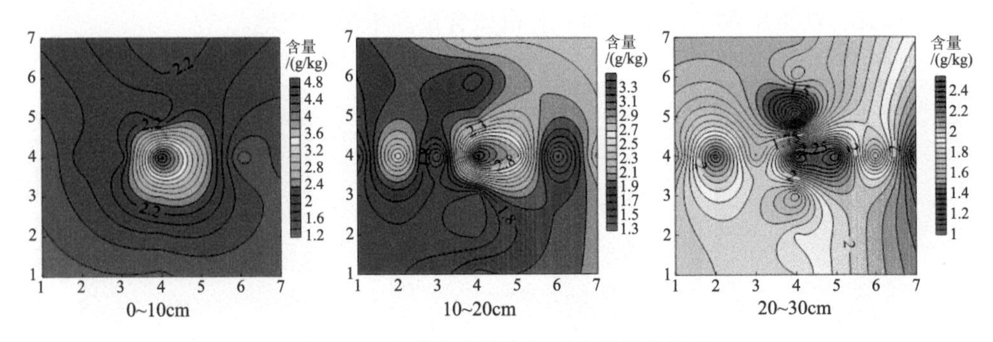

图 6-13　小灌丛沙堆有机质含量分布情况

6.1.2.2　碱解氮分布特征

不同等级柽柳灌丛周围土壤碱解氮含量分布剖面图如图 6-14 所示，由图 6-14 可知，中灌丛与大灌丛沙堆周围碱解氮含量水平分布上总体呈现灌丛空地＜沙堆边缘＜沙堆中部的趋势，随着灌丛的生长，柽柳灌丛周围土壤碱解氮含量均呈先增加后降低趋势，沙堆区域（沙堆顶部、沙堆中部、沙堆边缘）变化程度明显，小灌丛沙堆区域和灌丛空地间碱解氮含量分布差异较小，仅 0～10cm 土层沙堆顶部

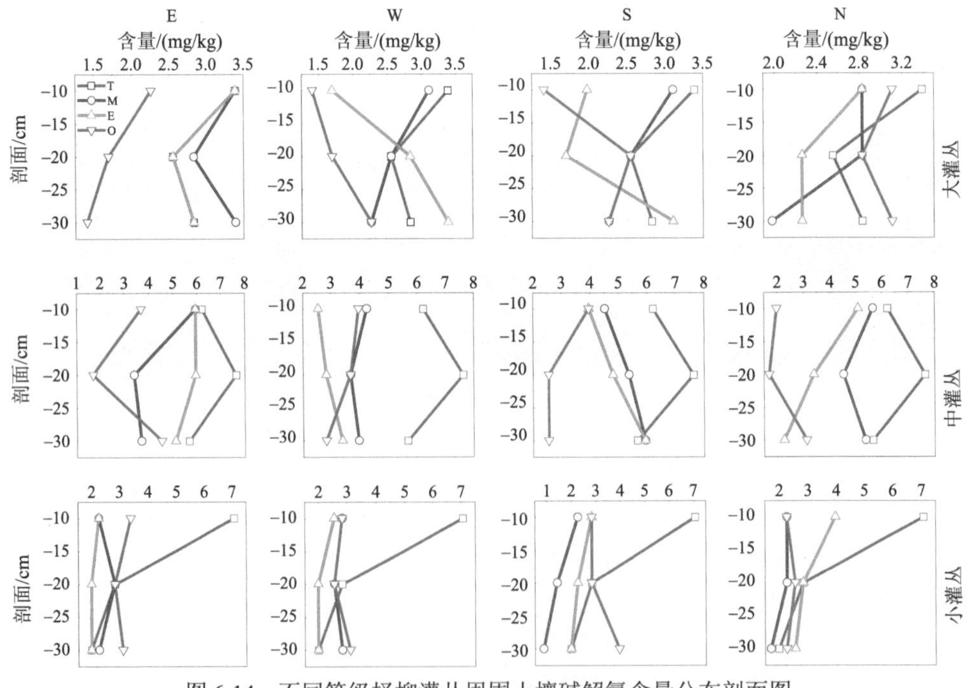

图 6-14　不同等级柽柳灌丛周围土壤碱解氮含量分布剖面图

碱解氮含量明显高于灌丛空地，沙堆中部、沙堆边缘土壤碱解氮含量均无明显差异。中灌丛 0～20cm 土层 S、N 方向碱解氮含量呈沙堆顶部＞沙堆中部＞沙堆边缘＞灌丛空地。中灌丛空地土壤碱解氮含量明显低于沙堆范围，大灌丛空地土壤碱解氮含量在 E、W 方向明显低于沙堆区域。

6.1.2.3　速效钾分布特征

大灌丛沙堆不同土层速效钾含量分布情况如图 6-15 所示，0～30cm 土层灌丛周围速效钾含量变化规律一致，均从沙堆顶部到灌丛空地递减，背风坡速效钾含量高于迎风坡。0～10cm 土层背风坡沙堆中部、沙堆边缘、灌丛空地速效钾含量分别较迎风坡增加 122mg/kg、78mg/kg、126mg/kg，10～20cm 土层背风坡沙堆中部、沙堆边缘、灌丛空地速效钾含量分别较迎风坡增加 102mg/kg、48mg/kg、82mg/kg，20～30cm 土层背风坡沙堆中部、沙堆边缘、灌丛空地速效钾含量分别较迎风坡增加 79mg/kg、115mg/kg、36mg/kg。土层从上到下，速效钾含量呈先减小再增加的趋势，0～10cm 土层速效钾含量为 89～222mg/kg，10～20cm 土层速效钾含量为 98～200mg/kg，20～30cm 土层速效钾含量为 103～234mg/kg。

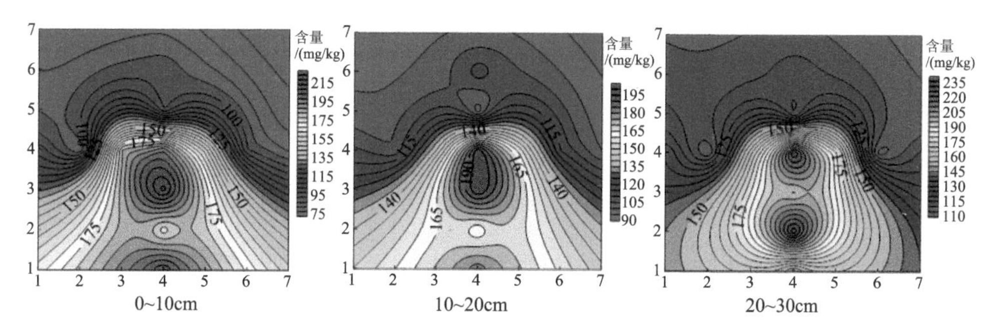

图 6-15　大灌丛沙堆速效钾含量分布情况

中灌丛沙堆不同土层速效钾含量分布情况如图 6-16 所示，由图 6-16 可知，0～30cm 土层灌丛周围速效钾含量变化规律一致，沙堆区域速效钾含量总体高于灌丛空地，0～30cm 土层沙堆 S 方向中部速效钾含量最高，分别为 301mg/kg（0～10cm）、317mg/kg（10～20cm）、283mg/kg（20～30cm），中灌丛沙堆背风坡速效钾含量均高于迎风坡。灌丛沙堆背风坡中部、边缘、空地 0～10cm、10～20cm、20～30cm 土层土壤速效钾含量高于迎风坡，0～10cm 土层分别增加 103mg/kg、46mg/kg、8mg/kg；10～20cm 土层分别增加 118mg/kg、99mg/kg、15mg/kg；20～30cm 土层分别增加 79mg/kg、56mg/kg、15mg/kg。

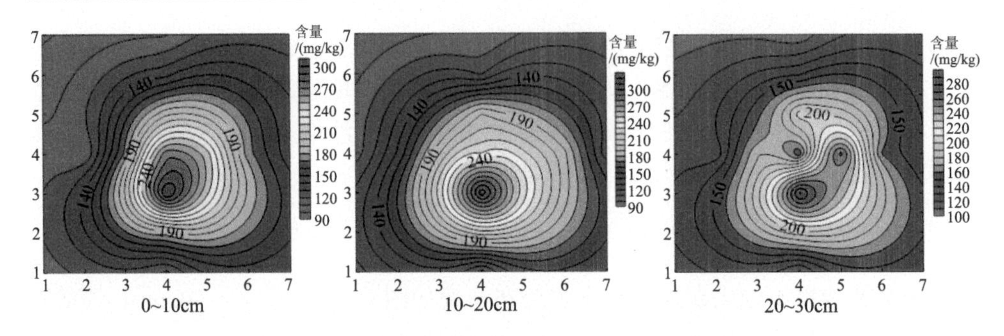

图 6-16　中灌丛沙堆速效钾含量分布情况

由图 6-17 可知，小灌丛沙堆速效钾含量分布情况较复杂，不具有明显的规律性。0～10cm 土层 S 方向沙堆中部速效钾含量最高，为 191mg/kg。0～10cm、20～30cm 土层沙堆区域速效钾含量总体高于灌丛空地。随着灌丛的生长发育，0～30cm 土层沙堆范围速效钾含量呈先增加再降低的趋势，大灌丛沙堆速效钾含量为 89～234mg/kg，中灌丛沙堆速效钾含量为 101～317mg/kg，小灌丛沙堆速效钾含量为 85～227mg/kg。

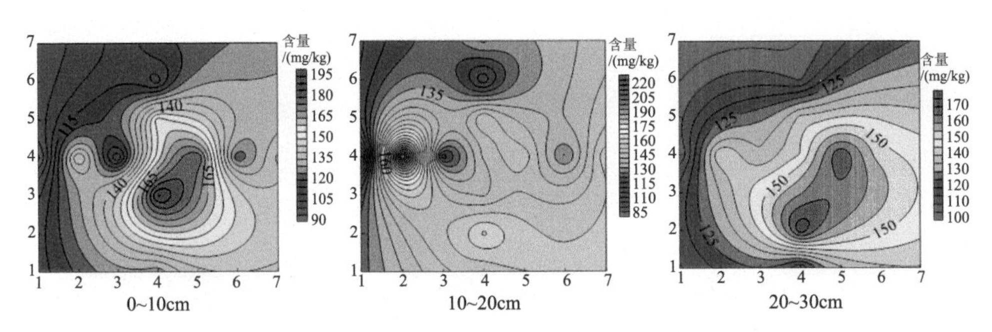

图 6-17　小灌丛沙堆速效钾含量分布情况

6.1.2.4　速效磷分布特征

柽柳灌丛周围浅层土壤速效磷含量剖面图如图 6-18 所示，0～30cm 土层，中灌丛空地速效磷含量介于 1.70～2.73mg/kg，沙堆区域速效磷含量介于 1.43～3.77mg/kg。0～10cm 土层，大灌丛沙堆顶部、沙堆中部、沙堆边缘的速效磷含量较灌丛空地分别增加 81.11%、55.88%、43.32%，小灌丛沙堆土壤速效磷含量在沙堆区域与灌丛空地差异较小；随着灌丛的生长，沙堆内外土壤速效磷含量差异逐渐显现，S、N 方向中灌丛空地速效磷含量明显小于沙堆区域；大灌丛 E、W、S 方向沙堆区域速效磷含量均明显高于灌丛空地，总体呈现灌丛空地＜沙堆边缘＜沙堆中部＜沙堆顶部的趋势。

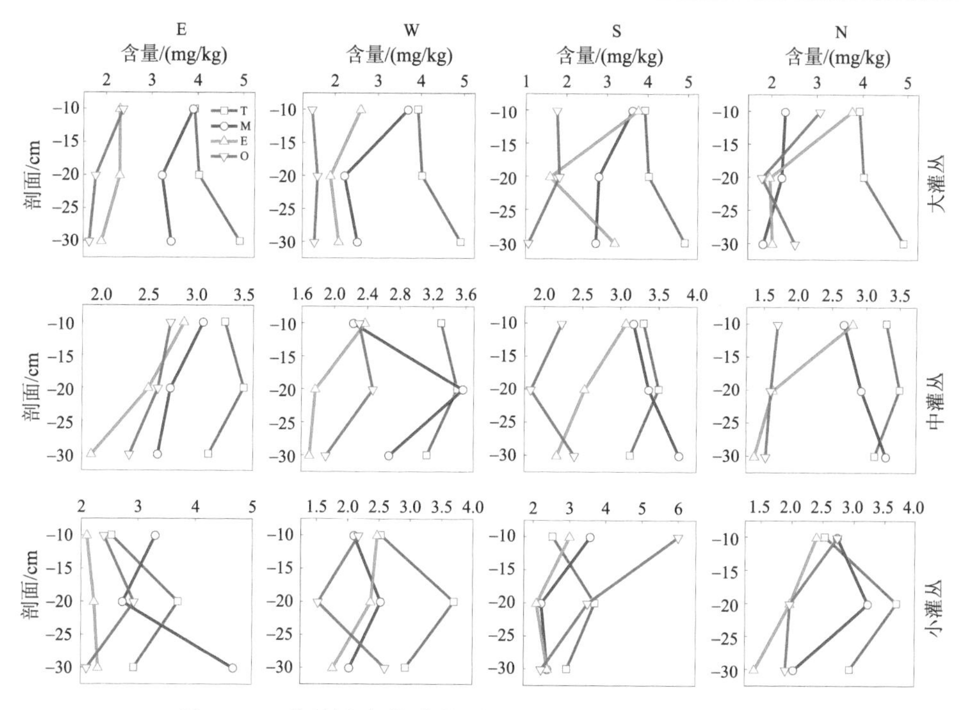

图 6-18 不同等级柽柳灌丛周围土壤速效磷含量分布剖面图

6.1.2.5 灌丛养分差异性分析

由图 6-19 可知，柽柳灌丛沙堆内外土壤养分具有空间异质性。小灌丛沙堆由灌丛根部到灌丛空地（沙堆中部、沙堆边缘、灌丛空地）0～10cm 土层有机质含量较沙堆顶部分别显著减少 51.80%、62.21%、63.79%，10～20cm 土层沙堆由灌丛根部到灌丛空地有机质含量分别较沙堆顶部显著减少 42.80%、46.07%、40.36%，0～10cm 土层沙堆由灌丛根部到灌丛空地碱解氮含量较沙堆顶部分别显著减少 66.02%、58.98%、60.01%，10～20cm 土层速效磷含量较沙堆顶部分别显著减少 27.57%、41.42%、32.91%（$P<0.05$）。随着土层深度的增加（0～10cm、10～20cm、20～30cm）中灌丛沙堆区域有机质含量较灌丛空地分别增加 2.62g/kg、2.16g/kg、1.00g/kg，碱解氮含量较灌丛空地分别增加 1.84mg/kg、2.97mg/kg、1.60mg/kg，速效磷含量较灌丛空地分别增加 0.71mg/kg、0.79mg/kg、0.63mg/kg，速效钾含量较灌丛空地分别增加 93.25mg/kg、96.17mg/kg、57.08mg/kg。大灌丛 0～30cm 土层沙堆区域土壤养分含量分别较灌丛空地增加 49.12%（有机质）、26.87%（碱解氮）、71.63%（速效磷）和 31.89%（速效钾）。中灌丛沙堆 0～30cm 土层土壤养分含量较灌丛空地，分别增加了 98.69%（有机质）、70.75%（碱解氮）、33.49%（速效磷）和 68.76%（速效钾）。小灌丛沙堆 0～30cm 土层土壤养分含量较灌丛

空地，分别增加 30.94%（有机质）、0.55%（碱解氮）、0.54%（速效磷）和 19.96%（速效钾）。结果表明：小灌丛沙堆区域和灌丛空地间土壤养分含量差异较小，随着柽柳灌丛的生长发育，中灌丛沙堆区域和灌丛空地间土壤养分含量差异明显增加，灌丛生长到一定阶段，灌丛内土壤养分含量趋于稳定。

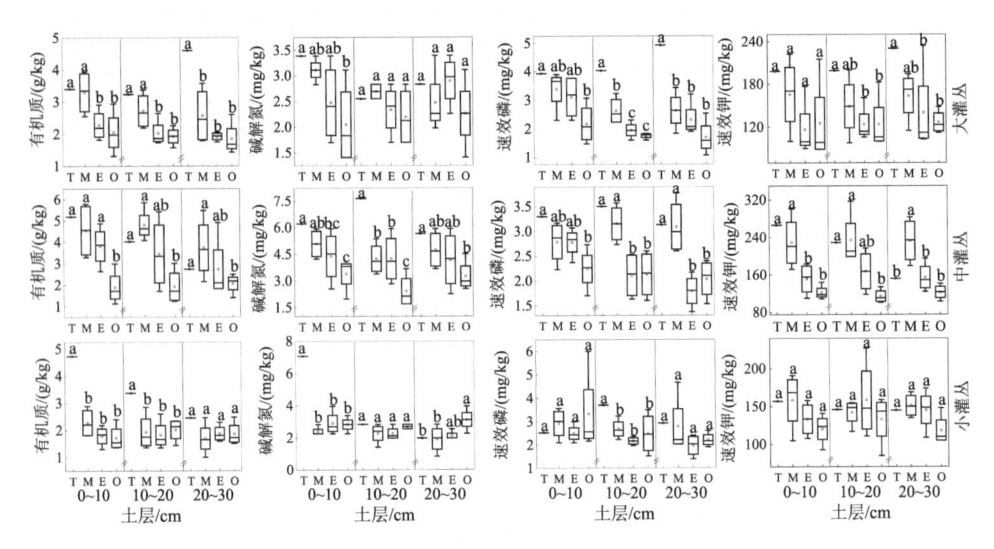

图 6-19　不同等级柽柳灌丛养分含量分布

图中不同小写字母表示同一等级柽柳灌丛同一土层内沙堆顶部、沙堆中部、沙堆边缘、灌丛空地之间相同土壤养分含量的差异性显著（$P<0.05$）

6.1.2.6　灌丛周围土壤养分空间变异程度

土壤养分空间变异程度通常用变异系数表示。由表 6-5 可知，除小灌丛沙堆中部 20～30cm 土层速效钾变异系数为 9.03%，属于弱变异性外，其余 3 种等级灌丛 0～30cm 土层速效钾变异系数均高于 10%、小于 100%，为中等变异性。小灌丛 10～20cm 土层沙堆边缘土壤速效磷变异系数为 6.86%，中灌丛沙堆边缘 0～10cm 土层速效磷的变异系数为 9.19%，大灌丛空地 10～20cm 土层速效磷变异系数为 5.10%，随着柽柳灌丛沙堆的形成发育，土壤速效磷均存在弱变异性。小灌丛碱解氮弱变异性仅出现在灌丛空地，10～20cm 土层，中灌丛沙堆浅层土壤碱解氮变异系数均高于 10%、小于 100%，为中等变异性，大灌丛沙堆中部土层从上到下（0～10cm、10～20cm、20～30cm）碱解氮变异系数分别为 6.37%、5.20%、21.92%，0～20cm 土层为弱变异性。除大灌丛沙堆边缘 20～30cm 土层有机质变异系数为 6.00%，属于弱变异性外，其余 3 种等级灌丛 0～30cm 土层有机质变异系数均高于 10%、小于 100%，为中等变异性。结果表明，随着柽柳灌丛的生长发育，土壤养分变异程度呈先增加再降低的趋势。

表 6-5 不同等级柽柳灌丛周围浅层土壤养分变异系数（%）

		大灌丛			中灌丛			小灌丛		
		M	E	O	M	E	O	M	E	O
速效钾	0～10cm	26.90	30.17	41.83	21.44	19.39	10.80	20.92	14.83	14.52
	10～20cm	24.58	17.59	27.86	20.79	23.45	11.22	10.65	28.04	21.68
	20～30cm	18.32	38.84	11.14	18.27	17.25	11.35	9.03	16.12	14.93
速效磷	0～10cm	18.71	21.49	28.22	13.32	9.19	16.33	19.30	13.01	46.83
	10～20cm	16.05	12.81	5.10	10.64	19.48	19.79	13.58	6.86	31.24
	20～30cm	21.68	22.55	31.30	15.57	16.35	16.98	39.54	20.62	11.56
碱解氮	0～10cm	6.37	27.17	34.42	14.22	28.99	24.30	10.27	22.22	14.13
	10～20cm	5.20	17.92	23.00	18.24	28.69	33.75	23.51	15.34	5.20
	20～30cm	21.92	14.42	26.59	19.94	34.41	23.31	38.26	11.63	19.33
有机质	0～10cm	18.18	18.23	28.58	24.98	21.22	36.27	20.71	18.00	24.45
	10～20cm	18.06	17.91	12.83	13.46	41.88	37.13	30.05	26.00	18.19
	20～30cm	29.93	6.00	24.28	32.73	46.75	19.58	30.75	14.37	20.50

6.1.2.7 不同等级柽柳灌丛土壤养分富集特征

由图 6-20 可知，0～30cm 土层大灌丛和中灌丛沙堆有机质、碱解氮、速效磷和速效钾均形成养分富集现象，灌丛沙堆内形成“肥岛”。大灌丛土壤养分富集率

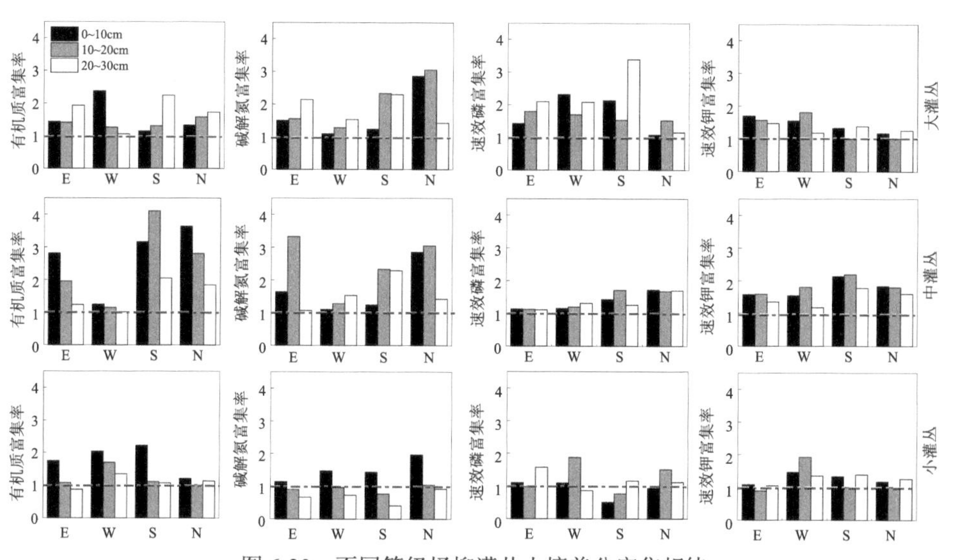

图 6-20 不同等级柽柳灌丛土壤养分富集规律

分别在1.06～2.38（有机质）、1.10～3.05（碱解氮）、1.09～3.38（速效磷）、1.01～1.81（速效钾）。中灌丛沙堆土壤养分富集率均高于1，有机质和碱解氮富集率明显高于速效磷和速效钾富集率。小灌丛沙堆E方向10～20cm土层速效钾富集率为0.90，20～30cm土层有机质富集率为0.87，0～30cm土层4个方向速效磷均未形成明显富集，仅0～10cm土层有机质富集率、碱解氮富集率、速效钾富集率均>1，说明小灌丛沙堆“肥岛”不明显。研究表明，随着柽柳灌丛生长发育，其灌丛沙堆土壤养分逐渐富集形成“肥岛”。

6.2 灌丛根系（不定根）构型与“肥岛”效应的耦合关系

6.2.1 白刺灌丛发育对沙堆土壤粒径组成的影响

6.2.1.1 灌丛对沙堆土壤粒径级配的影响

从雏形至稳定阶段，各阶段白刺灌丛沙堆0～10cm土层土壤砂粒含量分别为94.83%、95.76%、93.76%，表现为发育阶段>雏形阶段>稳定阶段>丘间空地（87.15%）；各阶段白刺灌丛沙堆10～20cm土层砂粒含量分别为89.78%、95.39%、90.20%，表现为发育阶段>稳定阶段>雏形阶段>丘间空地（58.16%）；各阶段白刺灌丛沙堆20～30cm土层土壤砂粒含量分别为88.41%、93.14%、91.38%，表现为发育阶段>稳定阶段>雏形阶段>丘间空地（77.80%）；各阶段白刺灌丛沙堆30～40cm土层土壤砂粒含量分别为80.17%、89.65%、89.48%，表现为发育阶段>稳定阶段>雏形阶段>丘间空地（58.86%）。各阶段白刺灌丛沙堆0～40cm土层砂粒含量分别为88.31%、91.23%、93.51%，表现为发育阶段>稳定阶段>雏形阶段>丘间空地（70.49%）（表6-6）。

对砂粒进一步分析发现，各生长阶段白刺灌丛的不同土层深度均以细砂为主，同时随土层深度增加，细砂含量逐渐减少。各演化阶段白刺灌丛沙堆细砂含量显著高于丘间空地（$P<0.05$），且各阶段均不同，表现为发育阶段细砂含量最高（74.59%）、雏形阶段细砂含量最低（61.76%）。在不同土层深度方面，不同生长阶段白刺灌丛沙堆及丘间空地的0～10cm土层细砂含量显著高于其他土层深度（$P<0.05$）。不同生长阶段白刺灌丛的粗砂和极粗砂占比均不超过5%，而丘间空地的0～40cm土层粗砂含量为5.13%～11.03%，且各土层之间并未表现出显著差异。各演化阶段白刺灌丛沙堆0～40cm土层土壤极细砂含量分别为8.56%（雏形阶段）、9.05%（发育阶段）、12.26%（稳定阶段），丘间空地、雏形阶段及发育阶段白刺灌丛沙堆均表现为0～10cm土层土壤极细砂含量显著低于10～30cm土层，而稳定阶段白刺灌丛沙堆10～20cm土层极细砂含量显著高于20～40cm土层（$P<0.05$）。也可看出稳定阶段灌丛地上部分生长发育更为良好，对0～10cm表层

表 6-6 不同土层土壤粒度组成（%）

土壤类型	土层深度/cm	黏粒	粉粒	砂粒				
				极细砂	细砂	中砂	粗砂	极粗砂
丘间空地	0～10	5.95±0.49Ad	6.88±0.84Ad	11.04±1.04Ac	51.06±2.97Ca	9.25±2.07Ba	11.03±2.68Aa	4.77±3.26Aa
	10～20	21.96±1.78Ab	19.89±0.82Aa	18.57±1.00Ba	31.37±1.66Dc	3.01±1.37Bb	5.13±4.96Aa	0.08±0.12Ab
	20～30	11.32±0.24Ac	10.89±0.53Ac	13.50±0.15Ab	46.35±0.53Cb	8.36±0.20Ba	8.28±1.11Aa	1.31±1.23Aab
	30～40	25.58±2.84Aa	15.55±0.98Ab	13.97±1.41Ab	33.18±3.12Cc	4.07±0.66Bb	6.77±7.19Aa	0.87±1.50Ab
	0～40	16.20±0.70A	13.31±0.18A	14.27±0.06A	40.49±0.08D	6.17±0.72B	7.80±1.57A	1.76±0.60A
雏形阶段	0～10	2.58±0.25Cb	2.58±0.63Bc	5.93±2.14Bb	73.28±3.50Ba	14.50±3.06Aa	0.70±0.98Ba	0.42±0.33Ba
	10～20	5.18±0.50Bb	5.04±0.76Bb	8.19±1.49Ca	59.20±3.27Cb	15.17±0.81Aa	4.91±2.82Aa	2.31±1.72Aa
	20～30	5.91±0.52Bb	5.68±1.26Bb	9.66±1.78Ca	62.97±2.55Bb	12.38±3.25Aa	2.62±2.31Ba	0.78±1.03Aa
	30～40	11.42±3.42Ba	8.40±1.12Ba	10.48±1.32Ba	51.60±2.53Bc	12.64±3.98Aa	3.98±3.57Aa	1.47±2.01Aa
	0～40	6.27±1.03B	5.42±0.54B	8.56±0.74C	61.76±1.03C	13.67±1.92A	3.05±1.33B	1.25±0.85A
发育阶段	0～10	2.25±0.25Cb	1.98±0.19Bc	7.38±0.33Bc	79.15±0.88Aa	7.83±1.38Ba	0.52±0.09Ba	0.88±0.29Ba
	10～20	2.28±0.21Cb	2.27±0.20Cbc	8.67±0.88Cb	76.41±4.49Aab	5.77±1.57Bab	1.46±1.54Aa	3.08±4.28Aa
	20～30	3.58±0.21Cb	3.27±0.10Cb	10.41±0.13BCa	73.42±4.91Aab	5.65±0.34Bb	2.24±2.71Ba	1.42±2.02Aa
	30～40	5.85±2.04Ca	4.49±1.19Ca	9.74±0.92Bab	69.36±3.83Ab	7.80±0.14ABa	1.60±0.50Aa	1.15±0.50Aa
	0～40	3.49±0.58C	3.00±0.29D	9.05±0.21C	74.59±2.86A	6.76±0.75B	1.45±1.14B	1.63±1.59A
稳定阶段	0～10	3.27±0.30Bb	2.94±0.19Bb	12.36±0.44Aab	75.34±0.87ABa	4.03±0.37Ca	0.86±0.18Ba	1.17±0.18Ba
	10～20	4.21±0.17Bb	5.54±0.33Ba	15.08±1.07Aa	67.67±3.61Bb	4.00±1.98Ba	1.51±1.89Aa	1.94±1.08Aa

续表

土壤类型	土层深度/cm	黏粒	粉粒	砂粒				
				极细砂	细砂	中砂	粗砂	极粗砂
稳定阶段	20～30	4.35±0.82Cb	4.27±1.08BCab	11.80±0.65ABb	73.76±2.99Aab	5.20±0.57Ba	0.13±0.12Ba	0.49±0.43Aa
	30～40	6.07±1.09Ca	4.43±1.01Cab	9.77±2.76Bb	67.92±5.59Ab	6.15±3.77Ba	3.67±4.38Aa	1.97±2.45Aa
	0～40	4.48±0.50C	4.29±0.46C	12.26±0.60B	71.18±0.93B	4.84±0.82B	1.54±1.10B	1.40±0.72A

注：大写字母表示同土层深度、不同生长阶段间差异性（$P<0.05$）；小写字母表示不同土层深度、同生长阶段间差异性（$P<0.05$）

土壤防护能力更强。各演化阶段白刺灌丛沙堆0～40cm土层土壤中砂含量分别为13.67%（雏形阶段）、6.76%（发育阶段）、4.84%（稳定阶段），雏形阶段白刺灌丛中砂含量最高（$P<0.05$）。发育阶段白刺灌丛沙堆随土层加深中砂含量先减少再增加，0～10cm、30～40cm土层显著高于20～30cm土层（$P<0.05$），雏形阶段及稳定阶段白刺灌丛各土层间无明显差异（$P>0.05$）。丘间空地各土层的黏粒（5.95%～25.58%）和粉粒（6.88%～19.89%）含量显著高于灌丛沙堆（$P<0.05$），并且黏粒、粉粒所占比例随土层深度增加而逐渐增多。各演化阶段白刺灌丛沙堆0～40cm土层土壤黏粒含量分别为6.27%（雏形阶段）、3.49%（发育阶段）、4.48%（稳定阶段），表现为丘间空地最高（16.20%），发育阶段最低。粉粒含量分别为5.42%（雏形阶段）、3.00%（发育阶段）、4.29%（稳定阶段），表现为丘间空地最高（13.31%），发育阶段最低。

6.2.1.2　灌丛对沙堆土壤粒度参数特征的影响

各阶段白刺灌丛沙堆及丘间空地0～40cm土层M_Z范围处于2.48～4.13Φ（表6-7）。丘间空地0～10cm土层M_Z为2.48Φ，雏形阶段至稳定阶段白刺灌丛沙堆0～10cm土层M_Z分别为2.47Φ、2.58Φ、2.75Φ，表现为稳定阶段＞发育阶段＞丘间空地＞雏形阶段；丘间空地10～20cm土层M_Z为4.13Φ，雏形阶段至稳定阶段白刺灌丛沙堆10～20cm土层M_Z分别为2.53Φ、2.60Φ、2.86Φ，表现为丘间空地＞稳定阶段＞发育阶段＞雏形阶段；丘间空地20～30cm土层M_Z为3.16Φ，雏形阶段至稳定阶段白刺灌丛沙堆20～30cm土层M_Z分别为2.69Φ、2.68Φ、2.78Φ，表现为丘间空地＞稳定阶段＞雏形阶段＞发育阶段；丘间空地30～40cm土层M_Z为4.05Φ，雏形阶段至稳定阶段白刺灌丛沙堆30～40cm土层M_Z分别为3.07Φ、2.73Φ、2.71Φ，表现为丘间空地＞雏形阶段＞发育阶段＞稳定阶段；总体上，0～40cm土层M_Z表现为丘间空地＞稳定阶段＞雏形阶段＞发育阶段。丘间空地10～

40cm 土层 M_Z 显著高于 0～10cm 土层（P<0.05），20～30cm 土层 M_Z 显著低于 10～20cm 和 30～40cm 土层（P<0.05），30～40cm 土层 M_Z 显著高于 0～10cm、20～30cm 土层（P<0.05）；发育阶段 30～40cm 土层 M_Z 显著高于 0～10cm 土层（P<0.05），10～30cm 土层 M_Z 与其他土层间无显著差异（P>0.05）；白刺灌丛沙堆稳定阶段各土层间 M_Z 无显著差异（P>0.05）。总体上看，M_Z 与土层深度呈正相关。

各演化阶段白刺灌丛及丘间空地 δ 值处于 1.61～2.53Φ。各演化阶段白刺灌丛沙堆 0～10cm 土层 δ 值分别为 0.70Φ（雏形阶段）、0.61Φ（发育阶段）、0.74Φ（稳定阶段），均小于丘间空地（1.61Φ）；10～20cm 土层 δ 值分别为 1.24Φ（雏形阶段）、0.75Φ（发育阶段）、0.99Φ（稳定阶段），均小于丘间空地（2.22Φ）；20～30cm 土层 δ 值分别为 1.19Φ（雏形阶段）、0.90Φ（发育阶段）、0.87Φ（稳定阶段），均小于丘间空地（1.96Φ）；30～40cm 土层 δ 值分别为 1.81Φ（雏形阶段）、1.05Φ（发育阶段）、1.13Φ（稳定阶段），均小于丘间空地（2.53Φ）；0～40cm 土层 δ 值分别为 1.23Φ（雏形阶段）、0.83Φ（发育阶段）、0.93Φ（稳定阶段），均小于丘间空地（2.08Φ）。丘间空地 10～40cm 土层 δ 值显著高于 0～10cm 土层，20～30cm 土层显著低于 30～40cm 土层（P<0.05），其余土层间 δ 值无显著差异（P>0.05）；雏形阶段的白刺灌丛沙堆 10～40cm 土层 δ 值显著高于 0～10cm 土层，10～30cm 土层 δ 值也显著高于 30～40cm 土层（P<0.05）；发育阶段的白刺灌丛沙堆 30～40cm 土层 δ 值显著高于 0～10cm 土层（P<0.05），其余土层间 δ 值无显著差异（P>0.05）；稳定阶段的白刺灌丛沙堆 10～20cm 和 30～40cm 土层 δ 值显著高于 0～10cm 土层，30～40cm 土层 δ 值显著高于 20～30cm 土层（P<0.05），其余土层无明显差异。总体上看，土壤颗粒 δ 值与土层深度呈正相关。

各阶段白刺灌丛沙堆及丘间空地 SK 值处于 0.08～0.43。白刺灌丛沙堆 0～10cm 土层 SK 分别为 0.24（雏形阶段）、0.18（发育阶段）、0.25（稳定阶段），均高于丘间空地（0.09）；白刺灌丛沙堆 10～20cm 土层 SK 分别为 0.24（雏形阶段）、0.08（发育阶段）、0.24（稳定阶段），均低于丘间空地（0.29）；白刺灌丛沙堆 20～30cm 土层 SK 分别为 0.33（雏形阶段）、0.21（发育阶段），除稳定阶段白刺灌丛 SK 高于丘间空地（0.34）外，其余阶段均低于丘间空地；白刺灌丛沙堆 30～40cm 土层 SK 分别为 0.43（雏形阶段）、0.38（发育阶段）、0.29（稳定阶段），雏形阶段及发育阶段 SK 高于丘间空地（0.35）；白刺灌丛沙堆 0～40cm 土层 SK 均值分别为 0.31（雏形阶段）、0.21（发育阶段）、0.28（稳定阶段），表现为发育阶段最小，雏形阶段及稳定阶段高于丘间空地（0.27）。总体上，丘间空地、雏形阶段 SK 值与土层深度呈正相关，丘间空地 0～10cm 土层 SK 值显著低于 20～40cm 土层（P<0.05），但雏形阶段各土层间 SK 值无显著差异（P>0.05）；发育阶段白刺灌丛 30～40cm 土层 SK 值显著高于 10～20cm 土层，其余土层间无明显差异。

各阶段白刺灌丛沙堆及丘间空地 K_G 处于 1.05～2.08。白刺灌丛沙堆 0～10cm 土层 K_G 分别为 1.31（雏形阶段）、1.15（发育阶段）、1.39（稳定阶段），均低于丘间空地（1.77）；白刺灌丛沙堆 10～20cm 土层 K_G 分别为 1.97（雏形阶段）、1.48（发育阶段）、1.66（稳定阶段），均高于丘间空地（1.26）；白刺灌丛沙堆 20～30cm 土层 K_G 分别为 1.86（雏形阶段）、1.74（发育阶段）、1.59（稳定阶段），除雏形阶段白刺灌丛沙堆 K_G 高于丘间空地（1.76）外，其余阶段均低于丘间空地；白刺灌丛沙堆 30～40cm 土层 K_G 分别为 1.81（雏形阶段）、1.85（发育阶段）、2.08（稳定阶段），各阶段白刺灌丛沙堆 K_G 均高于丘间空地（1.05）；白刺灌丛沙堆 0～40cm 土层 K_G 均值分别为 1.74（雏形阶段）、1.56（发育阶段）、1.68（稳定阶段），均高于丘间空地（1.46）。丘间空地 0～10cm 和 20～30cm 土层 K_G 显著高于 10～20cm 土层，0～30cm 土层显著高于 30～40cm 土层（$P<0.05$）；雏形阶段白刺灌丛沙堆 10～40cm 土层 K_G 显著高于 0～10cm 土层（$P<0.05$），其余土层间无明显差异；

表 6-7　不同土层土壤粒度参数

土壤类型	土层深度/cm	粒度参数			
		M_Z/Φ	δ/Φ	SK	K_G
丘间空地	0～10	2.48±0.38Ac	1.61±0.18Ac	0.09±0.15Bb	1.77±0.13Aa
	10～20	4.13±0.19Aa	2.22±0.11Aab	0.29±0.08Aab	1.26±0.12Bb
	20～30	3.16±0.04Ab	1.96±0.03Ab	0.34±0.02Aa	1.76±0.05Aa
	30～40	4.05±0.57Aa	2.53±0.27Aa	0.35±0.15Aa	1.05±0.09Bc
	0～40	3.46±0.05A	2.08±0.05A	0.27±0.02A	1.46±0.07A
雏形阶段	0～10	2.47±0.10Ab	0.70±0.06Bc	0.24±0.04Aa	1.31±0.04Bb
	10～20	2.53±0.12Cb	1.24±0.10Bb	0.24±0.15Aa	1.97±0.30Aa
	20～30	2.69±0.16Bb	1.19±0.08Bb	0.33±0.12Aa	1.86±0.24Aa
	30～40	3.07±0.30Ba	1.81±0.22Ba	0.43±0.12Aa	1.81±0.26Aa
	0～40	2.69±0.11B	1.23±0.04B	0.31±0.08A	1.74±0.14A
发育阶段	0～10	2.58±0.03Ab	0.61±0.02Bb	0.18±0.02ABab	1.15±0.04Cb
	10～20	2.60±0.07Cab	0.75±0.21Cab	0.08±0.19Ab	1.48±0.54ABab
	20～30	2.68±0.05Bab	0.90±0.19Cab	0.21±0.17Aab	1.74±0.35Aab
	30～40	2.73±0.11Ba	1.05±0.21Ca	0.38±0.08Aa	1.85±0.25Aa
	0～40	2.65±0.03B	0.83±0.12C	0.21±0.09A	1.56±0.26A
稳定阶段	0～10	2.75±0.02Aa	0.74±0.02Bc	0.25±0.03Aa	1.39±0.08Aa
	10～20	2.86±0.08Ba	0.99±0.17BCab	0.24±0.16Aa	1.66±0.29ABb
	20～30	2.78±0.04Ba	0.87±0.10Cbc	0.35±0.04Aa	1.59±0.08Ab
	30～40	2.71±0.25Ba	1.13±0.13Ca	0.29±0.20Aa	2.08±0.20Aa
	0～40	2.77±0.06B	0.93±0.01C	0.28±0.07A	1.68±0.02A

注：表中 M_Z 为平均粒径，δ 为分选系数，SK 为偏度，K_G 为峰态，Φ 为粒度分析时常用的粒度单位。同列不同大写字母表示同土层深度、不同生长阶段间差异显著（$P<0.05$）；同列不同小写字母表示不同土层深度、同生长阶段间差异显著（$P<0.05$）

发育阶段及稳定阶段白刺灌丛沙堆土壤 K_G 与土层深度呈正相关，发育阶段白刺灌丛沙堆 30～40cm 土层 K_G 显著高于 0～10cm 土层，其余土层间无明显差异（$P>0.05$），稳定阶段 10～30cm 土层 K_G 显著高于 0～10cm 土层（$P<0.05$）。

6.2.1.3　灌丛对沙堆土壤颗粒频率分布曲线的影响

各阶段白刺灌丛沙堆各土层土壤体积百分含量曲线均表现为双峰曲线（图 6-21），第一个峰值均出现于 100～250μm 附近。各演化阶段白刺灌丛沙堆 0～10cm 土层土壤体积百分含量曲线陡峭程度不同，但差异较小，发育阶段波峰最高，

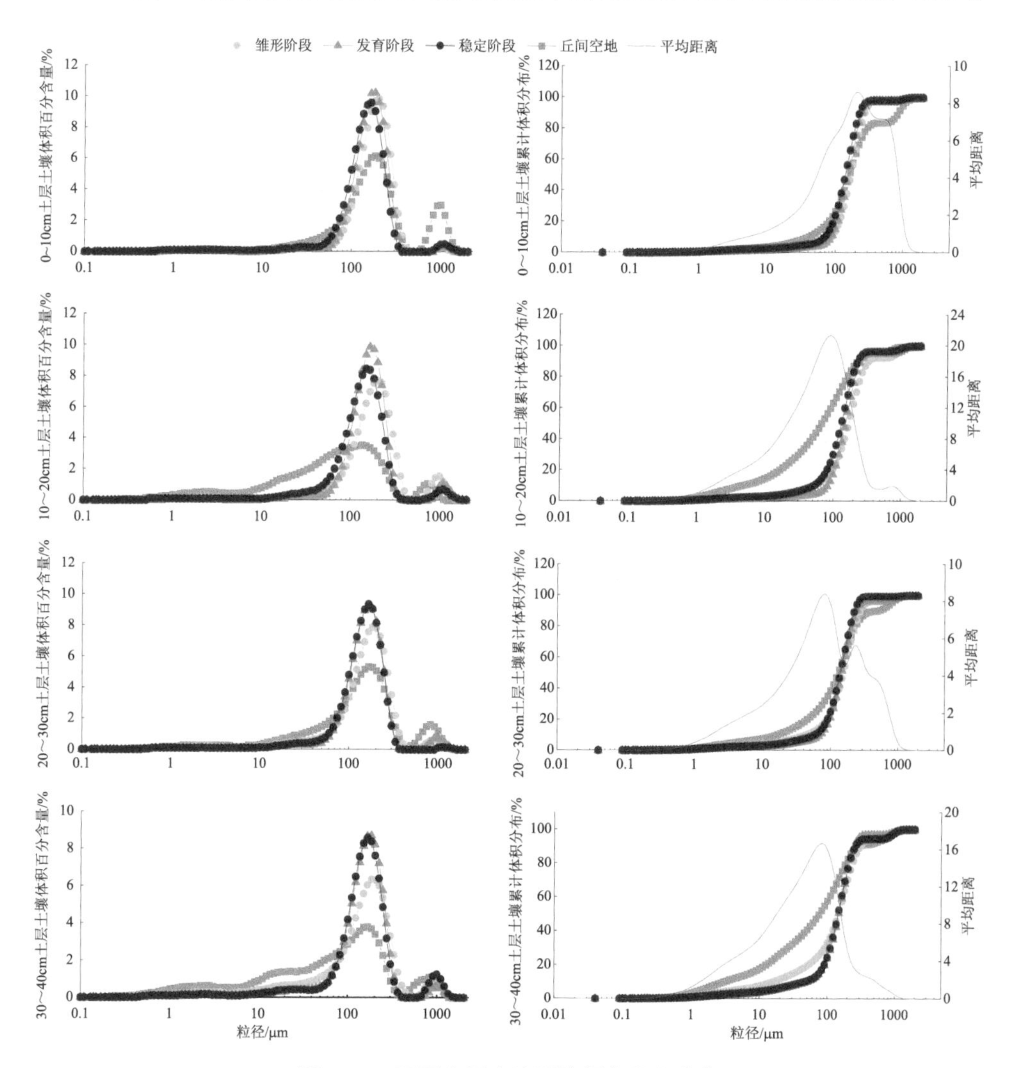

图 6-21　不同土层土壤颗粒频率分布曲线

稳定阶段波峰最低，沙堆土壤与丘间空地的波峰陡峭程度差异较大，灌丛沙堆波峰陡峭程度均强于丘间空地；各演化阶段白刺灌丛沙堆 10～20cm 土层土壤波峰陡峭程度不同，但差异较小，发育阶段最高，雏形阶段最低，沙堆土壤与丘间空地的波峰陡峭程度差异较大；各演化阶段白刺灌丛沙堆 20～30cm 和 30～40cm 土层土壤波峰陡峭程度不同，稳定阶段最高，雏形阶段最低，同时发育阶段及稳定阶段灌丛沙堆土壤体积百分含量曲线几乎重合，雏形阶段白刺灌丛波峰略低于稳定阶段和发育阶段，沙堆土壤与丘间空地的波峰陡峭程度差异较大。第二个峰值出现在 1000μm 附近，波峰处各类型土层体积百分含量曲线陡峭程度分别为 0～10cm 和 20～30cm 土层的丘间空地明显高于其他灌丛沙堆土壤，而 10～20cm 和 30～40cm 相差不大。

各生长阶段白刺灌丛沙堆 0～40cm 土层与丘间空地 0～10cm 土层土壤累计体积分布曲线 100μm 前均表现为前期趋于平缓，形态相似，100μm 后突然陡峭。0～10cm 土层的丘间空地为近似“W”形，于 900μm 附近迎来第二个明显起伏点，其他土层土壤累计体积分布曲线幅度相似且均呈现为“S”形，250μm 后曲线表现相对平缓，无第二个明显起伏点。10～40cm 土层丘间空地土壤累计体积分布曲线也呈现近“S”形，但相较于曲线趋势陡峭的灌丛沙堆土壤，丘间空地曲线坡度相对平缓。各生长阶段白刺灌丛沙堆及丘间空地 0～10cm 土层平均距离曲线凸起幅度较宽，其峰值在 100～250μm，表明 100～250μm 为主要风蚀粒度区；10～40cm 土层平均距离曲线峰值顶点均出现在 90～100μm；100μm 后，10～20cm 和 30～40cm 土层平均距离值迅速降低，20～30cm 出现轻微波动后，再次降低。

6.2.2 白刺灌丛发育对沙堆土壤含水率的影响

6.2.2.1 灌丛沙堆土壤含水率的变化规律

白刺灌丛沙堆土壤含水率变化如图 6-22 所示，各阶段白刺灌丛沙堆土壤含水率处于 1.14%～6.31%，0～40cm 土层土壤含水率均值表现为雏形阶段最高，为 1.47%～6.31%，均值为 3.62%，发育阶段最小，为 1.25%～5.04%，均值为 3.29%，但灌丛沙堆土壤含水率均显著高于丘间空地（P<0.05）。稳定阶段白刺灌丛土壤含水率为 1.14%～5.24%，均值为 3.43%。丘间空地土壤含水率为 0.82%～3.78%，均值为 2.21%。土壤含水率由大到小具体表现为雏形阶段＞稳定阶段＞发育阶段＞丘间空地。

6.2.2.2 灌丛沙堆剖面土壤含水率垂直变化规律

白刺灌丛沙堆土壤剖面的含水率如图 6-23 所示。不同土层深度灌丛沙堆以及丘间空地土壤含水率总体呈现随土层深度增加而减少的趋势。雏形阶段白刺灌丛沙堆各土层深度土壤含水率分别为 5.20%（0～10cm）、5.22%（10～20cm）、1.78%

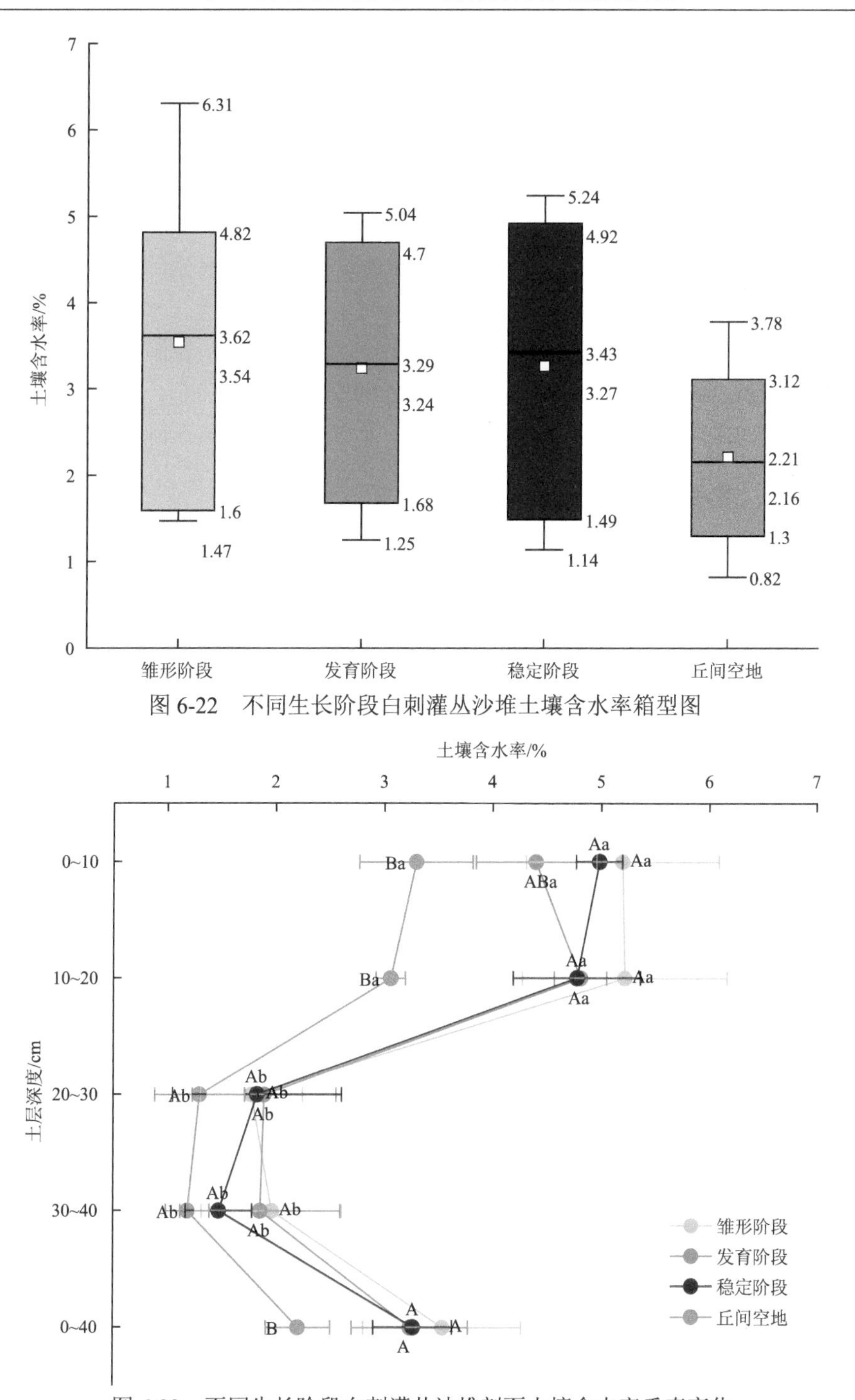

图 6-22　不同生长阶段白刺灌丛沙堆土壤含水率箱型图

图 6-23　不同生长阶段白刺灌丛沙堆剖面土壤含水率垂直变化

不含相同大写字母表示相同土层深度，不同生长阶段之间差异显著；不含相同小写字母表示相同生长阶段，不同土层深度之间差异显著；下同

（20～30cm）、1.97%（30～40cm）；发育阶段白刺灌丛沙堆各土层深度土壤含水率分别为4.40%（0～10cm）、4.81%（10～20cm）、1.90%（20～30cm）、1.86%（30～40cm）；稳定阶段白刺灌丛沙堆各土层深度土壤含水率分别为4.98%（0～10cm）、4.78%（10～20cm）、1.83%（20～30cm）、1.48%（30～40cm）。0～20cm土层土壤含水率显著高于20～40cm土层（$P<0.05$）。这一结果出现的原因可能与土壤采集几天前的研究区降雨有关。雨水补充了沙堆表层土壤水分，由于沙堆土壤孔隙度较大的特性，雨水入渗后大幅提升了0～20cm土层土壤含水量，并且导致雏形阶段和发育阶段的最大含水率均出现于10～20cm土层。各演化阶段白刺灌丛沙堆0～20cm土层土壤含水率均显著高于丘间空地（$P<0.05$）。这可能是由于植被覆盖地表，太阳对沙堆土壤的辐射减弱，土壤水分蒸发速率降低。

6.2.2.3　灌丛沙堆剖面土壤水分空间异质性变化规律

图6-24为白刺灌丛及丘间空地水分空间异质性。各生长阶段白刺灌丛沙堆土壤水分富集率（RII）无显著差异（$P>0.05$），其富集能力与土层深度无显著相关性（$P>0.05$）。各生长阶段白刺灌丛沙堆0～10cm土层土壤水分RII分别为0.222

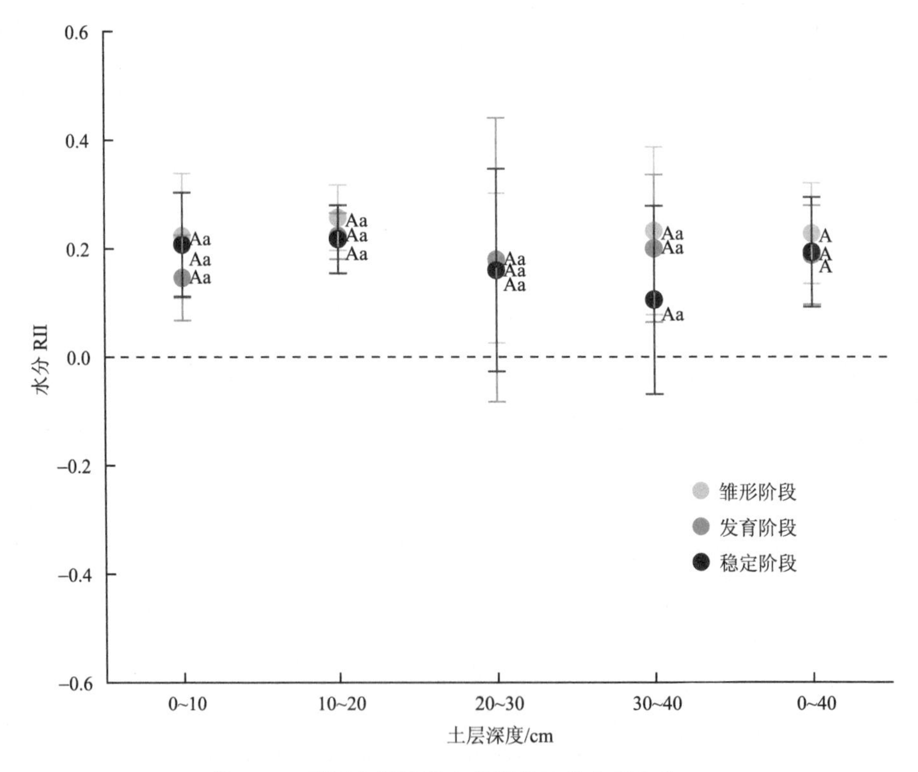

图6-24　不同生长阶段白刺灌丛沙堆土壤水分RII

（雏形阶段）、0.145（发育阶段）、0.207（稳定阶段）；各生长阶段白刺灌丛沙堆10～20cm土层土壤水分RII分别为0.256（雏形阶段）、0.222（发育阶段）、0.217（稳定阶段）；各生长阶段白刺灌丛沙堆20～30cm土层土壤水分RII分别为0.163（雏形阶段）、0.179（发育阶段）、0.160（稳定阶段）；各生长阶段白刺灌丛沙堆30～40cm土层土壤水分RII分别为0.232（雏形阶段）、0.199（发育阶段）、0.105（稳定阶段）；各生长阶段白刺灌丛沙堆0～40cm土层土壤水分RII均值分别为0.226（雏形阶段）、0.187（发育阶段）、0.193（稳定阶段）。

6.2.3 白刺灌丛发育对沙堆土壤容重的影响

6.2.3.1 灌丛沙堆土壤容重的变化规律

白刺灌丛沙堆土壤容重如图6-25所示，不同生长阶段的白刺灌丛沙堆土壤容重范围为1.25～1.56g/cm^3，雏形阶段白刺灌丛沙堆土壤容重范围为1.26～1.52g/cm^3，均值为1.40g/cm^3；发育阶段白刺灌丛沙堆土壤容重范围为1.25～1.47g/cm^3，均值为1.37g/cm^3；稳定阶段白刺灌丛沙堆土壤容重范围为1.25～1.56g/cm^3，均值为1.40g/cm^3。丘间空地土壤容重范围为1.51～1.72g/cm^3，均值为1.62g/cm^3。不同生长阶段白刺灌丛沙堆的土壤容重并未表现出显著差异性（P>0.05），而丘间空地的土壤容重显著高于各个生长阶段白刺灌丛沙堆（P<0.05）。

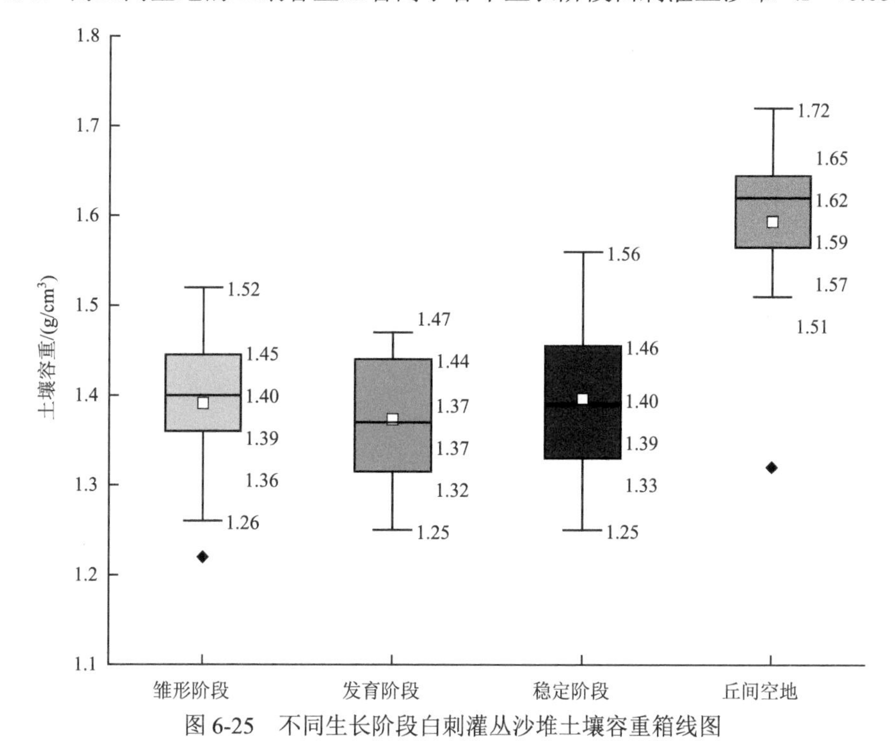

图6-25 不同生长阶段白刺灌丛沙堆土壤容重箱线图

6.2.3.2　灌丛沙堆剖面土壤容重垂直变化规律

图 6-26 为白刺灌丛沙堆及丘间空地剖面土壤容重的垂直变化。随着土层深度的不断增加，土壤容重呈增加趋势，但未表现出显著差异性（P>0.05）。不同生长阶段白刺灌丛的不同土层深度土壤容重分别为：雏形阶段，30～40cm>20～30cm>10～20cm>0～10cm；发育阶段，30～40cm（1.44g/cm^3）>20～30cm（1.40g/cm^3）>10～20cm（1.36g/cm^3）>0～10cm（1.29g/cm^3）；稳定阶段，20～30cm（1.45g/cm^3）>30～40cm（1.43g/cm^3）>10～20cm（1.37g/cm^3）>0～10cm（1.33g/cm^3）；丘间空地，30～40cm（1.66g/cm^3）>20～30cm（1.64g/cm^3）>10～20cm（1.57g/cm^3）>0～10cm（1.50g/cm^3）。雏形阶段 0～10cm 土层土壤容重较 10～40cm 土层显著降低（P<0.05）；发育阶段 0～10cm 土层土壤容重较 30～40cm 土层显著降低（P<0.05），而 10～30cm 土层与其他土层间并未表现出显著差异（P>0.05）；稳定阶段和丘间空地各土层之间并没有显著差异（P>0.05）。

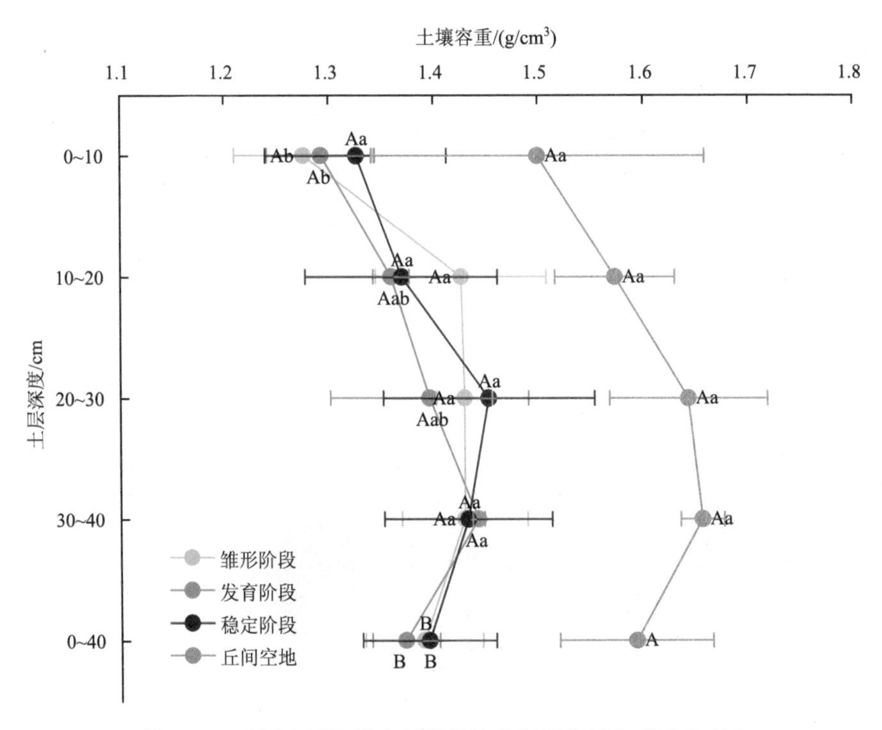

图 6-26　不同生长阶段白刺灌丛沙堆剖面土壤容重垂直变化

6.2.3.3　灌丛沙堆剖面土壤空间异质性的变化规律

图 6-27 为不同生长阶段白刺灌丛沙堆土壤容重 RII 图。不同生长阶段白刺灌

从沙堆土壤容重 RII 并未表现出显著差异（$P>0.05$），随土壤深度变化，土壤容重富集作用未表现出显著差异（$P>0.05$）。0～40cm 土层土壤容重 RII 均值表现为稳定阶段（–0.066）＞雏形阶段（–0.068）＞发育阶段（–0.074）；0～10cm 土层土壤容重 RII 表现为稳定阶段（–0.060）＞发育阶段（–0.072）＞雏形阶段（–0.079）；10～20cm 土层土壤容重 RII 表现为雏形阶段（–0.049）＞稳定阶段（–0.070）＞发育阶段（–0.073）；20～30cm 土层土壤容重 RII 表现为稳定阶段（–0.062）＞雏形阶段（–0.069）＞发育阶段（–0.082）；30～40cm 土层土壤容重 RII 表现为发育阶段（–0.069）＞稳定阶段（–0.073）＞雏形阶段（–0.074）。

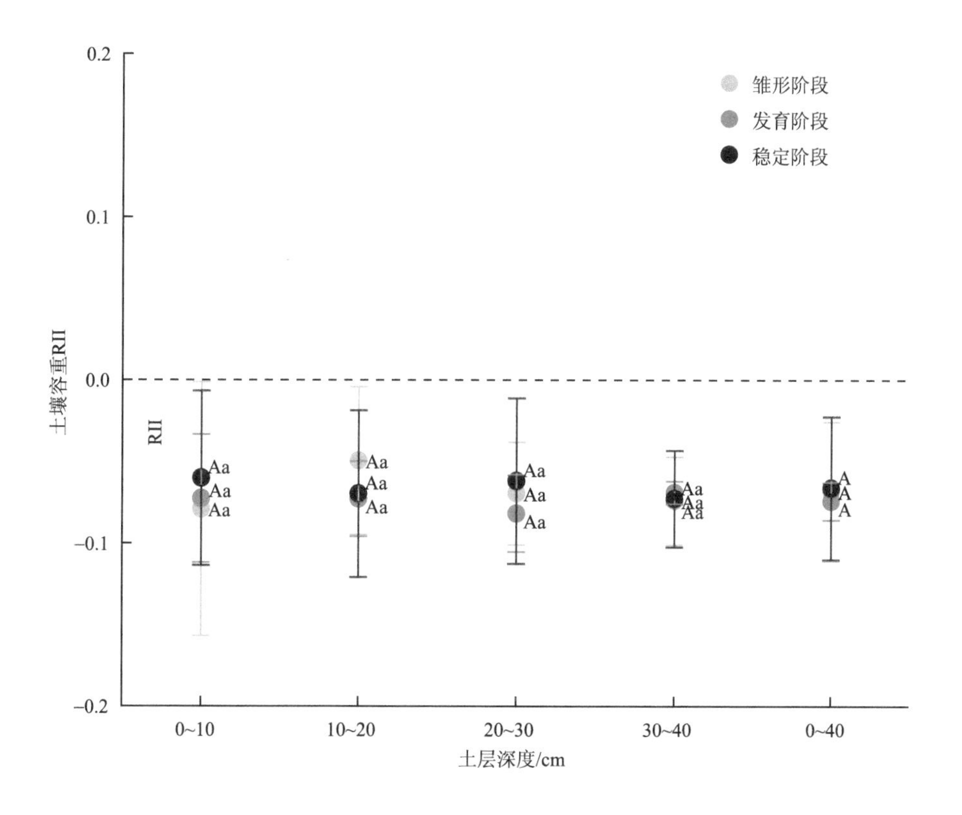

图 6-27　不同生长阶段白刺灌丛沙堆土壤容重 RII

本研究对不同生长阶段白刺灌丛土壤物理性质进行了探究，分析了灌丛生长过程中沙堆土壤物理性质的变化过程，为进一步探究灌丛不定根系对沙堆土壤物理性质的响应机制提供了数据基础。主要研究结果如下。

（1）研究区土壤以砂粒为主，灌丛沙堆的砂粒含量高于丘间空地。对砂粒进一步分析发现，研究区土壤以细砂为主，并且不同生长阶段白刺灌丛沙堆土壤细砂含量占比均显著高于丘间空地（$P<0.05$）。研究区各土层 M_Z 范围处于 2.48～

4.13Φ，0～40cm 土层 M_Z 均值表现为丘间空地（3.46Φ）＞稳定阶段（2.77Φ）＞锥形阶段（2.69Φ）＞发育阶段（2.65Φ），但 0～10cm 土层丘间空地小于灌丛沙堆表层土的 M_Z，说明丘间空地较灌丛沙堆表层土更粗。δ 范围处于 1.61～2.53Φ，0～40cm 土层 δ 均值表现为丘间空地（2.08Φ）＞锥形阶段（1.23Φ）＞稳定阶段（0.93Φ）＞发育阶段（0.83Φ），分选性分别为分选性差、分选性较差、分选性中等、分选性中等。说明灌丛对沉积物具有重新分选作用且作用效果随灌丛生长而提升。SK 范围处于 0.08～0.43，0～40cm 土层 SK 均值表现为发育阶段（0.21）＜丘间空地（0.27）＜稳定阶段（0.28）＜锥形阶段（0.31），偏度分别为正偏、正偏、正偏、极正偏。K_G 范围处于 1.05～2.08，0～40cm 土层 K_G 均值表现为锥形阶段（1.74）＞稳定阶段（1.68）＞发育阶段（1.56）＞丘间空地（1.46），峰态等级均为很尖窄。灌丛沙堆土壤体积百分含量曲线的波峰陡峭程度明显高于丘间空地。第 2 个波峰处 0～10cm 和 20～30cm 土层丘间空地土壤体积百分含量曲线明显高于灌丛沙堆，其他无明显差异。不同生长阶段灌丛沙堆 0～40cm 土层以及丘间空地的 0～10cm 土层土壤累计体积分布曲线，均表现为前期趋于平缓，而 100μm 后趋于陡峭。0～10cm 表层土壤的平均距离曲线凸起幅度较宽，并于 100～250μm 达到顶峰，10～40cm 土层平均距离曲线较为相似，波峰顶点均出现于 90～100μm，10～20cm 和 30～40cm 土层 100μm 后平均距离值迅速降低，而 20～30cm 出现轻微波动后再次 降低。

（2）土壤含水率的变化范围为 0.82%～6.31%。不同生长阶段白刺灌丛沙堆土壤含水率并未表现出显著差异性（P>0.05），但灌丛沙堆土壤含水率较丘间空地显著提高（P<0.05），平均含水率表现为锥形阶段（3.62%）＞发育阶段（3.43%）＞稳定阶段（3.29%）＞丘间空地（2.21%）。灌丛沙堆及丘间空地土壤含水率与土层深度呈负相关。白刺灌丛沙堆的 0～20cm 土层土壤含水率较 20～40cm 土层显著提高（P>0.05）。这一结果出现的原因可能与土壤采集前的降雨有关，降雨补充了沙堆表层土壤水分。白刺灌丛沙堆 0～20cm 土层土壤含水率显著高于丘间空地（P<0.05），而 20～40cm 土层则无显著差异（P>0.05），这可能是由于植被覆盖地表，太阳对沙堆土壤的辐射减弱，土壤水分蒸发速率降低。不同生长阶段白刺灌丛的土壤水分富集作用随着土层深度变化未表现出显著差异（P>0.05）。0～40cm 土层土壤水分 RII 均值表现为锥形阶段（0.226）＞稳定阶段（0.193）＞发育阶段（0.187）。

（3）土壤容重范围为 1.25～1.72g/cm^3，土壤容重均值表现为丘间空地（1.62g/cm^3）＞稳定阶段（1.40g/cm^3）=锥形阶段（1.40g/cm^3）＞发育阶段（1.37g/cm^3），不同生长阶段白刺灌丛沙堆的土壤容重并未表现出显著差异性（P＞0.05），而丘间空地的土壤容重显著高于不同生长阶段白刺灌丛沙堆（P<0.05）。白刺灌丛及丘间空地剖面随着土层深度的不断增加，土壤容重呈上升

趋势，但未表现出显著差异性（$P>0.05$）。雏形阶段和发育阶段表层土壤容重显著小于深层土壤（$P<0.05$），稳定阶段和丘间空地各土层之间并未表现出显著差异（$P>0.05$）。不同生长阶段白刺灌丛沙堆土壤容重富集作用程度并未表现出显著差异（$P>0.05$），富集作用也并未随土层深度变化而表现出显著差异（$P>0.05$）。0～40cm 土层土壤容重 RII 均值表现为发育阶段（–0.074）＜雏形阶段（–0.068）＜稳定阶段（–0.066）。

6.2.4　白刺灌丛沙堆土壤养分空间异质性

6.2.4.1　白刺灌丛沙堆土壤碳、氮、磷含量垂直分布

由图 6-28 可知，白刺灌丛 0～40cm 土壤有机碳（SOC）含量随着灌丛的生长表现出显著差异（$P<0.05$）。SOC 表现为稳定阶段含量最高，发育阶段次之，雏形阶段最低。0～40cm SOC 含量均值表现为雏形阶段＜丘间空地＜发育阶段＜稳定阶段。0～10cm 土层，各生长阶段并未表现出显著差异（$P>0.05$），SOC 含量均值表现为丘间空地（0.25g/kg）＜发育阶段（0.26g/kg）＜雏形阶段（0.28g/kg）＜稳定阶段（0.29g/kg）；10～20cm 土层雏形阶段和发育阶段的 SOC 含量显著低于（$P<0.05$）稳定阶段和丘间空地，SOC 含量均值表现为发育阶段（0.17g/kg）＜雏形

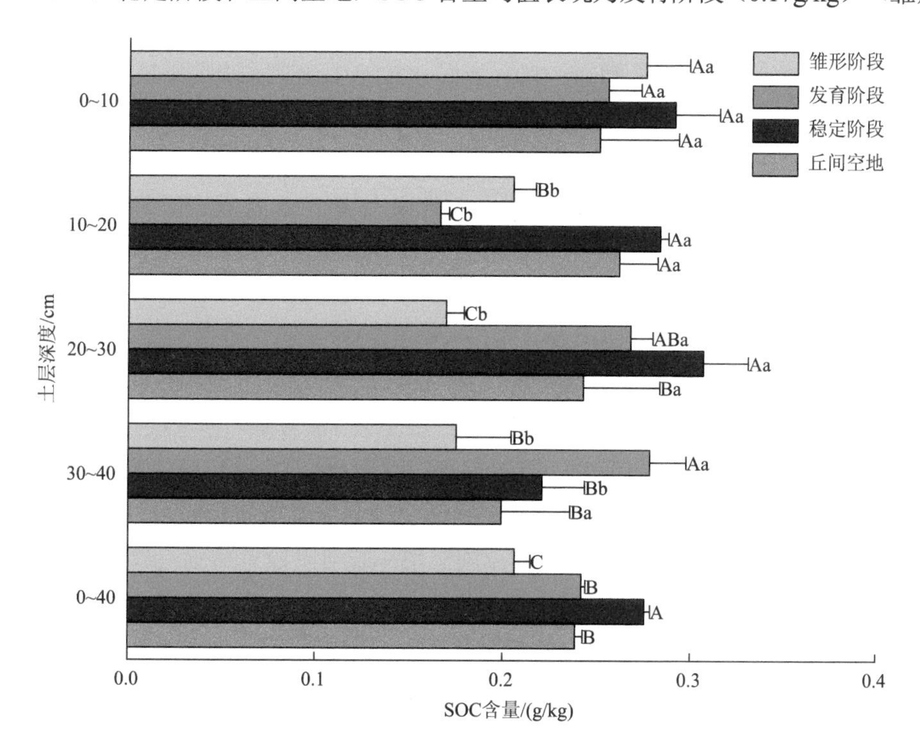

图 6-28　不同土层深度 SOC 含量

阶段（0.21g/kg）＜丘间空地（0.26g/kg）＜稳定阶段（0.28g/kg）；20～30cm 土层发育阶段、稳定阶段和丘间空地 SOC 含量显著高于雏形阶段（P＜0.05），SOC 含量均值表现为雏形阶段（0.17g/kg）＜丘间空地（0.24g/kg）＜发育阶段（0.27g/kg）＜稳定阶段（0.31g/kg）；30～40cm 土层雏形阶段、稳定阶段和丘间空地 SOC 含量显著低于发育阶段（P＜0.05），SOC 含量均值表现为雏形阶段（0.18g/kg）＜丘间空地（0.20g/kg）＜稳定阶段（0.22g/kg）＜发育阶段（0.28g/kg）。

同一生长阶段，不同土层深度 SOC 含量各异。雏形阶段表现为 0～10cm 土层 SOC 含量显著高于 10～40cm 土层（P＜0.05），10～20cm 土层显著高于 20～30cm 土层（P＜0.05），30～40cm 土层和 10～30cm 土层未表现出显著差异（P＞0.05），雏形阶段 0～40cm 土层 SOC 含量表现为 20～30cm（0.17g/kg）＜30～40cm（0.18g/kg）＜10～20cm（0.21g/kg）＜0～10cm（0.28g/kg）。灌丛沙堆发育阶段 10～20cm 土层 SOC 含量显著低于 20～30cm 土层（P＜0.05），0～10cm 和 30～40cm 土层与 20～30cm 土层并未表现出显著差异（P＞0.05），发育阶段 0～40cm 土层 SOC 含量表现为 10～20cm（0.17g/kg）＜0～10cm（0.26g/kg）＜20～30cm（0.27g/kg）＜30～40cm（0.28g/kg）。灌丛沙堆稳定阶段的 0～40cm 土层 SOC 含量之间并未表现出显著差异（P＞0.05），稳定阶段 0～40cm 土层 SOC 含量表现为 30～40cm（0.22g/kg）＜10～20cm（0.28g/kg）＜0～10cm（0.29g/kg）＜20～30cm（0.31g/kg）。丘间空地的 0～40cm 土层 SOC 含量之间未表现出显著差异（P＞0.05），0～40cm 土层 SOC 含量表现为 30～40cm（0.20g/kg）＜20～30cm（0.24g/kg）＜0～10cm（0.25g/kg）＜10～20cm（0.26g/kg）。

由图 6-29 可知，白刺灌丛不同生长阶段土壤 TN 含量表现出了显著差异（P＜0.05）。0～40cm 土壤 TN 含量均值表现为雏形阶段＜丘间空地＜发育阶段＜稳定阶段。0～10cm 土层，不同生长阶段并未表现出显著差异（P＞0.05），土壤 TN 含量均值表现为丘间空地＜发育阶段＜雏形阶段＜稳定阶段；10～20cm 土层，雏形阶段和稳定阶段表现出显著差异（P＜0.05），而发育阶段和丘间空地未与雏形阶段和稳定阶段表现出显著差异（P＞0.05），土壤 TN 含量均值表现为雏形阶段＜丘间空地＜发育阶段＜稳定阶段；20～30cm 土层，发育阶段和稳定阶段显著高于雏形阶段和丘间空地（P＜0.05），其中丘间空地显著高于雏形阶段（P＜0.05），土壤 TN 含量均值表现为雏形阶段＜丘间空地＜发育阶段＜稳定阶段；30～40 土层，发育阶段和稳定阶段显著高于雏形阶段和丘间空地（P＜0.05），土壤 TN 含量均值表现为雏形阶段＜丘间空地＜发育阶段＜稳定阶段。

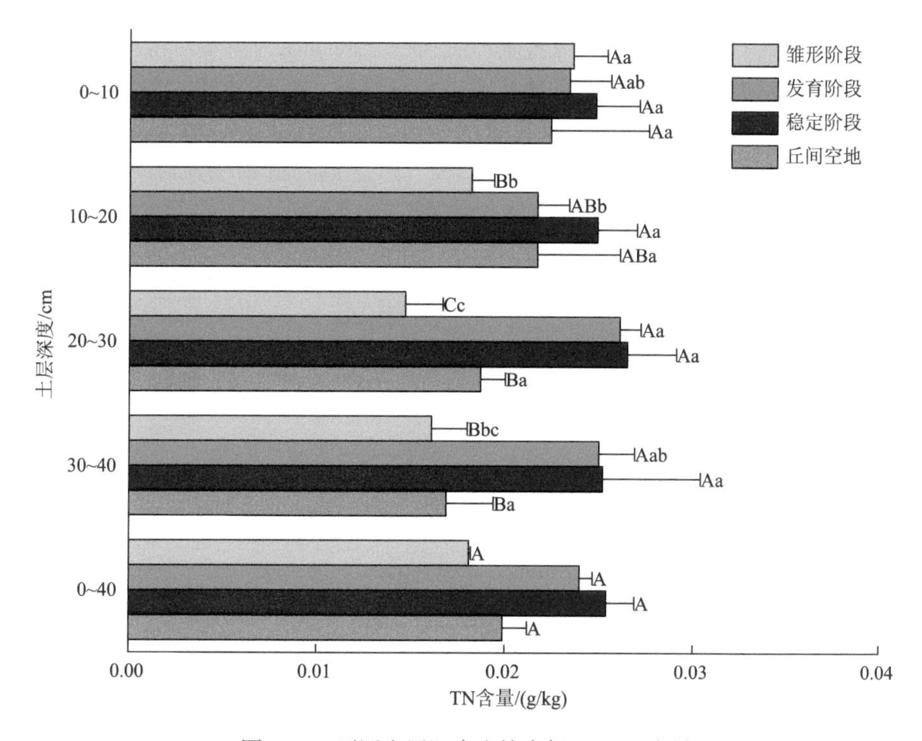

图 6-29 不同土层深度土壤全氮（TN）含量

同一生长阶段，不同土层深度土壤 TN 含量各异。雏形阶段的灌丛沙堆 0～10cm 土层土壤 TN 含量显著高于 10～40cm 土层（P<0.05），而 10～40cm 土层间未表现出显著差异（P>0.05），雏形阶段 0～40cm 土层 TN 含量表现为 20～30cm<30～40cm<10～20cm<0～10cm；发育阶段灌丛 10～20cm 土层 TN 含量显著低于 20～30cm 土层（P<0.05），而 0～10cm 和 30～40cm 土层与 10～20cm 和 20～30cm 均未表现出显著差异（P>0.05），发育阶段 0～40cm 土层 TN 含量表现为 10～20cm<0～10cm<30～40cm<20～30cm；稳定阶段灌丛沙堆土壤和丘间空地土壤 0～40cm 土层间的 TN 含量并未表现出显著差异（P>0.05），稳定阶段 0～40cm 土层 TN 含量表现为 0～10cm<10～20cm<30～40cm<20～30cm；丘间空地的 0～40cm 土层 TN 含量表现为 30～40cm<20～30cm<10～20cm<0～10cm。

由图 6-30 可知，白刺灌丛沙堆土壤 TP 含量随着灌丛生长显著提高，其中稳定阶段显著高于雏形阶段和丘间空地（P<0.05）。0～40cm 土壤 TP 含量均值表现为丘间空地＝雏形阶段<发育阶段<稳定阶段。0～10cm 土层，不同生长阶段土壤 TP 含量并未表现出显著差异性（P>0.05），土壤 TP 含量均值表现为丘间空地<雏形阶段<发育阶段＝稳定阶段；10～20cm 土层，稳定阶段显著高于雏形阶段和丘间空地，发育阶段与雏形阶段、稳定阶段及丘间空地均未表现出显著差异

（P>0.05），土壤 TP 含量均值表现为雏形阶段<丘间空地<发育阶段<稳定阶段；20～30cm 土层，不同生长阶段均未表现出显著差异（P>0.05），土壤 TP 含量均值表现为丘间空地=雏形阶段<发育阶段<稳定阶段；30～40cm 土层，不同生长阶段均未表现出显著差异（P>0.05），土壤 TP 含量均值表现为丘间空地=雏形阶段<发育阶段<稳定阶段。

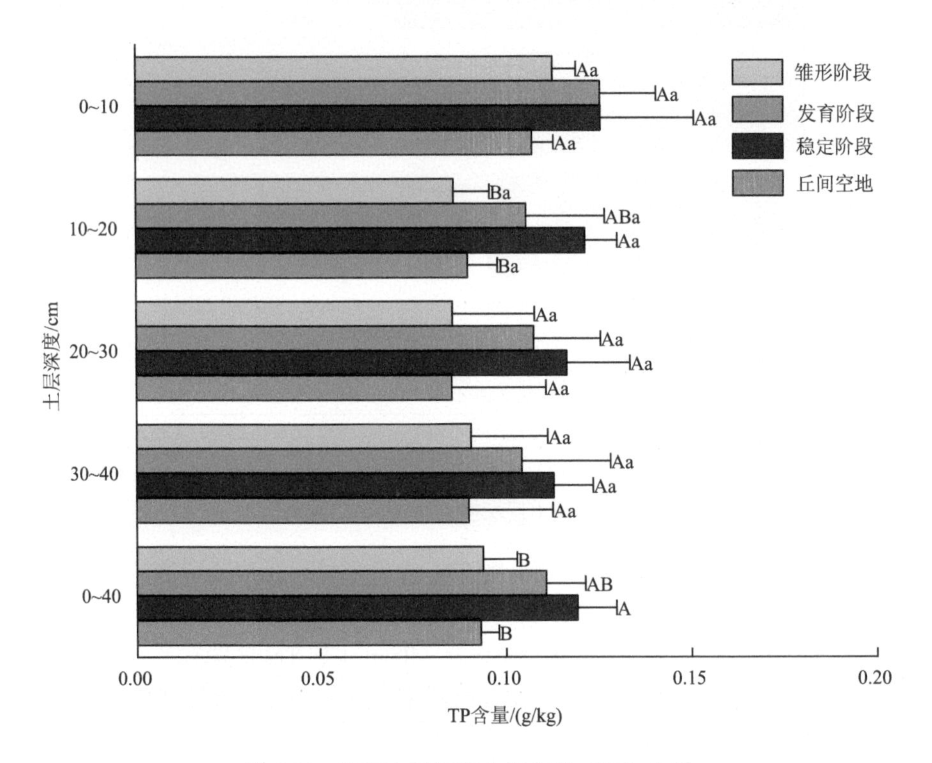

图 6-30　不同土层深度土壤全磷（TP）含量

各生长阶段的不同土层土壤 TP 含量均未表现出显著差异性。雏形阶段灌丛沙堆土壤 TP 含量均值表现为 20～30cm<10～20cm<30～40cm<0～10cm；发育阶段灌丛沙堆土壤 TP 含量均值表现为 30～40cm<10～20cm<20～30cm<0～10cm；稳定阶段灌丛沙堆土壤 TP 含量均值表现为 30～40cm<20～30cm<10～20cm<0～10cm；丘间空地土壤 TP 含量均值表现为 20～30cm<10～20cm<30～40cm<0～10cm。

6.2.4.2　白刺灌丛沙堆土壤碳、氮、磷积累特征

由图 6-31 可知，随着白刺灌丛的生长，不同生长阶段灌丛的养分积累能力表现出显著差异（P<0.05）。白刺灌丛稳定阶段 0～40cm 土层 SOC RII 显著高于其

他两个生长阶段（$P<0.05$），而发育阶段又显著高于雏形阶段（$P<0.05$），说明稳定阶段的 SOC 积累能力最强，且显著强于其他阶段，发育阶段 SOC 积累能力次之，而雏形阶段灌丛沙堆土壤并未形成 SOC 积累。0～40cm 土层 SOC RII 均值表现为雏形阶段（–0.07）＜发育阶段（0.01）＜稳定阶段（0.07）。0～10cm 土层，各生长阶段均表现为 SOC RII＞0，但各生长阶段并未表现出显著差异（$P>0.05$），说明各阶段白刺灌丛的0～10cm土层土壤养分均形成积累，0～10cm土层SOC RII表现为发育阶段（0.01）＜雏形阶段（0.05）＜稳定阶段（0.08）。10～20cm 土层，稳定阶段 SOC RII＞0，发育阶段和雏形阶段的 SOC RII 均小于 0，并且各生长阶段均表现出了显著的差异性（$P<0.05$），说明除了稳定阶段形成了 SOC 积累，发育阶段和雏形阶段均未形成积累，10～20cm 土层 SOC RII 表现为发育阶段（–0.22）＜雏形阶段（–0.12）＜稳定阶段（0.04）。20～30cm 土层，稳定阶段和发育阶段 SOC RII 均大于 0，而雏形阶段 SOC RII＜0，雏形阶段显著低于发育阶段和稳定阶段（$P<0.05$），说明 20～30cm 土层发育阶段和稳定阶段形成了养分积累，而雏形阶段未形成，20～30cm 土层 SOC RII 表现为雏形阶段（–0.17）＜发育阶段（0.05）＜稳定阶段（0.12）。30～40cm 土层，发育阶段和稳定阶段 SOC RII＞0，

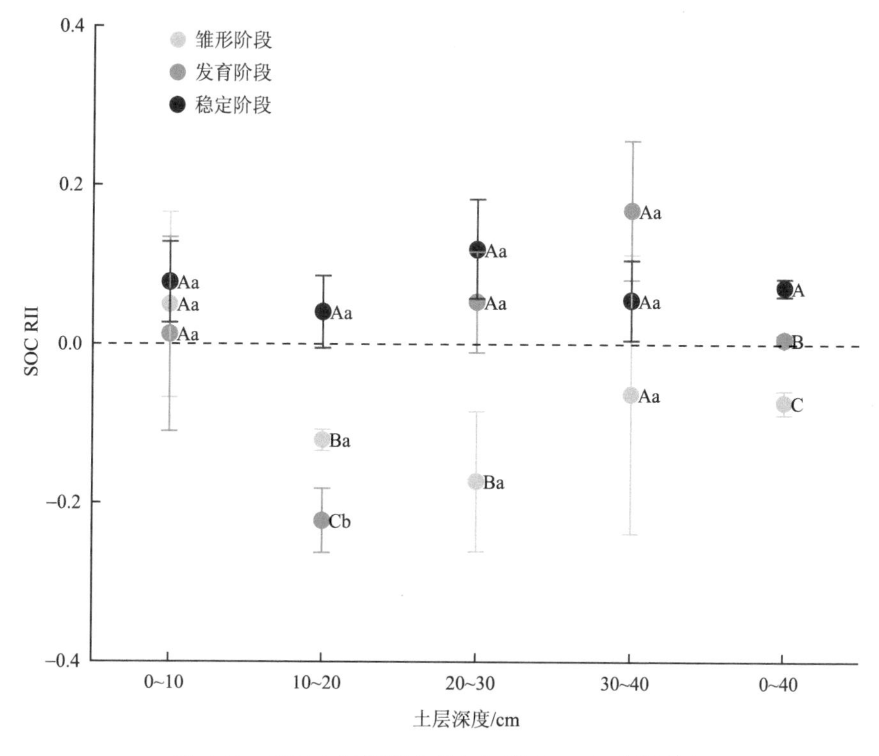

图 6-31 不同土层深度土壤有机碳（SOC）积累特征

而雏形阶段 SOC RII＜0，不同生长阶段间并未表现出显著差异（*P*＞0.05），说明灌丛的发育阶段和稳定阶段形成了 SOC 的积累，而雏形阶段并未形成积累，30～40cm 土层 SOC RII 表现为雏形阶段（–0.06）＜稳定阶段（0.06）＜发育阶段（0.17）。

同一生长阶段不同土层深度的 SOC RII 有所差异。白刺灌丛雏形阶段 SOC RII 仅 0～10cm 表层土大于 0，10～40cm 土层均小于 0，各土层深度均未表现出显著差异（*P*＞0.05），说明雏形阶段仅 0～10cm 形成了 SOC 积累，而 10～40cm 土层均未形成 SOC 积累，雏形阶段各土层 SOC RII 表现为 20～30cm（–0.17）＜10～20cm（–0.12）＜30～40cm（–0.06）＜0～10cm（0.05）。发育阶段除了 10～20cm 土层外，其他不同深度土层 SOC RII 均大于 0，且未表现出显著差异性（*P*＞0.05），说明除了 10～20cm 土层外，发育阶段其他各土层深度均形成了养分积累，发育阶段各土层 SOC RII 表现为 10～20cm（–0.22）＜0～10cm（0.01）＜20～30cm（0.05）30～40cm（0.17）。稳定阶段白刺灌丛 0～40cm 各土层的 SOC RII 均大于 0，且未表现出显著差异（*P*＞0.05），说明稳定阶段各土层深度均形成了养分积累，稳定阶段各土层 SOC RII 表现为 10～20cm（0.04）＜30～40cm（0.06）＜0～10cm（0.08）＜20～30cm（0.12）。

由图 6-32 可知，白刺灌丛发育阶段和稳定阶段 0～40cm 土层 TN RII 均值大于 0，而雏形阶段 TN RII＜0，其中雏形阶段 TN RII 显著低于稳定阶段和发育阶段（*P*＜0.05），说明白刺灌丛的发育阶段和稳定阶段形成了 TN 的积累，而雏形阶段并未形成 TN 积累，0～40cm 土层 TN RII 均值表现为雏形阶段（–0.05）＜发育阶段（0.09）＜稳定阶段（0.12）。0～10cm 土层，不同生长阶段白刺灌丛 TN RII 均大于 0，但并未表现出显著差异（*P*＞0.05），说明白刺灌丛各阶段 0～10cm 土壤 TN 均形成了积累，0～10cm 土层 TN RII 均值表现为发育阶段（0.03）＝雏形阶段（0.03）＜稳定阶段（0.06）。10～20cm 土层，白刺灌丛发育阶段和稳定阶段 TN RII＞0，而雏形阶段 TN RII＜0，但并未表现出显著差异（*P*＞0.05），说明白刺灌丛的发育阶段和稳定阶段形成了 TN 的积累，而雏形阶段并未形成 TN 积累，10～20cm 土层 TN RII 均值表现为雏形阶段（–0.08）＜发育阶段（0.01）＜稳定阶段（0.07）。20～30cm 土层，白刺灌丛发育阶段和稳定阶段 TN RII＞0，而雏形阶段 TN RII＜0，发育阶段和稳定阶段显著高于雏形阶段（*P*＞0.05），说明白刺灌丛的发育阶段和稳定阶段形成了 TN 的积累，而雏形阶段并未形成 TN 的积累，20～30cm 土层 TN RII 均值表现为雏形阶段（–0.12）＜发育阶段（0.16）＜稳定阶段（0.17）。30～40cm 土层，白刺灌丛发育阶段和稳定阶段 TN RII＞0，而雏形阶段 TN RII＜0，发育阶段和稳定阶段显著高于雏形阶段（*P*＜0.05），说明白刺灌丛的发育阶段和稳定阶段形成了 TN 的积累，而雏形阶段并未形成 TN 的积累，30～40cm 土层 TN RII 均值表现为雏形阶段（–0.02）＜稳定阶段（0.19）=发育阶段（0.19）。

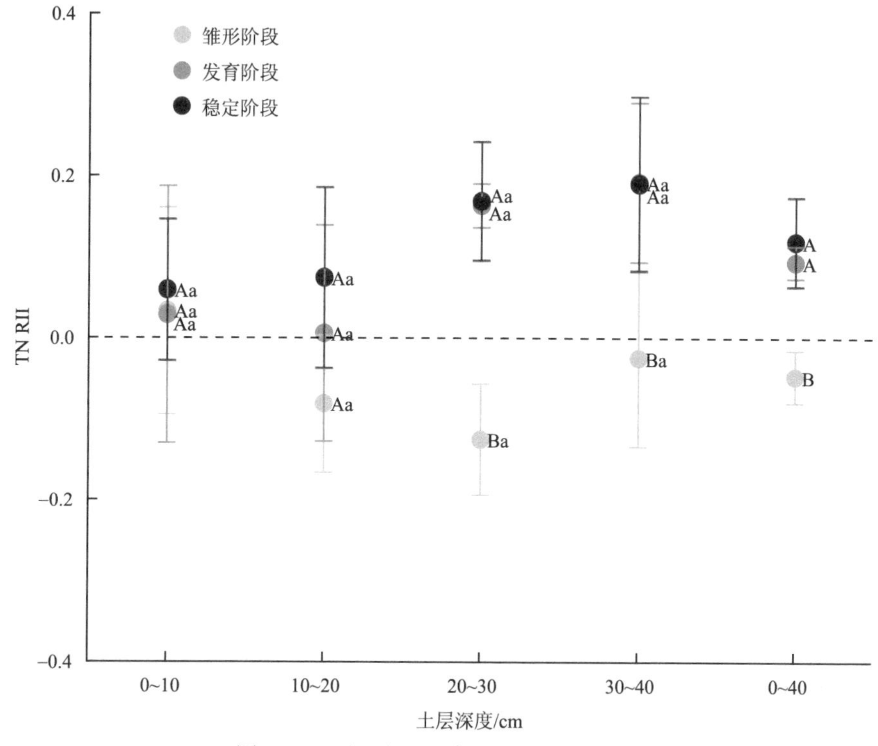

图 6-32 不同土层深度土壤 TN 积累特征

同一生长阶段不同土层深度的 TN RII 有所差异。雏形阶段仅 0～10cm 土层 TN RII＞0，但未表现出显著差异（P＞0.05）。说明仅 0～10cm 土层 TN 形成了积累，而 10～40cm 土层均未形成 TN 积累，雏形阶段各土层 TN RII 表现为 20～30cm（–0.12）＜10～20cm（–0.08）＜30～40cm（–0.02）＜0～10cm（0.03）。发育阶段和稳定阶段 0～40cm 各土层均表现为 TN RII＞0，且未表现出显著差异性（P＞0.05）。发育阶段各土层 TN RII 表现为 10～20cm（0.01）＜0～10cm（0.03）＜20～30cm（0.16）＜30～40cm（0.19）。稳定阶段各土层 TN RII 表现为 0～10cm（0.06）＜10～20cm（0.07）＜20～30cm（0.17）＜30～40cm（0.19）。

由图 6-33 可知，白刺灌丛发育阶段与稳定阶段、雏形阶段的 0～40cm 土层 TP RII 并未表现出显著差异（P＞0.05），但是雏形阶段和稳定阶段表现出了显著差异（P＜0.05）。各生长阶段灌丛沙堆 0～40cm 土层 TP RII 均值均大于 0，说明各生长阶段白刺灌丛均形成了 TP 积累，0～40cm 土层 TP RII 均值表现为雏形阶段（0.00）＜发育阶段（0.09）＜稳定阶段（0.12）。0～10cm 土层，不同生长阶段白刺灌丛的 TP RII 均大于 0，且并未表现出显著差异（P＞0.05），说明各生长阶段白刺灌丛的 TP 养分均形成了积累效应，0～10cm 土层 TP RII 均值表现为雏形阶段（0.02）＜稳定阶段（0.07）＜发育阶段（0.08）。10～20cm 土层，稳定阶段和发育阶段灌丛的 TP RII 均大于 0，而雏形阶段 TP RII<0，但各生长阶段均未表现出显著差异性（P>0.05），说明稳定阶段和发育阶段灌丛形成了 TP 养分积累，而雏形阶段未形成 TP 养分积累，10～20cm 土层 TP RII 均值表现为雏形阶段（–0.02）<发育阶段（0.07）<稳定阶段（0.15）。20～30cm 土层，不同生长阶段白刺灌丛的 TP RII 均大于 0，且并未表现出显著差异（P>0.05），说明各生长阶段白刺的 TP 养分均形成了积累效应，20～30cm 土层 TP RII 均值表现为雏形阶段（0.01）<发育阶段（0.12）<稳定阶段（0.16）。30～40cm 土层，不同生长阶段白刺灌丛的 TP RII 均大于 0，且并未表现出显著差异（P>0.05），说明各生长阶段白刺的 TP 养分均形成了积累效应，30～40cm 土层 TP RII 均值表现为雏形阶段（0.01）<发育阶段（0.07）<稳定阶段（0.12）。

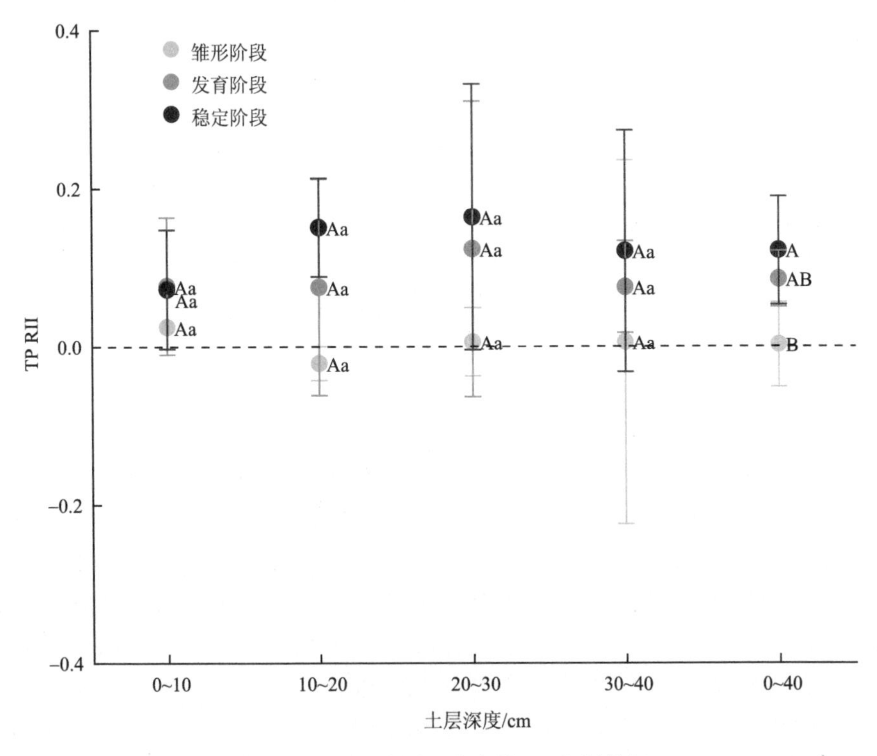

图 6-33　不同土层深度土壤 TP 积累特征

同一生长阶段不同土层深度的 TP RII 有所差异。雏形阶段白刺灌丛除 10～20cm 土层外，其他各土层 TP RII 均大于 0，但各土层之间并未表现出显著差异（P>0.05），说明 10～20cm 土层未形成 TP 养分积累，其他各土层形成了 TP 养分积累，雏形阶段各土层 TP RII 表现为 10～20cm（–0.02）<30～40cm（0.01）=20～30cm（0.01）<0～10cm（0.02）。白刺灌丛的稳定阶段和发育阶段各土层 TP

RII 均大于 0，但未表现出显著差异性（P＞0.05），说明 TP 养分形成了积累效应。发育阶段各土层 TP RII 表现为 10～20cm（0.07）＜30～40cm（0.08）=0～10cm（0.08）＜20～30cm（0.12）。稳定阶段各土层 TP RII 表现为 0～10cm（0.07）＜30～40cm（0.12）＜10～20cm（0.15）＜20～30cm（0.16）。

6.2.4.3 白刺灌丛沙堆土壤碳、氮、磷化学计量特征

由图 6-34 可知，白刺灌丛各个生长阶段的 C∶N 表现出了显著差异性（P＜0.05），丘间空地的 0～40cm 土层显著高于白刺发育阶段和稳定阶段灌丛沙堆的 C∶N（P＜0.05），而丘间空地和雏形阶段未表现出显著差异（P＞0.05），发育阶段和稳定阶段也未表现出显著差异（P＞0.05），0～40cm 土层 C∶N 表现为发育阶段（17.34）＜稳定阶段（18.76）＜雏形阶段（19.61）＜丘间空地（20.68）。0～10cm 土层，白刺灌丛各生长阶段和丘间空地 C∶N 并未表现出显著差异（P＞0.05），0～10cm 土层 C∶N 表现为发育阶段（18.85）＜丘间空地（19.52）＜稳定阶段（20.22）＜雏形阶段（20.29）。10～20cm 土层，发育阶段的 C∶N 显著低于其他生长阶段（P＜0.05），而其他阶段间并未表现出显著差异性（P＞0.05），10～20cm 土层 C∶N 表现为发育阶段（13.26）＜雏形阶段（19.46）＜稳定阶段

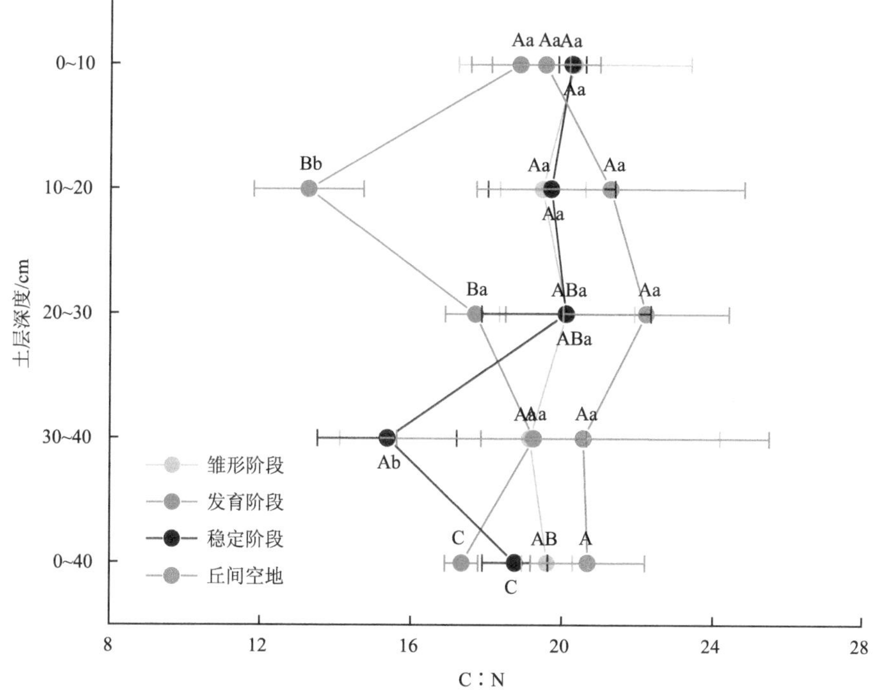

图 6-34 不同土层深度土壤 C∶N

（19.69）＜丘间空地（21.25）。20～30cm 土层，丘间空地的 C∶N 显著高于发育阶段，而雏形阶段和稳定阶段与丘间空地和发育阶段均未表现出显著差异（$P>0.05$），20～30cm 土层 C∶N 表现为发育阶段（17.69）＜稳定阶段（20.09）＜雏形阶段（20.11）＜丘间空地（22.21）。30～40cm 土层，各生长阶段和丘间空地之间并未表现出显著差异性（$P>0.05$），30～40cm 土层 C∶N 表现为稳定阶段（15.36）＜雏形阶段（19.14）＜发育阶段（19.24）＜丘间空地（20.55）。

在同一生长阶段的不同土层深度方面，雏形阶段各土层深度并未表现出显著规律，各土层之间无显著差异（$P>0.05$），雏形阶段 0～40cm 各土层 C∶N 表现为 30～40cm（19.14）＜10～20cm（19.46）＜20～30cm（20.11）＜0～10cm（20.29）。发育阶段的 10～20cm 土层 C∶N 显著低于其他土层深度（$P<0.05$），而其他土层之间并未表现出显著差异（$P>0.05$），发育阶段 0～40cm 各土层 C∶N 表现为 10～20cm（13.26）＜20～30cm（17.69）＜0～10cm（18.85）＜30～40cm（19.24）。稳定阶段 30～40cm 土层的 C∶N 显著低于 0～30cm 土层，稳定阶段 0～40cm 各土层 C∶N 表现为 0～10cm（20.22）＞20～30cm（20.09）＞10～20cm（19.69）＞30～40cm（15.36）。0～40cm 土层的丘间空地，各土层之间 C∶N 并未表现出显著差异（$P>0.05$），但总体呈现随土层深度增加 C∶N 先增后减的趋势，丘间空地的 0～40cm 各土层 C∶N 表现为 20～30cm（22.21）＞10～20cm（21.25）＞30～40cm（20.55）＞0～10cm（19.52）。

由图 6-35 可知，0～40cm 土层 C∶P 的均值表现为丘间空地显著高于雏形阶段和发育阶段（$P<0.05$），但与稳定阶段并未表现出显著差异（$P>0.05$）。0～40cm 土层各生长阶段 C∶P 均值表现为发育阶段（3.78）＜雏形阶段（3.81）＜稳定阶段（4.00）＜丘间空地（4.42）。0～10cm 土层，各生长阶段白刺灌丛沙堆和丘间空地间 C∶P 并未表现出显著差异（$P>0.05$），各生长阶段 C∶P 表现为发育阶段（3.52）＜丘间空地（4.02）＜稳定阶段（4.06）＜雏形阶段（4.21）。10～20cm 土层表现为丘间空地 C∶P 显著高于不同生长阶段的灌丛沙堆（$P<0.05$），而发育阶段的 C∶P 显著小于雏形阶段和稳定阶段，各生长阶段 C∶P 表现为发育阶段（2.78）＜稳定阶段（4.03）＜雏形阶段（4.12）＜丘间空地（5.02）。20～30cm 土层，各生长阶段白刺灌丛沙堆 C∶P 和丘间空地间并未表现出显著差异（$P>0.05$），各生长阶段 C∶P 表现为雏形阶段（3.60）＜发育阶段（4.36）稳定阶段（4.58）＜丘间空地（5.07）。30～40cm 土层，各生长阶段白刺灌丛沙堆 C∶P 和丘间空地间并未表现出显著差异（$P>0.05$），各生长阶段 C∶P 表现为雏形阶段（3.37）＜稳定阶段（3.41）＜丘间空地（3.86）＜发育阶段（4.79）。

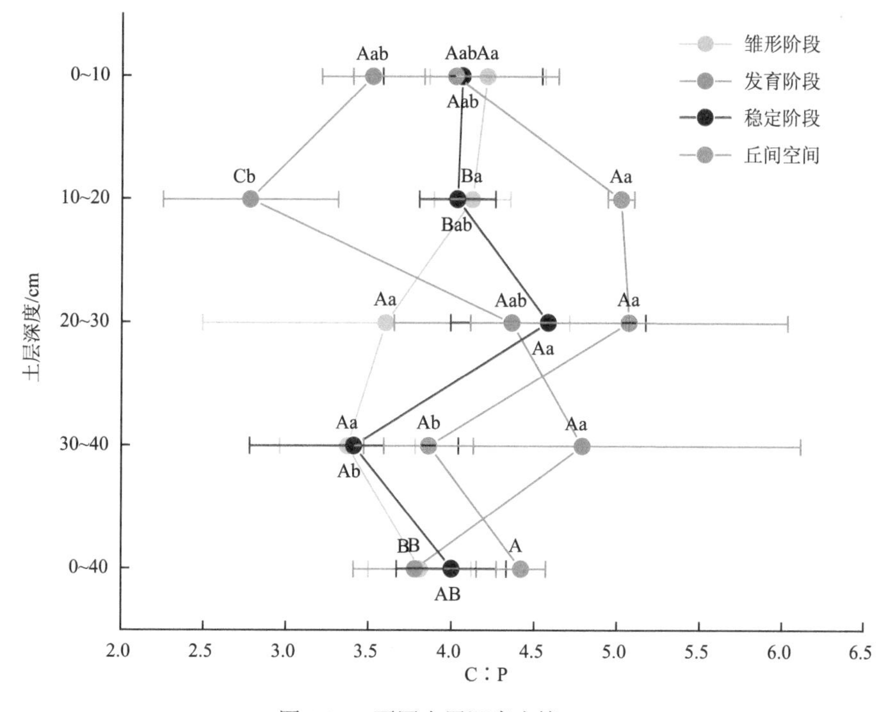

图 6-35 不同土层深度土壤 C∶P

在同一生长阶段的不同土层深度方面，雏形阶段白刺灌丛不同土层深度间并未表现出显著差异性（P>0.05），但总体呈现随土层深度增加 C∶P 逐渐降低的趋势，雏形阶段 0~40cm 各土层深度 C∶P 表现为 30~40cm（3.37）<20~30cm（3.60）<10~20cm（4.12）<0~10cm（4.21）。随土层深度增加，发育阶段 0~40cm 土层 C∶P 表现出先减后增的趋势，10~20cm 土层显著低于 30~40cm 土层（P<0.05），而 0~10cm 和 20~30cm 土层与 0~10cm 和 30~40cm 土层并未表现出显著差异（P>0.05），发育阶段 0~40cm 各土层 C∶P 表现为 10~20cm（2.78）<0~10cm（3.52）<20~30cm（4.36）<30~40cm（4.79）。稳定阶段各土层之间 C∶P 各异，20~30cm 土层显著高于 30~40cm 土层（P<0.05），而 0~20cm 土层与 20~40cm 土层未表现出显著差异性（P>0.05），稳定阶段 0~40cm 各土层 C∶P 表现为 30~40cm（3.41）<10~20cm（4.03）<0~10cm（4.06）<20~30cm（4.58）。丘间空地 10~30cm 土层的 C∶P 显著高于 30~40cm 土层（P<0.05），与 0~10cm 土层未表现出显著差异性（P>0.05）。丘间空地 0~40cm 各土层 C∶P 表现为 30~40cm（3.86）<0~10cm（4.02）<10~20cm（5.02）<20~30cm（5.07）。

由图 6-36 可知，白刺灌丛的 N∶P 各生长阶段间均未表现出显著差异性（P>0.05）。0~40cm 土层白刺各生长阶段 N∶P 均值表现为雏形阶段（0.19）<稳定阶段（0.21）=丘间空地（0.21）<发育阶段（0.22）。0~10cm 土层白刺各生

长阶段 N：P 表现为发育阶段（0.19）＜稳定阶段（0.20）＜丘间空地（0.21）=雏形阶段（0.21）。10～20cm 土层白刺各生长阶段 N：P 表现为稳定阶段（0.21）=发育阶段（0.21）=雏形阶段（0.21）＜丘间空地（0.24）。20～30cm 土层白刺各生长阶段N：P表现为雏形阶段（0.18）＜稳定阶段（0.23）=丘间空地（0.23）＜发育阶段（0.25）。30～40cm 土层白刺各生长阶段 N：P 表现为雏形阶段（0.19）＜丘间空地（0.20）＜稳定阶段（0.23）＜发育阶段（0.25）。

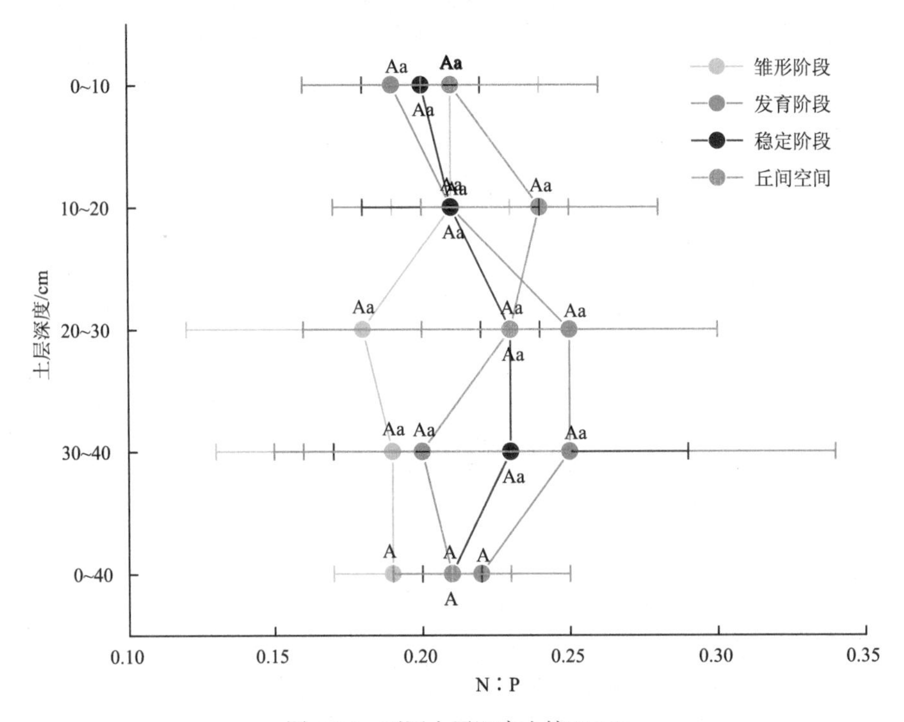

图 6-36　不同土层深度土壤 N：P

白刺灌丛各生长阶段的不同土层深度间，N：P 均未表现出显著差异性（P＞0.05）。雏形阶段白刺灌丛的 N：P 表现为 20～30cm（0.18）＜30～40cm（0.19）＜0～10cm（0.21）=10～20cm（0.21）。发育阶段白刺灌丛的 N：P 表现为 0～10cm（0.19）＜10～20cm（0.21）＜20～30cm（0.25）=30～40cm（0.25）。稳定阶段白刺灌丛的 N：P 表现为 0～10cm（0.20）＜10～20cm（0.21）＜30～40cm（0.23）=20～30cm（0.23）。丘间空地的 N：P 表现为 30～40cm（0.20）＜0～10cm（0.21）＜20～30cm（0.23）＜10～20cm（0.24）。

图 6-37 为白刺灌丛不定根系构型参数与沙堆土壤理化性质参数的相关性分析。土壤养分 SOC、TN 和 TP 与根径和总分支率呈正相关，并且参数之间表现出了显著相关性（P＜0.05）。但土壤物理性质与灌丛不定根系构型参数未表现出显

著相关性（$P>0.05$），仅 M_Z 与根径、δ 与 T_1 和 q_a 呈显著正相关（$P<0.05$）。该结果可能与获取土样前的降雨影响有关，降水一定程度上影响了土壤含水率及容重。

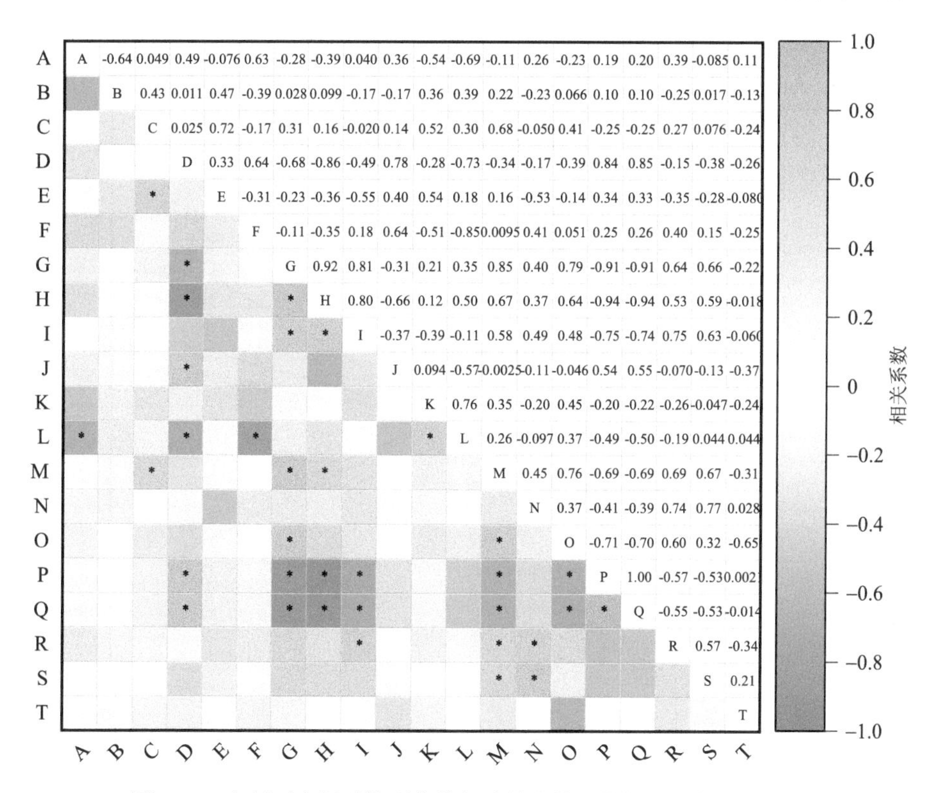

图 6-37 白刺不定根系构型参数与沙堆土壤理化性质参数的相关性

A 为含水率；B 为容重；C 为平均粒径 M_Z；D 为分选系数 δ；E 为偏度 SK；F 为峰态 K_G；G 为 SOC 含量；H 为 TN 含量；I 为 TP 含量；J 为 C∶N；K 为 C∶P；L 为 N∶P；M 为根径；N 为根径比；O 为总分支率；P 为拓扑指数 T_1；Q 为最长根系通道内部连接总数的修正值 q_a；R 为平均拓扑长度的修正值 q_b；S 为根系倾斜程度；T 为不定根沙埋深度；*表示 $P<0.05$

基于图 6-37 的相关性分析，分别选出 M_Z、δ、SOC、TN、TP 这些与不定根系构型参数表现出显著相关性的土壤理化指标进行冗余分析（RDA）。RDA 结果如图 6-38 所示，线的长短表示整体影响程度的大小，所有线条间的夹角表示二者之间的相关性强弱。RDA 第 1（69.22%）和第 2（8.32%）排序轴累积解释了土壤理化性质参数对不定根系构型影响程度的 77.54%。

M_Z、SOC、TN、TP、q_b、总分支率、根径、根径比以及根系倾斜程度分布于 X 轴第 1 和第 4 象限两侧，T_1、q_a、δ 及不定根沙埋深度分布于第 3 象限，这些参数主要被第 1 排序轴解释。除 T_1、q_a 及 δ 外，其他参数均表现出明显的正相关关系，而 T_1、q_a 及 δ 与其他参数表现为负相关。q_b、TP 及根径比与其他参数虽呈正相关，但相关度并不密切。土壤理化性质参数仅 δ 线较短，说明对不定根未表现出显著影响，而不定根系构型参数中的沙埋深度和根径比线较短，说明受土壤环境响应度较小。

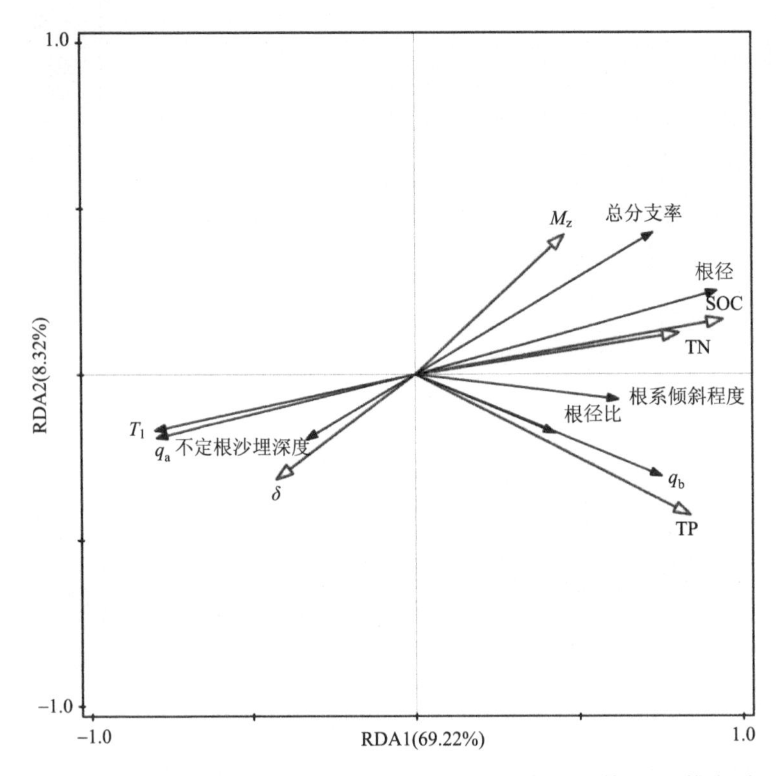

图 6-38　白刺不定根系构型参数与沙堆土壤理化性质参数 RDA 排序图

由表 6-8 可知，各土壤理化性质参数对白刺不定根系构型参数的重要性排序为：SOC＞δ＞TP＞M_Z＞TN，其中 SOC、δ、TP 对不定根系构型影响非常大，贡献率分别为 70.5%、12.3%、10.6%。

表 6-8　白刺灌丛土壤理化性质参数显著性排序和显著性水平检验

指标	解释率/%	贡献率/%	F 显著水平	P
SOC	50.4	70.5	7.1	0.008
δ	8.8	12.3	1.3	0.322
TP	7.6	10.6	1.1	0.324
M_Z	3.5	4.8	0.5	0.71
TN	1.2	1.7	0.1	0.938

通过冗余分析（RDA）发现，白刺不定根系生长主要受 SOC 和 TP 限制，C 和 P 的含量多少直接影响白刺的不定根系构型，而白刺也会通过调整根系构型来适应土壤环境，形成一种互馈关系。为了更好地让白刺适应西鄂尔多斯国家级自然保护区的恶劣环境，今后的研究可尝试对沙堆土壤的 C、P 进行调节，以促进不定根系构型改变，提升白刺灌丛在胁迫环境中的适应能力。

主要参考文献

阿丝叶·阿不都力米提, 玉苏甫·买买提. 2016. 焉耆盆地不同生境白刺灌丛沙堆形态特征分析[J]. 中国农学通报, 32(32): 117-123.

安慧君, 杨林林, 周蕾, 等. 2019. 3 种生境东北岩高兰枝系构型特征研究[J]. 内蒙古农业大学学报(自然科学版), 40(5): 26-31.

安晶, 哈斯, 杜会石, 等. 2015. 内蒙古高原小叶锦鸡儿灌丛沙堆对气流结构与风蚀的影响[J]. 干旱区研究, 32(2): 304-312.

毕银丽, 胡晶晶, 刘京. 2020. 煤矿微生物复垦区灌木林下土壤养分的空间异质性[J]. 煤炭学报, 45(8): 2908-2917.

蔡东旭, 李生宇, 刘耀中, 等. 2017. 台特玛湖干涸湖盆区植物风影沙丘的形态特征[J]. 干旱区地理, 40(5): 1020-1028.

蔡锰柯, 林开敏, 郑晶晶. 2014. 黄金宝树树冠分形特征及枝系构型分析[J]. 西南林业大学学报, 34(5): 42-46.

曹磊. 2014. 山东半岛北部典型滨海湿地碳的沉积与埋藏[D]. 中国科学院海洋研究所博士学位论文.

查向浩, 林宁, 王晶, 等. 2017. 南疆绿洲-荒漠过渡带“肥岛”的养分特征分析[J]. 西南农业学报, 30(7): 1625-1628

常海涛, 刘任涛, 陈蔚, 等. 2020. 荒漠灌丛土壤动物分布及其生态功能[J]. 生态学报, 40(12): 4198-4206.

常兆丰, 张剑挥, 唐进年, 等. 2012. 河西绿洲边缘积沙带与环境因子的关系[J]. 生态学杂志, 31(6): 1548-1555.

常兆丰, 张进虎, 石学刚, 等. 2017. 沙漠植物分层侧影与积沙成丘的关系[J]. 生态学报, 37(21): 7351-7358.

常兆丰, 朱淑娟, 杜娟, 等. 2019. 民勤绿洲边缘积沙带形成的环境条件[J]. 干旱区地理, 42(6): 1330-1336.

常兆丰, 朱淑娟, 张剑挥, 等. 2020. 民勤绿洲边缘积沙带的稳定性动态[J]. 生态学杂志, 39(4): 1300-1308.

陈广生, 曾德慧, 陈伏生, 等. 2003. 干旱和半干旱地区灌木下土壤“肥岛”研究进展[J]. 应用生态学报, 14(12): 2295-2300.

陈鸿洋. 2014. 荒漠区红砂灌丛“肥岛”效应及其固碳特征[D]. 兰州大学硕士学位论文.

陈婧, 崔向新, 丁延龙, 等. 2019. 基于“肥岛”效应探讨人工梭梭土壤养分时空演变趋势[J]. 水土保持研究, 26(6): 71-79.

陈廷, 马琼, 张新华. 2012. 宁夏风沙区生态环境综合治理创新实践[M]. 银川: 宁夏阳光出版社.
陈永金, 刘加珍, 靖淑慧, 等. 2018. 黄河三角洲湿地柽柳冠下“肥岛/谷”现象研究[J]. 聊城大学学报(自然科学版), 31(1): 56-64.
迟旭. 2023. 柽柳灌丛构型对沙堆形态及养分异质性作用规律[D]. 内蒙古农业大学硕士学位论文.
达能太, 李国中. 2016. 阿拉善荒漠草原有毒有害植物研究[M]. 银川: 宁夏阳光出版社.
单立山, 李毅, 董秋莲, 等. 2012. 红砂根系构型对干旱的生态适应[J]. 中国沙漠, 32(5): 1283-1290.
单立山, 李毅, 任伟, 等. 2013. 河西走廊中部两种荒漠植物根系构型特征[J]. 应用生态学报, 24(1): 25-31.
党晶晶. 2015. 荒漠草地合头草枝系构型与个体大小之间关系的探讨[D]. 西北师范大学硕士学位论文.
丁爱强. 2018. 民勤绿洲荒漠过渡带退化柽柳灌丛沙堆植被群落与土壤特性研究[D]. 中国林业科学研究院硕士学位论文.
丁国栋. 2010. 风沙物理学[M]. 北京: 中国林业出版社.
丁延龙. 2019. 白刺灌丛沙堆演化对地表蚀积的影响及其作用机制[D]. 内蒙古农业大学博士学位论文.
丁延龙, 高永, 蒙仲举, 等. 2016. 希拉穆仁荒漠草原风蚀地表颗粒粒度特征[J]. 土壤, 48(4): 803-812.
杜建会, 严平, 丁连刚, 等. 2009. 民勤绿洲不同演化阶段白刺灌丛沙堆表面土壤理化性质研究[J]. 中国沙漠, 29(2): 248-253.
杜建会, 严平, 俄有浩. 2007. 甘肃民勤不同演化阶段白刺灌丛沙堆分布格局及特征[J]. 生态学杂志, 26(8): 1165-1170.
樊瑞霞. 2016. 白刺灌丛堆土壤-植被空间变化特征及相关关系研究[D]. 宁夏大学硕士学位论文.
范铭丰. 2010. 基于 GIS 的土壤养分空间变异特征及预测方法比较[D]. 西南大学硕士学位论文.
方超, 袁自强, 刘雪伟, 等. 2015. 坡度对藏锦鸡儿(*Caragana tibetica*)灌丛土壤属性和植物间相互作用的影响[J]. 中国沙漠, 35(6): 1607-1611.
高军. 2008. 新疆典型荒漠植物胡杨“肥岛”特征与生态学意义[D]. 新疆农业大学硕士学位论文.
高军, 武红旗, 朱建雯, 等. 2008. 塔里木河中游胡杨(*Populus euphraticu*)“肥岛”的养分特征研究[J]. 新疆农业大学学报, 31(5): 51-56.
高兴天. 2018. 灌木构型与其积沙效能关系研究[D]. 甘肃农业大学硕士学位论文.
高雪, 朱林, 苏莹. 2018. 基于隶属函数法的甜高粱孕穗期耐盐性综合评价[J]. 南方农业学报, 49(9): 1736-1744.
高永, 党晓宏, 虞毅, 等. 2015. 乌兰布和沙漠东南缘白沙蒿(*Artemisia sphaerocphala*)灌丛沙堆形态特征与固沙能力[J]. 中国沙漠, 35(1): 1-7.

郭春秀, 袁宏波, 徐先英, 等. 2015. 石羊河下游 7 种沙生灌木的构型比较[J]. 西北植物学报, 35(5): 1031-1036.
郭彧. 2020. 吉兰泰盐湖区不同造林方式对梭梭生长的影响[D]. 内蒙古农业大学硕士学位论文.
哈斯, 杜会石, 孙禹. 2013. 内蒙古高原小叶锦鸡儿(*Caragana microphylla*)灌丛沙丘: 形态特征及表面气流[J]. 第四纪研究, 33(2): 314-324.
海小伟, 李毅, 谢燕飞. 2017. 2 种生境下红砂枝系构型特征[J]. 安徽农业科学, 45(12): 1-4, 11.
韩磊, 张媛媛, 马成仓, 等. 2013. 狭叶锦鸡儿(*Caragana stenophylla*)灌丛沙堆形态发育特征及固沙能力[J]. 中国沙漠, 33(5): 1305-1309.
韩磊, 张媛媛, 解李娜, 等. 2012. 狭叶锦鸡儿和小叶锦鸡儿灌丛沙堆的形态和发育及灌丛固沙能力的比较研究[J]. 天津师范大学学报(自然科学版), 32(3): 65-70.
郝兴明, 陈亚宁, 李卫红, 等. 2009. 胡杨根系水力提升作用的证据及其生态学意义[J]. 植物生态学报, 33(6): 1125-1131.
何凌仙子. 2018. 青海共和盆地典型固沙植物根系特征及功能研究[D]. 中国林业科学研究院博士学位论文.
何明珠, 王辉, 张景光. 2005. 民勤荒漠植物枝系构型的分类研究[J]. 西北植物学报, 25(9): 1827-1832.
何明珠, 张景光, 王辉. 2006. 荒漠植物枝系构型影响因素分析[J]. 中国沙漠, 26(4): 625-630.
何玉惠, 刘新平, 谢忠奎. 2015. 红砂灌丛对土壤盐分和养分的富集作用[J]. 干旱区资源与环境, 29(3): 115-119.
胡国云. 2016. 河北坝上低山坡地灌丛沙堆形态特征及理化性质研究[D]. 河北师范大学硕士学位论文.
胡良平. 2010. SAS 统计分析教程[M]. 北京: 电子工业出化社.
黄富祥, 王明星, 王跃思. 2002. 植被覆盖对风蚀地表保护作用研究的某些新进展[J]. 植物生态学报, 26(5): 627-633.
黄同丽, 唐丽霞, 陈龙, 等. 2019. 喀斯特区 3 种灌木根系构型及其生态适应策略[J]. 中国水土保持科学, 17(1): 89-94.
黄云鹏, 范繁荣, 苏松锦, 等. 2015. 窄冠福建柏与福建柏不同生长阶段构型差异分析[J]. 林业资源管理, (5): 67-69, 131.
贾宝全, 慈龙骏, 高志海, 等. 2001. 绿洲荒漠化及其评价指标体系的初步探讨[J]. 干旱区研究, 18(2): 19-24 .
贾晓红, 李新荣. 2008. 腾格里沙漠东南缘不同生境白刺(*Nitraria*)灌丛沙堆的空间分布格局[J]. 环境科学, 229(7): 2046-2053.
贾晓红, 李新荣, 陈应武. 2007. 腾格里沙漠东南缘白刺灌丛地土壤性状的特征[J]. 干旱区地理, 30(4): 557-564.
贾晓红, 李新荣, 张景光, 等. 2006. 沙冬青灌丛地的土壤颗粒大小分形维数空间变异性分析[J]. 生态学报, 26(9): 2827-2833.
孔芳芳, 谭利华, 伍永秋, 等. 2016. 柴达木盆地不同沉积区灌丛沙堆形态与沉积特征[J]. 北京师范大学学报(自然科学版), 52(1): 56-62.

郎丽丽, 王训明, 哈斯, 等. 2012. 灌丛沙丘形成演化及环境指示意义研究的主要进展[J]. 地理学报, 67(11): 1526-1536.

李尝君, 郭京衡, 曾凡江, 等. 2015. 多枝柽柳(*Tamarix ramosissima*)根、冠构型的年龄差异及其适应意义[J]. 中国沙漠, 35(2): 365-372.

李锋瑞, 刘继亮. 2008. 干旱区根土界面水分再分配及其生态水文效应研究进展与展望[J]. 地球科学进展, 23(7): 698-706.

李建刚, 王继和, 蒋志荣, 等. 2008. 民勤县主要治沙造林树种空间结构及其防风作用[J]. 水土保持研究, 15(3): 121-124.

李清河, 江泽平, 张景波, 等. 2006. 灌木的生态特性与生态效能的研究与进展[J]. 干旱区资源与环境, 20(2): 159-164.

李万娟. 2009. 新疆艾比湖周边柽柳沙堆特征初步研究[D]. 新疆师范大学硕士学位论文.

李万娟, 李志忠, 武胜利, 等. 2010. 新疆艾比湖周边柽柳沙堆的粒度特征[J]. 干旱区地理, 33(4): 525-531.

李小乐. 2023. 白刺灌丛不定根系空间构型特征对沙堆土壤理化性质的响应[D]. 内蒙古农业大学硕士学位论文.

李小乐, 魏亚娟, 党晓宏, 等. 2022. 红砂灌丛沙堆土壤粒度组成及养分积累特征[J]. 干旱区研究, 39(3): 933-942.

李新荣, 刘新民, 杨正宇. 1998. 鄂尔多斯高原荒漠化草原和草原化荒漠灌木类群与环境关系的研究[J]. 中国沙漠, 18(2): 123-130.

李学禹, 陆嘉惠, 阎平, 等. 2015. 甘草属(*Glycyrrhiza* L)分类系统与实验生物学研究[M]. 上海: 复旦大学出版社.

李雪华, 蒋德明, 骆永明. 2010. 小叶锦鸡儿固沙灌丛的肥岛效应及对植被影响[J]. 辽宁工程技术大学学报(自然科学版), 29(2): 336-339.

李易珺, 杨自辉, 郭树江, 等. 2020. 青土湖干涸湖底 2 种典型固沙植物群落土壤粒径分布分形特征与养分关系研究[J]. 西北林学院学报, 35(5): 62-67.

李志忠, 武胜利, 王晓峰, 等. 2007. 新疆和田河流域柽柳沙堆的生物地貌发育过程[J]. 地理学报, 62(5): 462-470.

林勇明, 洪滔, 吴承祯, 等. 2007. 桂花植冠的枝系构型分析[J]. 热带亚热带植物学报, 15(4): 301-306.

刘冰, 赵文智. 2007. 荒漠绿洲过渡带泡泡刺灌丛沙堆形态特征及其空间异质性[J]. 应用生态学报, 18(12): 2814-2820.

刘冰, 赵文智, 杨荣. 2008. 荒漠绿洲过渡带柽柳灌丛沙堆特征及其空间异质性[J]. 生态学报, 28(4): 1446-1455.

刘博. 2018. 塔里木河下游柽柳沙堆稳定同位素碳和土壤理化性质的生态学意义研究[D]. 石河子大学硕士学位论文.

刘虎俊. 2012. 仿真固沙灌木构型参数及防风固沙效应研究[D]. 甘肃农业大学博士学位论文.

刘金伟, 李志忠, 武胜利, 等. 2009. 新疆艾比湖周边白刺沙堆形态特征空间异质性研究[J]. 中国沙漠, 29(4): 628-635.

刘进辉, 王雪芹, 马洋. 2016. 沙漠绿洲过渡带柽柳灌丛沙堆-丘间地系统土壤养分空间异质性[J]. 生态学报, 36(4): 979-990.

刘进辉, 王雪芹, 马洋, 等. 2015. 沙漠绿洲过渡带柽柳灌丛沙堆-丘间地系统土壤粒度分异规律[J]. 北京林业大学学报, 37(11): 89-99.

刘任涛. 2014. 沙地灌丛的“肥岛”和“虫岛”形成过程、特征及其与生态系统演替的关系[J]. 生态学杂志, 33(12): 3463-3469.

刘任涛, 朱凡. 2015. 基于群落与种群水平的沙地柠条灌丛“虫岛效应”随林龄的变化[J]. 应用与环境生物学报, 21(4): 689-694.

刘晚苟, 山仑, 邓西平. 2001. 植物对土壤紧实度的反应[J]. 植物生理学通讯, 37(3): 254-260.

刘学东, 陈林, 杨新国, 等. 2016a. 白刺沙堆周围土壤理化性状的空间分布特征[J]. 北方园艺, (10): 158-163.

刘学东, 陈林, 杨新国, 等. 2016b. 荒漠草原 2 种柠条(*Caragana korshinskii*)和油蒿(*Artemisia ordosica*)灌丛土壤养分“肥岛”效应[J]. 西北林学院学报, 31(4): 26-32, 92.

刘亚琦, 刘加珍, 陈永金, 等. 2017. 黄河三角洲湿地柽柳灌丛周围有机质富集及水分运动研究[J]. 南水北调与水利科技, 15(1): 113-120.

刘耘华. 2009. 新疆三种荒漠植被“肥岛”的土壤颗粒空间异质性研究[D]. 新疆农业大学硕士学位论文.

刘耘华, 杨玉玲, 盛建东, 等. 2010. 北疆荒漠植被梭梭立地土壤养分“肥岛”特征研究[J]. 土壤学报, 47(3): 545-554.

刘宗奇. 2017. 土壤复配对紫花苜蓿光合生理及产量的影响[D]. 内蒙古农业大学硕士学位论文.

路荣. 2018. 水蚀风蚀交错带沙地灌丛斑块微生境特征及侵蚀调控[D]. 西北农林科技大学硕士学位论文.

罗维成, 赵文智, 任珩, 等. 2021. 不同气候区灌丛沙堆形态及土壤养分积累特征[J]. 中国沙漠, 41(2): 191-199.

马海天才, 张家成, 刘峰. 2018. 川西北 4 种灌丛根系分布特征及对土壤养分的影响[J]. 江苏农业科学, 46(11): 222-227.

马全林, 卢琦, 张德魁, 等. 2012. 沙蒿与油蒿灌丛的防风阻沙作用[J]. 生态学杂志, 31(7): 1639-1645.

马献发, 宋凤斌, 张继舟. 2011. 根系对土壤环境胁迫响应的研究进展[J], 中国农学通报, 27(5): 44-48.

马雄忠, 王新平. 2020. 阿拉善高原 2 种荒漠植物根系构型及生态适应性特征[J]. 生态学报, 40(17): 6001-6008.

木巴热克·阿尤普, 陈亚宁, 李卫红, 等. 2011. 极端干旱环境下的胡杨细根分布与土壤特征[J]. 中国沙漠, 31(6): 1449-1458.

屈志强, 刘连友, 吕艳丽. 2011. 沙生植物构型及其与抗风蚀能力关系研究综述[J]. 生态学杂志. 30(2): 357-362.

瞿王龙, 杨小鹏, 张存涛, 等. 2015. 干旱、半干旱地区天然草原灌木及其肥岛效应研究进展[J]. 草业学报, 24(4): 201-207.

任雪. 2008. 北疆绿洲-荒漠过渡带灌木“肥岛”效应特征及其环境学意义研究[D]. 石河子大学硕士学位论文.

任雪, 褚贵新, 王国栋, 等. 2009. 准噶尔盆地南缘绿洲-沙漠过渡带“肥岛”形成过程中土壤颗粒的分形研究[J]. 中国沙漠, 29(2): 298-304.

尚河英, 尹忠东, 张鹏. 2016. 盐爪爪沙堆形态特征及其固沙能力分析——以卡拉贝利工程区为例[J]. 干旱区资源与环境, 30(4): 79-84.

石万宏, 杜子明, 王统一. 2007. 固原农业与草畜产业[M]. 银川: 宁夏人民出版社.

石学刚, 刘世增. 2016. 3 种枸杞的枝系构型特征比较[J]. 甘肃林业科技, 41(3): 13-17.

史红娟, 于秀立, 庄丽. 2016. 不同生态环境中梭梭枝系构型特征分析[J]. 江苏农业科学, 44(4): 217-220.

舒向阳. 2018. 高寒沙地高山柳灌丛系统碳氮磷化学计量及储量特征[D]. 四川农业大学硕士学位论文.

宋晓敏, 原伟杰, 虞毅, 等. 2017. 多效唑对柠条幼苗构型特征的影响[J]. 干旱区资源与环境, 31(12): 184-188.

苏樑, 杜虎, 王华, 等. 2018. 喀斯特峰丛洼地不同植被恢复阶段优势种根系构型特征[J]. 西北植物学报. 38(1): 150-157.

孙栋元, 赵成义, 王丽娟, 等. 2011. 荒漠植物构型研究进展[J]. 水土保持研究, 18(5): 281-287.

孙涛. 2019. 民勤荒漠-绿洲过渡带不同发育阶段白刺灌丛沙堆分布格局及其土壤呼吸特征机理研究[D]. 中国林业科学研究院博士学位论文.

孙涛, 王继和, 满多清, 等. 2011. 仿真固沙灌木防风积沙效应的风洞模拟研究[J]. 水土保持学报, 25(6): 49-54.

谭凤翥, 王雪芹, 王海峰, 等. 2018. 柽柳灌丛沙堆及丘间地蚀积分布随背景植被变化的风洞实验[J]. 干旱区地理, 41(1): 56-65.

唐艳, 刘连友, 哈斯, 等. 2008. 毛乌素沙地南缘 3 种灌草丛形态与阻沙能力的对比研究[J]. 水土保持研究, 15(2): 44-48.

涂锦娜, 熊友才, 张霞, 等. 2011. 玛河流域扇缘带盐穗木土壤速效养分的“肥岛”特征[J]. 生态学报, 31(9): 2461-2470.

王翠, 雷加强, 李生宇, 等. 2013. 新疆策勒绿洲-沙漠过渡带花花柴(*Karelinia caspica*)沙堆的形态特征[J]. 中国沙漠, 33(4): 981-989.

王德金. 2016. 荒漠-绿洲过渡带斑块植被区风蚀积沙量的空间变异及尺度效应[D]. 兰州交通大学硕士学位论文.

王国强. 2009. 沙漠化与沙产业[M]. 银川: 宁夏人民出版社.

王蕾, 王志, 刘连友, 等. 2005. 沙柳灌丛植株形态与气流结构野外观测研究[J]. 应用生态学报, 16(11): 3-7.

王升堂, 邹学勇, 张春来, 等. 2007. 民勤绿洲边缘带灌丛沙丘防风作用研究[J]. 地理科学, 27(1): 104-108.

王湘, 焦菊英, 曹雪, 等. 2022. 柴达木盆地尕海湖区白刺灌丛沙堆剖面土壤养分的分布和富集特征[J]. 应用生态学报, 33(3): 765-774.

王燕, 斯庆毕力格, 贾旭, 等. 2018. 基于多重分形的半干旱区弃耕农田土壤粒径分布特征[J]. 干旱区研究, 35(4): 804-812.
王业林, 梅续芳, 宋承承, 等. 2020. 内蒙古西部荒漠区短脚锦鸡儿灌丛对土壤线虫群落的影响[J]. 天津师范大学学报(自然科学版), 40(5): 23-29.
魏建康, 蔡锰柯, 郑晶晶, 等. 2014. 黄金宝树幼龄木枝系构型特征及影响因素[J]. 现代园艺, (18): 5-8.
乌拉, 张国庆, 辛智鸣. 2008. 单个天然灌丛防风阻沙机理与效应[J]. 内蒙古林业科技, 34(2): 36-39.
吴静, 盛茂银. 2020. 我国喀斯特植被根系生态学研究进展[J]. 植物科学学报, 38(4): 565-573.
吴静, 盛茂银, 肖海龙, 等. 2022. 西南喀斯特石漠化环境适生植物细根构型及其与细根和根际土壤养分计量特征的相关性[J]. 生态学报, 42(2): 677-687.
吴汪洋, 张登山, 田丽慧, 等. 2018. 高寒沙地植物的沙堆形态特征及其成因分析[J]. 干旱区研究, 35(3): 713-721.
武胜利, 李志忠, 海鹰, 等. 2006. 新疆和田河流域单株柽柳灌丛流场的实验研究[J]. 干旱区研究, 23(4): 539-543.
夏训诚, 赵元杰, 王富葆, 等. 2004. 红柳沙包的层状特征及其可能的年代学意义[J]. 科学通报, 49(13): 1337-1338.
夏训诚, 赵元杰, 王富葆, 等. 2005. 罗布泊地区红柳沙包年层的环境意义探讨[J]. 科学通报, 50(19): 130-131.
肖晨曦. 2007. 和田河流域灌丛沙堆粒度特征及成因的初步研究[D]. 新疆师范大学硕士学位论文.
徐梦辰. 2016. 黄河三角洲湿地柽柳种群分布格局及其肥岛效应研究[D], 聊城大学硕士学位论文.
许皓, 李彦. 2005. 3 种荒漠灌木的用水策略及相关的叶片生理表现[J]. 西北植物学报, 25(7): 1309-1316.
许婕, 陈永金, 刘加珍. 2020. 盐生植物灌丛对土壤养分和盐分空间分布的影响及其机制研究进展[J]. 安徽农业科学, 48(1): 19-23, 69.
许婕, 陈永金, 刘加珍, 等. 2021. 黄河口湿地柽柳灌丛对土壤养分分布的影响[J]. 人民黄河, 43(10): 102-108.
许强, 杨自辉, 郭树江, 等. 2013. 梭梭不同生长阶段的枝系构型特征[J]. 西北林学院学报, 28(4): 50-54.
杨帆, 王雪芹, 何清, 等. 2014. 绿洲-沙漠过渡带柽柳灌丛沙堆形态特征及空间分布格局[J]. 干旱区研究, 31(3): 556-563.
杨帆, 王雪芹, 杨东亮, 等. 2012. 不同沙源供给条件下柽柳灌丛与沙堆形态的互馈关系——以策勒绿洲沙漠过渡带为例[J]. 生态学报, 32(9): 2707-2719.
杨帆, 郑新倩, 王雪芹, 等. 2013. 绿洲-沙漠过渡带柽柳灌丛沙堆表面的蚀、积特征[J]. 沙漠与绿洲气象, 7(5): 55-61.
杨光, 马文喜, 包斯琴, 等. 2016. 亚玛雷克沙漠猫头刺和小叶锦鸡儿灌丛结构与风影沙丘间的关系[J]. 干旱区研究, 33(3): 540-547.

杨小林, 张希明, 李义玲, 等. 2008. 塔克拉玛干沙漠腹地 3 种植物根系构型及其生境适应策略[J]. 植物生态学报, 32(6): 1268-1276.

杨雪, 李奇, 王绍美, 等. 2011. 两种白刺叶片及沙堆土壤化学计量学特征的比较[J]. 中国沙漠, 31(5): 1156-1161.

姚正毅, 韩致文, 赵爱国, 等. 2008. 风沙流冲击角度对其侵蚀床面能力的影响[J]. 干旱区研究, 25(6): 882-886.

殷婕, 哈斯额尔敦, 安晶, 等. 2022. 鄂尔多斯高原油蒿(*Artemisia ordosica*)灌丛沙堆风沙气流结构及其地貌学意义[J]. 中国沙漠, 42(1): 184-195.

于秀立, 吕新华, 刘红玲, 等. 2016. 天然和人工种植胡杨植冠的构型分析[J]. 生态学杂志, 35(1): 32-40.

于秀立, 田中平, 李桂芳, 等. 2015. 荒漠植物胡杨不同发育阶段的枝系构型可塑性研究[J]. 新疆农业科学, 52(11): 2076-2084.

岳兴玲, 哈斯, 庄燕美, 等. 2005. 沙质草原灌丛沙堆研究综述[J]. 中国沙漠, 25(5): 738-743.

翟波. 2023. 四合木灌丛构型对风沙过程及沉积特征的影响[D]. 内蒙古农业大学博士学位论文.

翟德苹, 陈林, 杨明秀, 等. 2015. 荒漠草原不同生长年限中间锦鸡儿灌丛枝系构型特征[J]. 浙江大学学报(农业与生命科学版), 41(3): 340-348.

张大彪, 张元恺, 唐进年. 2016. 河西走廊沿沙防护林演变形式与积沙带稳定性研究[J]防护材料技, (1): 5.

张丹, 黄文娟, 徐翠莲, 等. 2014. 濒危物种灰叶胡杨不同发育阶段枝系构型特征研究[J]. 塔里木大学学报, 26(1): 6-10.

张浩. 2012. 综合生态系统管理在防治土地退化中的应用[M]. 银川: 宁夏人民出版社.

张锦春, 刘长仲, 姚拓, 等. 2014. 库姆塔格柽柳沙包年层粒度特征及其沉积环境探讨[J]. 干旱区地理, 37(6): 1155-1162.

张俊菲, 李清河, 王林龙, 等. 2018. 白刺幼苗芽库及枝系构型对不同氮添加水平的响应[J]. 林业科学研究, 31(3): 158-166.

张莉燕. 2008. 新疆典型荒漠植被柽柳的“肥岛”特征[D]. 新疆农业大学硕士学位论文.

张鹏, 李颖, 王业林, 等. 2021. 短脚锦鸡儿灌丛对植物群落和土壤微生物群落的促进效应研究[J]. 干旱区研究, 38(2): 421-428。

张萍, 哈斯, 吴霞, 等. 2013. 单个油蒿灌丛沙堆气流结构的野外观测研究[J]. 应用基础与工程科学学报, 21(5): 881-889.

张萍, 哈斯, 岳兴玲, 等. 2008. 白刺灌丛沙堆形态与沉积特征[J]. 干旱区地理, 31(6): 926-932.

张萍, 哈斯额尔敦, 杨一, 等. 2015. 小叶锦鸡儿(*Caragana microphylla*)灌丛沙堆形态对沙源供给形式和丰富度的响应[J]. 中国沙漠, 35(6): 1453-1460.

张璞进, 杨劼, 宋炳煜, 等. 2009. 藏锦鸡儿群落土壤资源空间异质性[J]. 植物生态学报, 33(2): 338-346.

张强. 2011. 晋西北小叶锦鸡儿(*Caragana microphylla*)人工灌丛营养特征与土壤肥力状况研究[D]. 山西大学博士学位论文.

张生楹. 2012. 芨芨草草丛肥岛特征研究[D]. 山西大学硕士学位论文.
张天举, 陈永金, 刘加珍, 等. 2019. 黄河三角洲柽柳灌丛对土壤盐分养分的影响[J]. 人民黄河, 41(1): 70-74.
张宇清, 齐实, 孙立达, 等. 2002. 两种立地条件梯田埂坎红柳根系特征研究[J]. 北京林业大学学报, 24(2): 46-49.
张玉萍, 宋乃平, 王兴. 2022. 宁夏荒漠草原短花针茅丛“肥岛”效应研究[J]. 宁夏大学学报(自然科学版), 43(1): 81-84.
张媛媛, 马成仓, 韩磊, 等. 2012. 内蒙古高原荒漠区四种锦鸡儿属植物灌丛沙包形态和固沙能力比较[J]. 生态学报, 32(11): 3343-3351.
张源润, 蒋齐, 徐浩. 2012. 宁夏宜林地立地类型划分及造林适宜性评价研究[M]. 银川: 宁夏阳光出版社.
赵艳云, 陆兆华, 夏江宝, 等. 2015. 黄河三角洲贝壳堤岛 3 种优势灌木的根系构型[J]. 生态学报, 35(6): 1688-1695.
赵元杰, 夏训诚, 王富葆, 等. 2007. 罗布泊地区红柳沙包纹层沙粒度特征与环境指示意义[J]. 干旱区地理, 30(6): 791-796.
郑慧玲. 2017. 荒漠植物琵琶柴根系生物量与构型性状的个体大小差异性[D]. 西北师范大学硕士学位论文.
周毅. 2015. 中国西部脆弱生态环境与可持续发展研究[M]. 北京: 新华出版社.
周资行, 李真, 焦健, 等. 2014. 腾格里沙漠南缘唐古特白刺克隆分株生长格局及枝系构型分析[J]. 草业学报, 23(1): 12-21.
朱大奎, 王颖. 2020. 环境地质学[M]. 南京: 南京大学出版社.
朱媛君, 张晓, 杨晓晖, 等. 2018. 沙漠-河岸过渡带不同发育类型唐古特白刺沙堆和植株相关指标的比较及关系分析[J]. 植物资源与环境学报, 227(2): 9-16.
左合君, 杨阳, 张宏飞, 等. 2018. 阿拉善戈壁区白刺灌丛沙堆形态特征研究[J]. 水土保持研究, 25(1): 263-269.
Angela H, Graziella B, Claude D, et al. 2009. Plant root growth, architecture and function[J]. Plant and Soil, 321(1/2): 153-187.
Bengough A G, Croser C, Pritchard J. 1997. A biophysical analysis of root growth under mechanical stress[J]. Plant and Soil, (1): 189.
Bengough A G, Mackenzie C J, Elangwe H E. 1994. Biophysics of the growth responses of pea roots to changes in penetration resistance[J]. Plant and Soil, 167(1): 135-141.
Biondini M E, Grygiel C E . 1994. Landscape distribution of organisms and the scaling of soil resources[J]. American Naturalist, 143(6): 1026-1054.
Breemen N V, Finzi A C. 1998. Plant-soil interactions: ecological aspects and evolutionary implications[J]. Biogeochemistry, 42(1): 1-19.
Charley J L, West N E. 1977. Micro-patterns of nitrogen mineralization activity in soils of some shrub-dominated semi-desert ecosystems of Utah[J]. Soil Biology & Biochemistry, 9(5): 357-365.

Cornelis W M, Gabriels D. 2005. Optimal windbreak design for wind-erosion control[J]. Journal of Arid Environments, 61(2): 315-332.

Davidson R L. 1969. Effect of root/leaf temperature differentials on root/shoot ratios in some pasture grasses and clover[J]. Annals of Botany, 33(3): 561-569.

El-Bana M I, Nijs I, Abdel - Hamid A, et al. 2003. The importance of phytogenic mounds (nebkhas) for restoration of arid degraded rangelands in Northern Sinai[J]. Restoration Ecology, 11(3): 317-324。

Fitter A H. 1987. An architectural approach to the comparative ecology of plant root systems[J]. New Phytologist, 106(1): 61-77.

Folk R L, Ward W C. 1957. Brazos river bar: a study in the significance of grain size parameters[J]. Journal of Sedimentary Petrology, 27(1): 3-26.

Gillies J A, Nield J M, Nickling W G. 2014. Wind speed and sediment transport recovery in the lee of a vegetated and denuded nebkha within a nebkha dune field[J]. Aeolian Research, 12: 135-141.

Gilman E F. 2003. Branch-to-stem diameter ratio affects strength of attachment[J]. Journal of Arboriculture, 29(5): 291-294.

Glimskr A. 2000. Estimates of root system topology of five plant species grown at steady-state nutrition[J]. Plant and Soil, 227(1-2): 249-256.

Greer D H, Weston C, Weedon M. 2010. Shoot architecture, growth and development dynamics of *Vitis vinifera* cv. Semillon vines grown in an irrigated vineyard with and without shade covering[J]. Functional Plant Biology, 37(11): 1061-1070.

Hesp P, McLachlan A. 2000. Morphology, dynamics, ecology and fauna of Arctotheca populifolia and Gazania rigens nabkha dunes[J]. J Arid Environ, 44(2): 155-172.

Hesp P, Smyth T. 2017. Nebkha flow dynamics and shadow dune formation[J]. Geomorphology, 282: 27-38.

Hoppe F, Kyzy T Z, Usupbaev A, et al. 2016. Rangeland degradation assessment in Kyrgyzstan: vegetation and soils as indicators of grazing pressure in Naryn Oblast[J]. Journal of Mountain Science, 13(9): 1567-1583.

Judd M J, Raupach M R, Finnigan J J. 1996. A wind tunnel study of turbulent flow around single and multiple windbreaks, part I: Velocity fields[J]. Boundary-Layer Meteorology, 80(1): 127-165.

Kieft T L, White C S, Loftin S R, et al. 1998. Temporal dynamics in soil carbon and nitrogen resource at a grassland-shrubland ecotone[J]. Ecology, 79(2): 671-683.

Langford R P. 2000. Nabkha (coppice dune) fields of south-central New Mexico, U. S. A[J]. Journal of Arid Environments, 46(1): 25-41.

Li P X, Ning W, He W M, et al. 2008. Fertile islands under *Artemisia ordosica* in inland dunes of northern China: effects of habitats and plant developmental stages[J]. Journal of Arid Environments, 72(6): 953-963.

Li X L, Dang X H, Gao Y, et al. 2022. Response mechanism of adventitious root architecture characteristics of *Nitraria tangutorum* shrubs to soil nutrients in nabkha[J]. Plants-Basel, 11: 3218.

López M V, Gracia R, Arrúe J L. 2000. Effect of reduced tillage on soil surface properties affecting wind erosion in semiarid fallow lands of Central Aragon[J]. European Journal of Agronomy, 12(3): 191-199.

Ma R, Li J R, Ma Y J, et al. 2019. A wind tunnel study of the airflow field and shelter efficiency of mixed windbreaks[J]. Aeolian Research, 41(3): 51-64.

Materechera S A, Dexter A R, Alston A M. 1991. Penetration of very strong soils by seedling roots of different plant species[J]. Plant and Soil, 135(1): 31-41.

Meyer K M, Ward D, Wiegand K, et al. 2008. Multi-proxy evidence for competition between savanna woody species[J]. Perspectives in Plant Ecology, Evolution and Systematics, 10(1): 63-72.

Nickling W G, Wolfe S A. 1994. The morphology and origin of Nabkhas, Region of Mopti, Mali, West Africa[J]. Journal of Arid Environments, 28(1): 13-30.

Okin G S, Murray B, Schlesinger W H. 2001. Degradation of sandy arid shrubland environments: observations, process modelling, and management implications[J]. Journal of Arid Environments, 47(2): 123-144.

Sprugel D G, Hinckley T M, Schaap W. 1991. the theory and practice of branch autonomy[J]. Annual Review of Ecology and Systematics, 22: 309-334.

Tengberg A, Chen D. 1998. A comparative analysis of nebkhas in central Tunisia and northern Burkina Faso[J]. Geomorphology, 22(2): 181-192.

Tyler S W, Wheatcraft S W. 1992. Fractal scaling of soil particle-size distributions, analysis and limitations[J]. Soil Science Society of America Journal, 56: 362-369.

Wahid P A. 2000. A system of classification of woody perennials based on their root activity patterns[J]. Agroforestry Systems, 49(2): 123-130.

Wang X M, Xiao H l, Li J C, et al. 2008. Nebkha development and its relationship to environmental change in the Alaxa Plateau, China[J]. Environmental Geology, 56(2): 359-365.

Wang X, Wang T, Dong Z, et al. 2006. Nebkha development and its significance to wind erosion and land degradation in semi-arid northern China[J]. Journal of Arid Environments, 65(1): 129-141.

Wezel A, Rajot J L, Herbrig C. 2000. Influence of shrubs on soil characteristics and their function in Sahelian agro-ecosystems in semi-arid Niger[J]. Journal of Arid Environments, 44(4): 383-398.

Xie Y H, Dang X H, Meng Z J, et al. 2019. Wind and sand control by an oasis protective system: a case from the southeastern edge of the Tengger Desert, China[J]. Journal of Mountain Science, 16(11): 99-112.

Yang Y Y, Liu L Y, Shi P J, et al. 2015. Morphology, spatial pattern and sediment of *Nitraria tangutorum* nebkhas in barchans interdune areas at the southeast margin of the Badain Jaran Desert, China[J]. Geomorphology, 232: 182-192.

Zhang P J, Yang J, Zhao L Q, et al. 2011. Effect of *Caragana tibetica* nebkhas on sand entrapment and fertile islands in steppe–desert ecotones on the Inner Mongolia Plateau, China[J]. Plant Soil, 347(1-2): 79-90.

Zhao Y, Gao X, Lei J, et al. 2020. Field measurements of turbulent flow structures over a nebkha[J]. Geomorphology, 375(11): 10755.